国内外石油技术进展(十一五)

——地质与开发

张绍东 等主编

中国石化出版社

图书在版编目(CIP)数据

国内外石油技术进展."十一五"地质与开发/张绍东等主编. —北京:中国石化出版社,2012.12
ISBN 978 – 7 – 5114 – 1775 – 6

Ⅰ.①国… Ⅱ.①张… Ⅲ.①石油开采 – 世界 – 文集 Ⅳ.①TE35 – 53

中国版本图书馆 CIP 数据核字(2012)第 292613 号

未经本社书面授权,本书任何部分不得被复制、抄袭,或者以任何形式或任何方式传播。版权所有,侵权必究。

中国石化出版社出版发行
地址:北京市东城区安定门外大街 58 号
邮编:100011 电话:(010)84271850
读者服务部电话:(010)84289974
http://www.sinopec-press.com
E-mail:press@sinopec.com
北京科信印刷有限公司印刷
全国各地新华书店经销

*

787×1092 毫米 16 开本 17.25 印张 430 千字
2013 年 6 月第 1 版 2013 年 6 月第 1 次印刷
定价:76.00 元

前　言

　　《国内外石油技术进展(十一五)》是在对"十一五"期间国内外石油专业技术研究动态、前沿技术以及发展趋势进行了系统性地跟踪调研,并结合国内油田勘探开发的难点、热点问题进行分析的基础上总结编写的一部反映国内外石油技术现状和进展的图书。本套图书以国内外六大石油技术系列为主,有所侧重地介绍了"十一五"期间石油物探、石油地质、石油测井、石油钻井、采油工程、地面工程等专业的技术现状和发展趋势。

　　本套图书分为《国内外石油技术进展(十一五)——石油物探》、《国内外石油技术进展(十一五)——地质与开发》、《国内外石油技术进展(十一五)——钻井与测井》、《国内外石油技术进展(十一五)——采油工程》、《国内外石油技术进展(十一五)——地面工程》五册。

　　本套图书涉及面广,技术内容丰富。希望能为油田企业今后的科技工作和生产发展提供参考依据,为广大石油科技工作者及高校师生了解和掌握最新石油技术和动态提供借鉴和参考。

　　出版本套图书的目的是希望通过交流学习,实现信息共享、资源共享、成果共享,从而有效避免重复研究,提高研究起点,整体提升我国油气勘探开发技术水平。石油开采技术日新月异,书中涉及内容及观点或许有不当之处,敬请广大科技工作者提出宝贵意见。

目 录

第一章 深层特低渗透油藏储层预测技术 …………………………………………………… (1)
  一、概述 …………………………………………………………………………………… (1)
  二、深层地震资料的采集 ………………………………………………………………… (2)
  三、深层地震资料的处理 ………………………………………………………………… (9)
  四、深层地震资料的解释 ………………………………………………………………… (16)
  五、深层低渗透砂岩油藏储层预测的方法 ……………………………………………… (17)

第二章 特低渗透油藏开发方式研究 ………………………………………………………… (27)
  一、国外特低渗透油藏开发现状 ………………………………………………………… (27)
  二、国外特低渗透油田主要特点 ………………………………………………………… (27)
  三、特低渗透油藏开发技术方法 ………………………………………………………… (29)
  四、典型实例分析 ………………………………………………………………………… (46)

第三章 滩坝砂油藏研究技术 ………………………………………………………………… (53)
  一、高分辨率砂泥岩薄互层储层综合预测技术 ………………………………………… (53)
  二、开发技术政策界限研究实例 ………………………………………………………… (58)

第四章 砂砾岩油藏研究技术 ………………………………………………………………… (63)
  一、深层巨厚砾岩油藏划分开发层系的隔夹层研究 …………………………………… (63)
  二、大港油田官142断块巨厚砂岩的流动单元划分 …………………………………… (64)

第五章 成岩演化新技术及在石油地质中的应用 …………………………………………… (66)
  一、砂岩侵入 ……………………………………………………………………………… (66)
  二、热对流成岩作用 ……………………………………………………………………… (71)

第六章 提高采收率技术新进展 ……………………………………………………………… (76)
  一、提高采收率技术应用概况 …………………………………………………………… (76)
  二、提高采收率技术发展趋势及相关技术 ……………………………………………… (78)

第七章 泡沫驱提高采收率技术 ……………………………………………………………… (88)
  一、泡沫驱油体系研究 …………………………………………………………………… (88)
  二、泡沫流体渗流规律 …………………………………………………………………… (90)
  三、泡沫驱油体系提高采收率机理研究 ………………………………………………… (91)
  四、泡沫驱乳化、破乳问题的研究 ……………………………………………………… (93)
  五、国内外矿场应用实例 ………………………………………………………………… (96)

第八章 稠油油藏蒸汽辅助重力泄油技术 …………………………………………………… (98)
  一、蒸汽辅助重力泄油技术研究进展及最新研究 ……………………………………… (98)
  二、蒸汽辅助重力泄油的适应性分析 …………………………………………………… (101)
  三、蒸汽辅助重力泄油技术的类型 ……………………………………………………… (104)
  四、蒸汽辅助重力泄油技术现场应用实例分析 ………………………………………… (106)

第九章 N_2驱提高采收率技术 ·· (115)
 一、国内外N_2驱提高采收率技术的发展历程 ······················· (115)
 二、适宜注N_2的油气藏条件 ·· (116)
 三、影响注采效果的因素 ··· (117)
 四、典型实例剖析 ·· (119)

第十章 CO_2驱提高采收率技术 ·· (127)
 一、CO_2驱机理及发展概况 ·· (127)
 二、CO_2驱开发方式 ·· (129)
 三、提高CO_2驱驱油效率技术 ·· (147)
 四、CO_2驱监测新技术 ··· (158)

第十一章 纳米液驱油技术 ··· (162)
 一、纳米液驱油机理 ··· (162)
 二、纳米液驱油效率 ··· (164)
 三、纳米液驱油矿场试验 ·· (166)

第十二章 水气交替注入 ·· (176)
 一、水气交替注入发展现状 ·· (176)
 二、混合水气交替注入(HYBRID – WAG) ························ (176)
 三、气辅助重力泄油(GAGD)提高采收率技术 ···················· (178)

第十三章 注水开发研究及进展 ··· (184)
 一、注水开发油田的水驱监测与控制 ·································· (184)
 二、注水开发油藏预测研究及应用 ···································· (187)
 三、注低矿化度水提高采收率技术 ···································· (195)

第十四章 低渗透油田水平井注水技术 ··································· (208)
 一、国内外低渗透油藏水平井注水开发概况 ······················· (208)
 二、低渗透油藏水平井注采井网研究 ································· (209)
 三、低渗透油藏水平井注水适应性研究 ······························ (213)
 四、阿曼 Marmul 油田 Haima West 低渗透油藏水平井注水开发实例 ······ (215)

第十五章 碳酸盐岩油藏开发技术 ··· (227)
 一、储层研究进展 ··· (227)
 二、碳酸盐岩油藏开发技术 ·· (232)

第十六章 边际油田开发技术 ·· (239)
 一、概述 ·· (239)
 二、边际油田开发技术 ·· (243)
 三、经济政策支持对开发边际油田的影响 ··························· (260)
 四、边际油田开发面临的挑战及对策 ································· (264)

第一章 深层特低渗透油藏储层预测技术

低渗透储层是基质渗透率较低的储层,通常指的是低渗透砂岩储层。世界上很多含油气盆地内都发现了此类储层的油藏。低渗透是一个相对的概念,在世界上并无统一固定的标准和界限,因不同国家、不同时期的资源状况和技术经济条件而划定不同,变化范围较大。

近20年来,我国低渗透油田的勘探和开发取得了很大的进展,根据我国的生产实践和理论研究,对于低渗透储层的范围和界限已经有了比较一致的认识。通常我们将低渗透油层上限定为$50 \times 10^{-3} \mu m^2$,而它的下限定为大于或等于$0.1 \times 10^{-3} \mu m^2$。

从我国石油储量的构成来看,低渗油气藏已占有相当比重。截至1994年底,我国已探明低渗储层地质储量约为$40 \times 10^8 t$,占全部地质储量的24.5%。因此从我国现实情况来看,开发低渗油藏显得尤为重要。

一、概述

由于低渗透砂岩储层所具有的特殊地质特征及其低渗透储层的复杂性,必须寻找一些适合低渗透砂岩储层的勘探预测方法。但到目前为止,低渗透砂岩储层的勘探预测还没有一套专门、系统、成熟的方法技术。

低渗透储层的勘探是由低渗透储层的地质特征决定的,与勘探相关的主要地质特征有:
①岩性圈闭及岩性构造圈闭占重要位置;
②非均质性强;
③储层物性差,储层有潜在的水敏、酸敏及速敏特性;
④裂缝发育。

构造圈闭的寻找已相对有一套比较成熟的技术,而岩性圈闭和岩性—构造圈闭的寻找相对比较困难。目前主要通过储层描述和储层预测的方法来实现。

在勘探阶段,储层研究的重点是岩相古地理、沉积体系和有利储层段空间展布的研究,弄清有利储集相带,预测油气储层的空间分布和质量,确定勘探目标进而发现油气田。

储层的非均质性是勘探低渗透油田遇到的一个最重要也是最棘手的问题,从成因上来说,主要是由于沉积格局的复杂性、成岩作用的多样性,以及断层、裂缝的存在造成的。

研究储层非均质性的变化规律、建立储层非均质性的模式及定量表达方式,对于弄清有利储集相带、预测油气储层的空间分布和质量、优化设计开发方案、提高最终采收率无疑是非常重要的。围绕这一主题,储层研究的重点转为储层的精细描述。

作为油藏描述的核心部分,储层描述是一项以储层地质学为依据,综合应用沉积学和构造地质学方法及地震、测井、测试信息,最大限度地利用计算机技术对储层进行定性、定量综合研究的方法和技术。其主要任务是对沉积相和微相的类型及展布,储集体几何形态和大小,储层的微观特征及非均质性,以及微观孔隙结构、物性特征及孔隙流体的影响进行详细的描述，并为油气藏的数学模拟提供一个可靠、准确的储层地质模型。

储层地质模型是建立在对地质现象普遍规律的认识和对学科知识的总结之上的，但又是一般化的（抽象的）地质规律。因此，一个好的储层地质模型应具备以下三方面的条件（裘怿楠，1997）：一是能够为油气开发决策提供有关储层特征方面的定量描述；二是具有充分的有关成因理论的依据；三是具有在现有技术条件下可供预测的有效指标。

因此，低渗透砂岩储层预测主要采用储层精细描述技术、储层预测技术及储层建模技术，以及裂缝的描述、探测和预测技术。其中，储层描述包括沉积相分析、孔隙结构与储层敏感性分析、非均质性分析。储层预测包括地震相分析、储层横向预测、储层参数预测。储层地质模型主要针对低渗透砂岩复杂储层的建模问题。这里重点讲述深层低渗透砂岩油藏的储层预测。

该类油藏的储层预测主要运用地震解释和预测技术，综合运用地震、地质、测井资料进行地震资料的精细解释，建立区域地层格架，阐明沉积体系的成因和展布，预测储层分布及储集参数。通常以地震、地质方法为主要手段，其中地震资料是关键。因此本文将从地震资料的采集、处理、解释、描述以及几种常规（特殊）预测方法等方面进行论述。

二、深层地震资料的采集

对于深层地震勘探来讲，由于地震波在地层介质中传播时间长、传播路径长以及构造复杂等因素的影响，造成深层反射回来的地震波与中浅层地震信号相比具有能量弱、频率低、信噪比低等特点。在地震采集中，需要解决的核心问题是能量和信噪比。

从深层地震波的传播规律可知，提高深层地震资料信噪比的途径主要有三条：①通过激发因素来提高入射波的能量；②通过优化采集面元和超面元叠加技术，增加共反射面元的覆盖次数，增强有效波的能量；③采用合理的技术，压制噪声。

1. 观测系统

（1）宽方位、长排列三维地震采集设计

宽方位、长排列三维地震采集设计技术较新颖，它利用扩展排列技术采集地震数据。复杂构造条件下（复杂速度场、复杂地形、静校正不准、波的强绕和散射、强多次波……）常规方法获得的地震资料信噪比不高。宽方位、长排列三维地震采集技术，即在与常规设计地震采集的同时在整个有效偏移距范围内布置独立的3C检波点，这些检波器与其他检波器同时进行采集。常规排列三维设计正常滚动，3C检波器固定不动。这种方法能够接收到大偏移距回转波和广角反射，同时还不丢失常规近偏移距垂直反射信息。处理阶段利用透射波和反射波的层析成像技术能够确定详细的速度模型，由广角反射提供的高信噪比资料使得叠前深度偏移能利用所有有效偏移距范围内的数据，提高了深度成像的能力。

2000年在意大利Apermines南部的一个探区应用这种设计方法。该区主要地震地质特点是推覆构造、页岩泥岩互层等导致速度反转。常规资料表现为强交混回响、强散射和强多次波。采集设计时利用Golbal offset设计方法进行设计，达到取得包含回转波、首波、广角反射及近垂直反射的地震资料。有两种设计同时体现在施工中，宽方位排列设计（3C检波器）和常规三维排列设计，两种排列的记录系统由GPS进行同步（图1-1~图1-3）。

在图1-1中，3C检波器布设在炮能量能够达到的有效偏移距范围内。

从图1-2可以看出，Golbal offset比常规设计方法排列要大、方位角分布广。

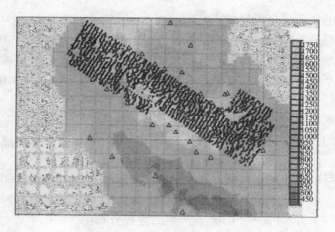

图1-1 记录点和炮点分布

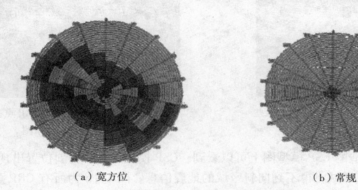

（a）宽方位　　　　　　　　　　　（b）常规

图1-2 Gollbal offset 设计玫瑰图

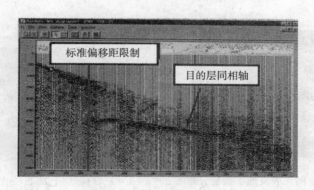

图1-3 Gollbal offset 设计方法取得的包含广角反向轴的单炮资料

从图1-3上可以看出明显的广角反射，而在近道由于高速层的屏蔽，看不到该反射层。由此可以看出，如果用常规设计方法，将得不到该层的反射资料。

从观测系统的玫瑰图上看，常规设计获得了小偏移距的反射，宽方位长排列法的方位角分布广、排列范围宽。在远排列资料上明显看到了广角反射，并且其信噪比远比近道资料高。此外，在资料处理上与常规资料处理方法也是不同的。

实践表明，这种观测系统比常规观测系统需要增加约5%的投资，但却得到了更广的方位角、更宽的偏移距范围的地震数据，并且在特定地质条件下这是唯一可用于解释的数据。

(2)基于 CRP 的优化采集设计技术

传统采集设计都是基于共炮集(CSP)射线追踪,但对向斜、底辟构造以及其他一些深层复杂构造来讲,其地质体与围岩速度差异较大时,传统方法设计的采集参数有可能使这些部位成为反射盲区,不能对这些地质体进行有效成像(图1-4),而根据 CRP 模型设计可以很好地设计采集参数。

对于复杂构造来说,分析波场特征非常困难,传统方法不是最佳方案。这里的方法是通过共反射理论模型的计算,确定针对这些复杂地质体在什么地方布设炮点和检波点才能得到最强的反射信息。

利用这种方法可以优化采集参数,提高资料质量,节约勘探费用,同时还可以控制资料处理质量。

图1-5为图1-4对应的一个 CRP 点产生的振幅分布图。

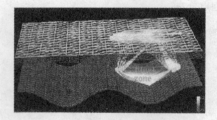 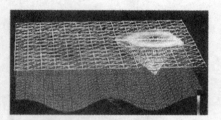

图1-4 利用 CSP 模型方法将在某些　　　图1-5 与1-4对应的 CRP 点在
部位产生反射盲区　　　　　　　　　地表产生的振幅分布图

从图1-4向斜构造的 CSP 模型图上可以看到,CSP 模拟放炮在向斜位置出现反射盲区,常规观测系统设计在该区域将得不到向斜区域的地震信息。图1-6为所有 CRP 点产生的地表及地下振幅分布图,可以看出,只要合理布置炮、检点位置就可以避免盲区,达到优化采集设计的目的。

 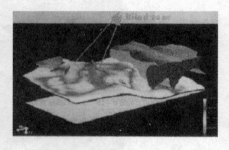

图1-6 CRP 点产生的地表及地下振幅分布图　　图1-7 目标层上基于 CSP 放炮的振幅分布图

 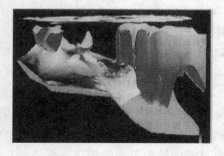

图1-8 基于 CRP 叠加的地表振幅分布图　　图1-9 基于 CRP 叠加的目的层振幅分布图

图 1-7~图 1-9 为墨西哥湾的盐体模型 CSP 及 CRP 模拟放炮在地表及目的层上的振幅分布图。该地质模型是 10 层沉积层含 4 个盐体。首先按 CSP 放炮设计了 4 条检波线，检波线长 6km，道距为 100m，共设计 2250 炮。从图 1-7 上看到在盐体部位产生盲区，得不到有关盐体部位的好资料。

在相同的模型上进行 CRP 叠加，得到了 CRP 叠加的地表及目的层的振幅分布图（图 1-8、图 1-9）。从图 1-9 上看，在 CRP 叠加模拟下，几个盐体的反射盲区消失。从图 1-9 可以分析设计如何布置检波器点和炮点。同时从这两个振幅分布图还可以调整拖缆长度及面元大小。

2. 地震波激发与接收技术

M. S. Craing 介绍了一种检波器组合试验方案，在 130m×130m 范围内均匀分布 506 个单点检波器，沿着一个方向按一定的间距激发，每个检波器单独记录，最终形成一个单炮记录。然后根据不同的组合形式分别形成单炮记录，从理论和实际数据分析哪种组合形式对消除干扰有利。该组合试验方式比目前采用几种固定组合形式的试验更加灵活。

3. 采集实例

（1）实例 1

沙特国家石油公司提出新型稀疏三维采集排列设计方法，其效果在 2001 年 SEG 会议上受到好评。这种新型稀疏三维采集排列设计（图 1-10、图 1-11）使用的组合排列由十字排列加部分并行排列组成，其中十字排列采用沿激发测线方向全宽带滚动方式进行采集，产生针对深层目标的数据体，而部分并行排列是针对浅层目标的，这两部分采用相同的接收排列，但有独立的激发点。

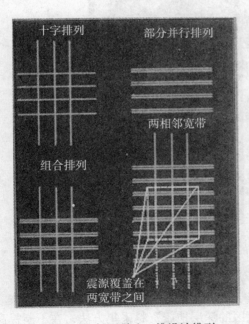

图 1-10 新型稀疏三维设计排列

图 1-11 组合式排列的三维视图

在十字排列部分设计中，需要了解纵测线偏移距分量的非对称性关系。为了实现纵测线偏移距和方位的均匀分布，需要假设有限的模板宽度以及让每条远端接收测线对应的有效震源激发程度等于偏移距，随后在处理中通过切除预定偏移距以外纵测线偏移距，实现观测属性的均匀分布。以往的经验表明，成像质量对纵测线的非对称性并不敏感，所以为了减少重复炮点位置和增加炮点密度，排列将牺牲方位对称性而形成均匀的覆盖分布，这需要有相对平缓的地质环境和不同方向纵波速度的稳定性条件。

部分并行排列的设计要求是提供能够成像浅层目标的信息，由于在该排列的激发采集中接收测线是活动的，所以每条宽带的相邻测线覆盖次数是变化的（图1-11），其结果不仅可以成像浅层目标，还能服务于速度分析。由于这种双排列组合形式采用共同的接收测线，所以仅通过增加部分激发测线成本，就可以解决常规排列无法兼顾深、浅层目标的问题。

沙特国家石油公司采用一种新型稀疏组合排列方式采集了 $2600km^2$ 全覆盖地震数据，其中接收组合为72个埋藏式10Hz检波器，5台可控震源在每个VP上进行12s长8~80Hz扫描，记录模板包括对称中间激发的4条接收测线，接收器组与炮点组间距为60m，通过部署960道获得沿测线最大偏移距7200m，接收测线间距720m，而正交的激发测线间距480m。组合排列采集数据的目标位于1.6s和2.5s深度，其中十字排列部分的各激发测线连续激发96个VP，产生的覆盖次数为60。图1-12比较了新旧排列产生的叠加剖面（二者采用相同的速度并经过一步反射波静校正），两者在200~500ms范围内关键的浅层目标显示上有明显的差别，而新排列获得的深层资料也有较大的改进。

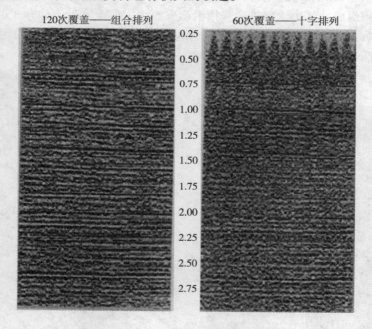

图1-12　新旧排列的叠加剖面比较

（2）实例2

自20世纪90年代以来，分别在大庆长垣东、西部地区开展了一系列深层地震采集方法试验攻关工作。目的是试验出一套适合于大庆探区的深层地震资料采集方法，在不断提高其信噪比的基础上，努力提高其分辨率，尽量满足构造、岩性解释等勘探开发的需要，为今后进一步的深层勘探提供可靠的地震技术保证。重点开展了地震波激发、接收和仪器因素等试验工作。

地震波激发试验包括激发深度、激发药量、炸药类型对比等试验。

地震波接收试验包括检波器组合、检波器类型、检波器下井深度、检波器与大地耦合效果等试验。

经不断的试验攻关,取得了一些可喜的成果。从现场处理剖面上看,深层资料的信噪比和分辨率较以往均有很大提高,侏罗系采集资料视频率基本可达35Hz左右,比老资料至少提高10Hz以上(图1-13)。为此,初步总结出了一套深层地震采集的系列方法:

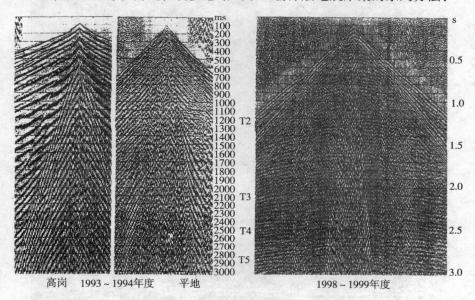

图1-13 新老野外原始单炮对比图

接收因素:采取"一长二宽一高一低"的接收方式。即长排列(>6000m)、宽线接收、宽频录制,高覆盖次数(60次),低检波器自然频率(10~40Hz)。

激发因素:使用"一深一大"的激发手段。即井深(15~30m)、大药量(6~8kg)、多组合井激发。

以上这些试验研究的技术在1996~1998年度的深层地震采集中收到了良好的效果。地震记录中,T_3、T_4、T_5反射波信噪比较高,连续性较好,地质现象丰富、清晰;而且反射波视频率有了较大提高,T_3层视频率为40Hz,T_4~T_5层视频率为30~40Hz(图1-14)。尤其是松深大剖面对古生代地层、深部地壳及莫霍面等深部信息展示得十分清楚。

(3)实例3

白家海地区位于准噶尔盆地东部,构造上属准噶尔盆地中央隆起带的二级构造单元白家海凸起。该地区属沙漠巨厚区,地表相对高差超过40m,低降速层厚达100~250m,目的层T、P、C埋深3000~7500m。使用的采集方法为:①高覆盖次数(150次)、长排列(最大炮检距达7575m)、大炮检距、大组合基距(45~92m);②经实地踏勘,发现该工区沙梁大都垂直测线分产,即使用弯线施工也很难避开不利地形,因此决定采用直测线施工;③强化检波器组合,增加组合井数(12~24口组合)、加大单井井深,选择合适药量以增强深层反射能量,通过试验段对比来确定最佳激发参数。使用SYSTEM-Ⅱ数字地震仪、WT-300型气水两用钻机和SN4型10Hz检波器。试验点和试验段选在W9903线南段,该段二叠系埋深超过5000m,经综合对比选取了8m×12口×2kg组合。

该方法取得的效果十分明显（图1-15、图1-16），具体表现在以下三个方面：

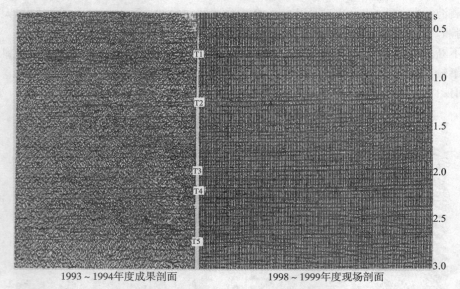

图1-14　新老剖面对比图

图1-15　W9003地震剖面

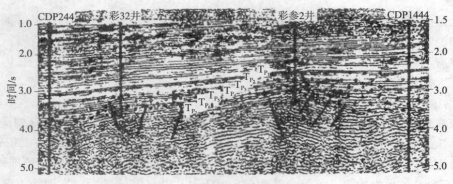

图1-16　W9902地震剖面

①深层资料品质有明显改观；
②分辨率提高，层间关系清楚；
③与钻井资料符合程度高。

试验的三条测线均为联井线，过井地震剖面与钻井地质层位经VSP和合成记录标定吻合较好。

（4）实例4

东濮深层由于地震资料信噪比及分辨率较低，深层油气藏的特征难以落实。因此，如果不在采集技术和方法上有所突破，提高地震资料质量，处理工作就发挥不了作用，也很难得到真实可靠的解释结果，影响对油气藏的正确认识和评价，从而影响勘探开发进程。

针对东濮凹陷以往地震数据采集中存在的问题，数据采集主要采用以下技术：

①基于模型的三维观测系统设计方法研究；

②采用高精度卫星照片进行设计，更加科学合理地控制野外激发点的位置；

③采集向全三维靠拢，增加仪器的接收道数，增大观测系统的非纵距，为深层的正确成像创造条件；

④采用小折射、微测井、双井微测等方法对表层结构和虚反射界面进行调查，在虚反射界面以下 1~2m 激发，加强下传能量；

⑤加大炮检距，增加覆盖次数，根据地质体的埋深和复杂程度合理确定反射面元的大小，保证速度分析精度并使深层叠加有足够多的道数，提高深层资料信噪比；

⑥采集时采用宽频挡接收，保护深层的低频信号；

⑦改变检波器的连接方式，使得检波器的阻抗与仪器输入阻抗更匹配；

⑧采用中继站过黄河新方法，避免以往相遇法过河造成覆盖次数不合理弊端；

⑨使用新型 SSS2000 爆炸机，准确确定爆炸时间以及精确获取井口时间。

4. 结论与建议

目前，国内深层采集的进展主要集中在激发和观测系统设计两个方面。其中，在激发震源方面研制的深层多级延迟爆炸震源获得较好效果；在检波器接收技术方面对提高耦合作了大量研究并取得较好效果；在干扰波认识和压制方面，形成一套成熟的技术；在观测系统设计方面，形成了一套综合设计技术。这几个方面已经形成了配套的生产技术。但在高性能检波器方面，国内研究水平还是低于国外地球物理勘探开发公司，设计软件以引进为主，不能针对特殊的地质目标进行特殊分析。因此，今后在采集方法上继续围绕着精细面元窄束头和线状可变面元观测方式的总体思路，进行深入细致的采集方法研究，以提高深层反射信号能量、提高深层信噪比和提高深层分辨率为目标的激发与接收方式研究，根据深层复杂地震波场传播规律开展观测系统方式的研究。加强深层采集参数量化分析，系统地总结适应深层地震勘探的最佳方案。同时开展深层目标三维地震采集方法研究，优化三维地震设计，降低生产成本，提高采集质量。

通过上述调研，提出如下建议：

①研究深层三维地震勘探观测系统设计方法，解决地下深层复杂地质所带来的观测系统优化问题，提高深层地质目标的成像精度。

②结合爆炸理论，对深层激发震源和激发方式展开研究。

③对其他的地震勘探方法进行试验（如多波多分量采集技术等），利用综合地震勘探方法来分析深层构造特征。

三、深层地震资料的处理

由于受深层地震地质条件和大地滤波吸收衰减作用等方面的影响，野外原始资料深层有效波的能量较弱、干扰强、信噪比低；此外，深层构造较为复杂，地层倾角陡，断面波、绕射波较为发育，速度纵横向变化大，速度分析和叠加偏移成像较为困难。对此，开展了一系列的深层地震资料处理技术的研究和攻关，主要从提高叠前资料的信噪比和提高叠加及偏移的成像精度入手，重点发展了适应于深层地震资料处理的叠前去噪技术，分层剩余静校正技术，DMO速度分析和叠加，相关保幅叠加以及陡倾角、小构造的偏移处理技术，这些技术的日益完善使深层地震资料的信噪比及叠加偏移的成像精度得到了根本性的提高。

1. 静校正技术

对于地表条件比较复杂的深层勘探区块，采用常规的井深 T 值的高程静校正方法不能很好的解决长波长静校正问题，为此，采用了交互初至折射静校正和自己开发研制的波动方程基准面静校正方法，较好地解决了长波长静校正问题，使资料的信噪比得到了很大的改善，在深层资料处理中见到明显的效果（图1-17）。

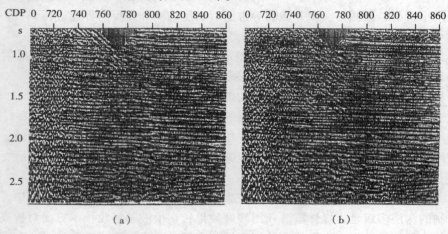

图1-17　高程静校正剖面(a)和初至折射静校正剖面(b)

2. 球面扩散补偿和道集均衡联合使用技术

球面扩散补偿可以使深层有效波的能量得到一定的恢复，从而消除大地滤波的吸收作用对深层能量衰减的影响，但是由于深层受炮检距影响较大，从而造成横向和纵向的能量差异，这对后续的资料处理，特别是对于偏移归位是相当不利的。为了解决这种问题，在球面扩散补偿的基础上，再对资料进行道集均衡处理。道集均衡处理是根据振幅的强弱变化计算出一动态加权系数，对不同的反射振幅进行加权处理获得归一化输出。因此，通过这种方法既可以使深层有效波的能量得到较好的恢复，同时又消除了道集内因受炮检距的影响而造成的横向和纵向能量的不均现象（图1-18）。

3. 叠前去噪技术

叠前去噪是提高深层资料信噪比的有效手段。在地震勘探资料中常见的干扰波类型主要有三种：面波、折射波和高频干扰。由于深层有效波的频率相对较低，因此面波和折射波是深层资料处理的主要障碍，对于这两种干扰，主要采取如下的处理方法进行压制。

(1) 采用零相位谱均衡压制面波和低频干扰

面波去除方法是充分利用面波分布的区域性（三角形分布）以及视速度、振幅与有效波之间的差异，通过程序控制时窗，只在面波的分布区域进行面波去除，而面波区以外的有效波不受影响，从而达到有针对性地去除面波的作用。同时为了更进一步压制低频干扰和面波的剩余部分，在此基础上又采取零相位谱均衡技术。通过对不同频率段能量的调整均衡，使面波和低频干扰得到了较好的压制和均衡，从而在压制噪声的同时，又有效地保护了低频的有效信息（图1-19）。

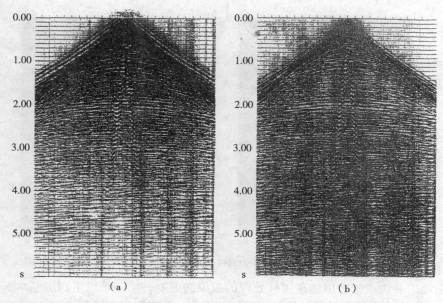

图 1-18　未加均衡的单炮记录(a)和球面扩散补偿加道集均衡后的记录(b)

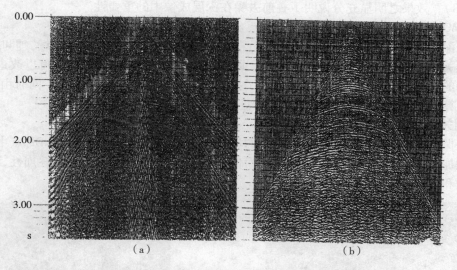

图 1-19　去面波前的单炮记录(a)和去面波后的单炮记录(b)

(2)叠前 f-k 滤波消除折射波干扰和各种规则干扰

为了克服叠前 f-k 滤波常易出现的"蚯蚓化"和"假构造"现象,在处理中可采取了一些针对性的技术措施:首先对做完静校正的 CDP 道集进行动校正,然后反抽成炮记录,这时有效波经动校正后基本拉平,而折射波和其他干扰波则成一定的角度和有效波分开,然后根据干扰波角度进行去噪滤波,这种做法不仅可以使有效波和折射波完全分开,同时也可以减弱空间假频(图 1-20)。

(3)叠前去噪在深层成像中的应用效果

在实际资料处理中发现,不论是时间域处理还是深度域处理,不做好叠前去噪、信号增强工作很难获得好的深层成像效果。

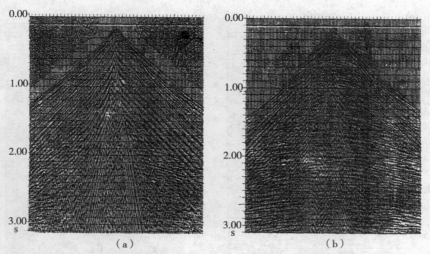

图 1-20 叠前 f-k 滤波前的单炮记录(a)和叠前 f-k 滤波后的单炮记录(b)

在济阳坳陷一块三维数据体送国外处理的成果剖面上，第三系以下深层基本上看不出有连续的反射同相轴，经叠前去噪（信号增强）处理后，见到深层潜山顶面之连续反射同相轴（图 1-18），效果之明显充分说明了叠前去噪在深层成像中的重要性。

4. DMO 处理技术

由于深层反射能量较弱，反射波零乱分散，相位强弱不均，同相轴不连续，同时构造及地层接触关系复杂，断面波、绕射波发育，因此，叠前采用 DMO 处理技术可以改进叠加速度对倾角的依赖性，使速度谱的精度得到了提高，有效地保护陡倾角界面。同时由于 DMO 是多道运算的一种偏移过程，因此它对噪声也有一定的压制作用（图 1-21）。

5. 相关保幅叠加

相关保幅叠加技术可以把地震资料中的坏道和不正常道，以及在同一 CDP 点中不能保持同相叠加的道，通过相关直接去除，从而保证了同一个 CDP 道集的同相叠加性，使资料的信噪比和分辨率都有所提高（图 1-22）。

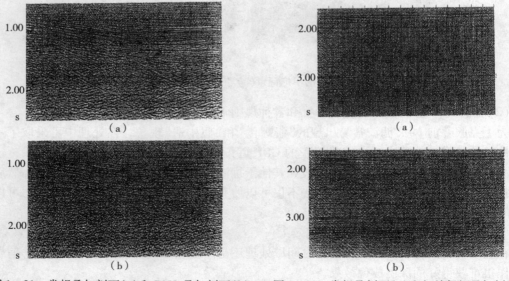

图 1-21 常规叠加剖面(a)和 DMO 叠加剖面(b)　　图 1-22 常规叠剖面(a)和相关保幅叠加剖面(b)

6. 陡倾角、小构造偏移处理技术

通常时间域偏移方法对倾角都有一定的限制，对于横向速度变化都有程度不同的不适应性，目前探索出一套有效的时间域偏移方法，对地层显现的大倾角，复杂断块及不整合接触问题，采用了陡倾角克希霍夫积分偏移，保证偏移后的剖面断点、断面清晰，展现出了合理的构造形态（图1－23）。

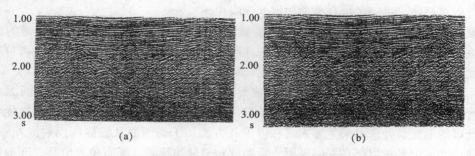

图1－23 深层叠加剖面（a）和克希霍夫积分偏移剖面（b）

经过上述诸多处理方法的研究和攻关，使深层地震资料的处理质量有了新的突破，并在实际资料处理应用中见到了好的效果，尤其对于野外采集比较困难的冰泡、高岗等地表条件较差的低信噪比深层资料，构造较为复杂的工区以及深层反射能量较弱的深部资料处理中，都取得了理想的效果（图1－24、图1－25）。

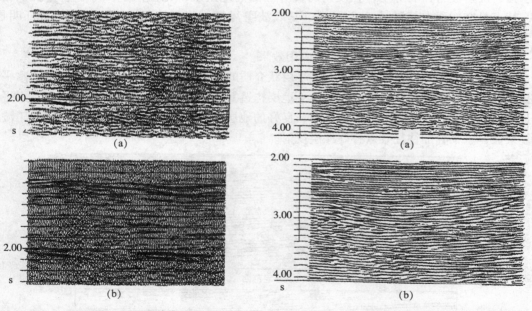

图1－24 深层冰泡地震资料处理效果　　图1－25 复杂构造深层地震资料处理效果

7. 深层反射地震成像技术及应用效果

由于深层反射波场复杂，空间分辨率低，地层速度横向变化剧烈，叠加速度分析常出现多解性，不能同时叠加好多倾角反射，即使是做过DMO处理也难以得到好的成像效果。根据试验结果，二维数据处理以叠前时间偏移为佳，三维数据处理以叠前深度偏移为佳。

（1）二维叠前时间偏移成像技术及应用效果

叠前偏移有两个方面的技术关键：一是要保证共偏移距道集具有足够空间采样率，一般

来说不应大于25m；二是要求具有比较准确的偏移速度，而且要求比较光滑。

目前野外采集均采用多次覆盖技术，采集参数的设计均是以传统的叠加偏移为主要目标，叠后剖面的空间采样率能够满足偏移的要求。然而对于叠前偏移则不然，共偏移距道集的道距往往是叠加剖面道距的数倍，直接进行叠前偏移会产生很强的偏移噪声，大大降低空间分辨率。沿时距曲线进行偏移距变换，可使共偏移距道集满足空间采样率的要求。视情况还可进行垂直叠加，进一步提高叠前数据的信噪比。

求取准确的偏移速度需要有偏移归位的数据，而数据偏移归位又需要有准确的偏移速度。解决办法是遵循迭代的思想，先用常规速度拾取的平滑结果分偏移距偏移，再重新进行偏移速度分析。如此迭代一至二次便可满足偏移叠加的要求。

应用上述技术处理了济阳坳陷一条区域大剖面，与用常规处理技术处理的剖面对比发现，两套处理剖面的差异是非常显著的。从整体上看，用上述技术处理的剖面明显优于用常规技术处理的剖面，处理效果主要表现在以下几方面：①新剖面从浅到深反射同相轴丰富，层次感强；②不论是浅层还是深层反射，反射同相轴聚焦清晰，断点位置清楚、准确；③中生界基底(左半部最深一组反射)成像清楚，反射能量强；④中生界(约3.0s以下)内部反射丰富、连续稳定，易于追踪对比；⑤下第三系盐拱构造(CDP1315~1415，T_0时间为2.6s左右)特征清楚，与钻井结果吻合。这些效果是常规剖面所不具备的。

应用上述技术对黄骅坳陷一条区域大剖面进行了处理，与老剖面相比较，新处理剖面层次感强，反射波组强弱分明，强反射时代界面间的地层沉积特征清楚，易于进行沉积相分析，特点是在剖面中部深层(3.3s左右)基底波组清楚，前积现象清晰，浊积体特征明显，易于解释(图1-26)。

(2)三维叠前深度偏移成像技术及应用效果

传统的时间域处理以地下地层为水平层状介质的假设为前提，在此基础上发展了水平叠加技术和叠后时间偏移成像技术。当地下地层构造复杂时，上述假设条件便不成立，水平叠加及叠后时间偏移技术就不能获得正确、良好的地层成像。特别是对于深层资料，由于波场的复杂性，水平叠加往往难以叠好深层反射。

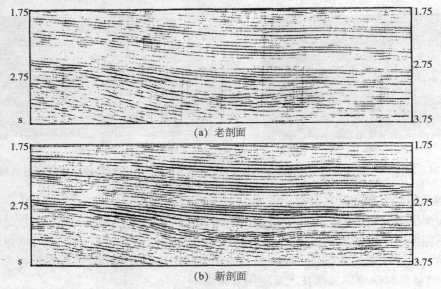

图1-26 深层目标处理效果对比

时间偏移理论中不考虑地震波传播过程中由于介质速度变化所造成的波的折射现象,在地下速度场存在剧烈变化时难以获得良好成像,即使成像,其构造形态及层位位置也是错误的、不准确的。而叠前深度偏移技术以速度深度模型为基础,考虑了波传播过程中的折射现象,因此,在速度模型正确的条件下,能够获得质量良好、层位空间位置正确的地下构造成像。

应用 GeoDepth 叠前深度偏移软件先后完成了 6 块 283km² 的三维叠前深度偏移处理工作,基本上都是针对东部深层油气勘探目标进行的。处理结果受到专家和用户的好评,见到了好的地质效果和社会效益。通过实际资料的处理研究,初步摸索出一套有针对性的深层目标偏移成像实用技术,并建立起了适合东部深层地震成像的三维叠前深度偏移处理流程。

通过大量研究,认识到三维叠前深度偏移是解决复杂构造和速度剧烈变化条件下地质体成像问题的有效技术。叠前深度偏移的关键在于速度深度模型的正确建立及成像效果的客观检验。做好这两项工作,才能够得到合理的叠前深度偏移结果。

对胜利油田垦西—孤南地区三维地震资料叠前深度偏移处理结果表明,叠前深度偏移处理相对叠后时间偏移处理来说,在深层反射成像方面有着非常明显的效果和优越性,通过叠前深度偏移处理,基本搞清了深层潜山的形态和内幕,这一效果是时间域处理所难达到的(图1-27)。

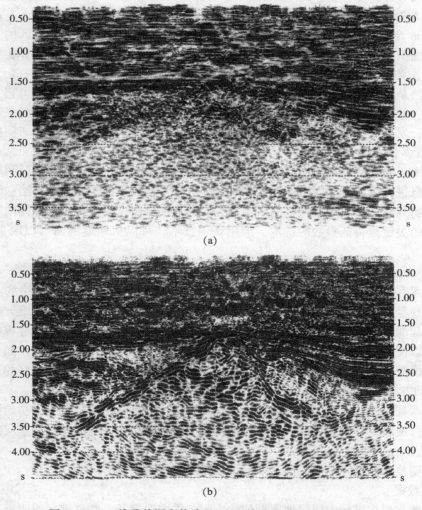

图1-27 三维叠前深度偏移(a)和三维叠后时间偏移剖面(b)

四、深层地震资料的解释

经采集和处理的技术攻关，使深层资料的品质较以往有较大的改善，对于正确认识地下深层的地质结构、构造等地质特征以及进行储层预测工作提供可能和保障。

1. 深层构造解释技术

构造解释是后续综合地质研究的基础。为此，发展和不断完善了以下几项技术。

（1）精细断层解释技术

断层解释在构造解释中占有举足轻重的地位，构造解释精度与断层解释的精度密切相关。一方面，通过模型正演，论证剖面视频与实际分辨深部断层能力之间的定量关系，从而为断层的合理解释提供了理论依据；另一方面，实际工作时，除了根据常规的方法进行断层解释外，主要是将全三维的一些技术方法用于断层解释中，从而提高了断层的解释精度。

（2）空间变速度场成构造图技术

由于深部地层起伏变化较大，地质构造复杂，因此准确合理归位、真实反映地下构造形态是构造成像的一个难题。为此，研制出了变 v_0、β 速度场软件——地震速度分析与计算软件。该软件以叠加速度数据体为基础。v_0、β 的计算是搜寻边长 5km 正方形面积内的速度谱（叠加速度）与对应的层位 t_0 值计算出一个 v_0、β 数据点，作为正方形中心的 v_0、β 值，然后平行移动 3km 计算出下一个正方形中心点的 v_0、β 值，这样逐一计算出全区的 v_0、β 数据点，形成平面图即为 v_0、β 速度场。此项技术的应用，提高了深层构造的成图精度。

2. 储层预测技术

储层预测是建立在准确的层位标定和细致的沉积相及微相划分基础之上，它主要包括砂岩定量预测、储层物性预测等。为配合深层储层精细预测的需要，结合已往成果进行了深入的技术攻关，发展完善了多项配套技术，目前使用较多、效果较好的主要有三项技术：

（1）地震多参数模式识别技术

该项技术主要是从地震剖面上提取与储层预测目标有关的特征参数，然后利用模式识别方法及井信息进行综合判断，进而达到预测目的。它包括四种模式的识别方法：两组判别分析方法、多组判别分析、人工神经网络及多元回归判别分析。用户可根据不同的需要进行选择。该技术的关键是特征参数的提取。应用该项技术，可以从地震剖面上提取 7 大类共 54 种特征参数。

（2）模式识别神经网络储层预测技术

该项技术在理论和方法上较同类方法有所创新和突破，主要针对 BP 网络的不足，采用了一种模糊神经网络，将模糊概念融于网络之中，可以仿效人的模糊逻辑思维方法，解决那些由噪声引起的不确定性及不精确性，从而提高预测的可信度。在网络学习过程中，利用同伦算法，可以使网络达到最优解，并大幅度地提高了网络学习的速度。另外，如果把自组织神经网络和模糊神经网络结合起来，构成双重神经网络进行应用，会收到更好的预测效果。

（3）波动方程波阻抗约束反演技术

该项技术利用测井资料及地震解释层位作为约束，分析叠加地震道获得初始模型，采用迭代方法进行反演，其结果形成的是绝对波阻抗剖面，进而在该剖面上实现储层的追踪对比及定量预测。

以上各项技术在实际应用中，均取得了较好的地质效果（图 1-28）。

3. 实际效果

松辽盆地北部在进行中深层地震勘探的实际工作中取得了一些显著地质成果。

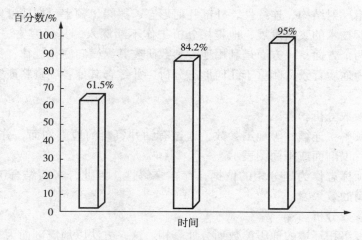

图1-28 近年探井深度符合情况

①解释的深层构造更加符合实际,深度及圈闭符合率得到明显提高(1996年为61.5%,1997年为84.2%,1998年为95%);砂砾岩、火山岩等储集层预测精度较以往提高10个百分点(图1-29)。

②发现两个最有利的勘探区域:

a. 徐家围子断陷东部缓坡带及西南部陡坡带火山岩储层发育,是近期最有利的深层天然气勘探区。

徐家围子断陷的东部与西部有类似的构造和地质特征,侏罗系、登娄库组均发育有地层超覆圈闭和火山岩体发育带,而且紧邻侏罗系主要生油凹陷区。具有形成地层超覆气藏、火山岩岩性气藏的先决条件,是下一步最有利的勘探区域。

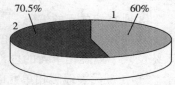

图1-29 储层预测精度统计表

b. 徐家围子断陷中部新发现两个近南北向分布的火山岩带,是烃类或无机气资源聚集的优势区。通过对1998年新采集的徐家围子地区二维地震资料和杏山三维地震资料初步解释,发现徐家围子断陷中部存在两个近南北向分布的火山岩发育带。它的分布面积、沉积厚度比勘探证实的昌德东—肇州及汪家屯—升平火山岩分布区更大,一般厚度达200m以上。这一火山岩带具有形成大规模火山岩气藏的条件。

五、深层低渗透砂岩油藏储层预测的方法

1. 地震相分析

(1)地震相分析方法

地震相分析就是利用地震参数结合钻井和地面等其他资料,综合解释沉积环境和沉积体系。

地震相分析的目的是进行区域地层解释,确定沉积体系、岩相特征和解释沉积发育史,最后预测有利生油区和储集相带。地震相分析的过程实际就是对地震资料的识别和沉积环境的理解,二者互为因果,缺一不可。一方面通过掌握沉积体系理论及了解沉积体系在三维空间分布的特点、各种沉积模式、地层组合模式和沉积发育模式,并以此为指导,对地震相作地层学解释。另一面是掌握地震勘探的基本原理,了解各项地震相参数所代表的地质意义。

地震相参数主要指反射结构、连续性、外部几何形态、振幅、频率、层速度等。

随着地震勘探技术的飞跃发展，地震相分析工作不断深入，其研究方法也在不断更新。概括起来主要是两个方面：一方面是利用地震参数研究其纵横向变化规律；另一方面则是以古地貌和古水流为地质背景，侧重于几何形态分析，并综合其他各项资料研究其沉积体系的变化规律。

① 地震属性参数分析。

利用振幅、频率、连续性等地震参数，通过有钻井资料的地震剖面，分析哪些是砂岩，哪些是泥岩，最后以剖面或平面图表示。

单纯使用一项标志作为划分相的依据，存在多解性。因此，必须结合沉积特征综合分析，才能获得圆满的效果。

② 最佳地震参数分析。

选择最能代表沉积环境的地震参数划分地震相。这一方法以地震剖面为基础，首先分析地震剖面上的反射特征，勾绘成地震相平面图，然后根据区域地质特征和岩心分析，在地震相图的基础上编制沉积相图。

这一方法突出了主要参数，与地质结合紧密，是目前应用比较广而又受欢迎的方法之一。

③ 地震相单元的编码。

在地震相单元内，采用巴博（Bubb）等人的编码系统编制成地震相平面图。巴博的编码系统反映了地震相单元的内部反射结构和地震相单元的顶底界接触关系，以（A－B）/C 表示。式中 A 代表地震相单元的顶部接触关系；B 代表地震相单元的底部接触关系；C 代表地震相单元的内部反射结构；"－"代表连字符号，并非数学中的减号。

图 1－30 是标有（A－B）/C 符号的地震相图，图中北西—南东向为主测线，南西—北东向为联络测线，分别在主测线上标出（A－B）/C 反射特征的沉积界线及倾斜方向。连接相同（A－B）/C 反射特征就构成了不同的相区。如（C－ON）/P 地震相区和（C－DWN）/M 地震相区。

图 1－31 是结合露头及钻井等资料综合解释的环境图。分别编制各地震相区单元图、环境图，研究其纵横向发育和消亡的过程。

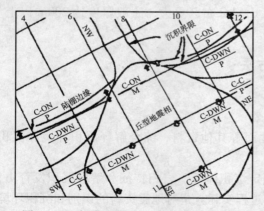

图 1－30　标有（A－B）/C 符号的地震相图

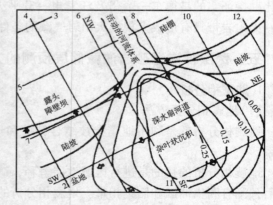

图 1－31　图 1－29 的环境图

④ 以古地貌和古水流为地质背景建立沉积体系。

这一方法是在古地貌的背景上，利用地震反射的外部几何形态和内部反射结构研究沉积体的平面展布。沉积体系与古地貌有着极为密切的联系,可以利用古代地形的轮廓,勾绘出湖岸线的位置、高山、平原和河流的分布,以及沉积体系的分布。

古水流方向可以通过岩心和倾角测井来确定,但在没有井的地区则一筹莫展,而地震地层学则正好弥补了这一缺陷。

由于前积结构是携砂水流向盆地推进的产物,因此前积结构的倾斜方向即代表古水流方向。利用两条地震剖面上的前积结构采用矢量组合的办法即可以确定古水流方向。

根据上述方法,结合各种沉积体的地震特征,即可作出一个盆地或地区的古水流体系、古沉积体系图,这对有利圈闭及其位置、类型的确定和有利储层的推断有重要价值。

(2) 地震相解释专家系统

作为区域地震地层学研究的核心内容,地震相解释即沉积相恢复具有数据量大、控制因素多和解释结果不唯一等多种不利因素;而专家系统则类似于具体领域中的专家,能够运用丰富的专业知识和经验,依据严格的专业定理和规则,对各种复杂问题进行严格的逻辑推理并获得客观的结论。

自1965年美国斯坦福大学研究出第一个计算机专家系统以来,许多领域中都在进行这方面的尝试(史忠植,1988)。专家系统除了能像人类专家那样去解决许多困难且重要的现实问题外,它还具有人类专家所缺少的能力(邱建设,1989)。如专家系统能"随叫随到"地被使用,并能在它的知识范围内永远处于工作顶峰状态,并且专家系统推理比较客观。

在地震相解释中存在两个主要问题。其一是组成一个地震相的地震参数比较多,而作为解释结果的沉积相的控制因素也非常多,这给传统解释过程带来较大的难度。二是某些地震相解释结果不唯一,使得一般的解释人员不敢轻易得出解释结论。此外,在任何一个盆地进行地震相解释都具有明显的经验性,这种经验往往还未得到广泛的认识,但却时常能帮助获得准确答案。就此而言,专家系统是解决上述问题的理想方法(刘震等,1992)。以陆相断陷盆地为对象研制出了地震相解释专家系统(SFIES),该专家系统在渤海辽西凹陷北洼的地震相解释中,表现出强有力的功能。

面向地震相解释的专家系统(SFIES)是以断陷盆地地震相模式和地震相解释准则为基础,并以独立的推理、解释和对话组成的外壳进行地震相解释的人工智能解释系统。全部系统由 PROLOG 语言(逻辑程序设计语言)编写,该语言是法国马赛大学的 A. Colmerauer 于1972年创造的。它具有表处理的功能,并以完全自动的合一、置换、归结、回溯等搜索机制求解问题。

SFIES 的体系结构见图 1-32。它由外壳和知识库两部分组成,其中外壳由三个模块组成。SFUI 是用户接口模块,它负责用户的咨询请求;推理机(SFRE)采用深度优先策略的推理机理,它在接受用户的咨询请求后,使用知识库中存放的知识进行推理,推理所得的结果通过 SFUI 模块返回给用户。SFEM 是接受模块,它负责解答用户的提问,即说明系统是如何得出如此结论的。因为有了 SFEM,使得解释人员不但可以了解一个问题的整个推理过程,而且能够增强解释人员对解释结果的信心。由于 SFIES 采用外壳结构,其知识库和推理机完全分开。这样,只要按一定要求填写一个知识库,在与外壳合并之后就能形成一个新的专家系统。在知识库中存放了关于地震相参数、地震相模式和沉积体系的大量知识。

由于知识库的结构,使推理可以完成三种类型的解释:①全盆地地震相解释;②单测线串形地震相解释;③单一地震相解释。

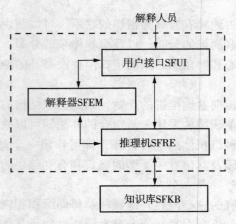

图 1-32 SFIES 的体系结构图

利用 SFIES 在辽西凹陷北洼下第三系沙二段亚层序进行地震相解释中取得了成功(刘震，1993)，SFIES 的解释结果(见图 1-33)，被证实是一种十分合理的解释，其中各沉积相及其分布均符合沉积学规则。

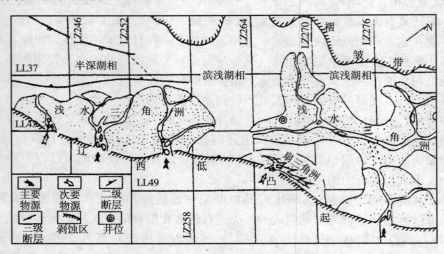

图 1-33 辽西凹陷北洼沙二段利用 SFIES 解释的沉积相图

2. 储层横向预测

储层横向预测是综合运用地震、地质、测井资料，以地震技术为主，定量预测储层的空间几何形态的方法。目前储层横向预测常用的方法有波形振幅方法、声阻抗反演方法、频谱分析方法、地震模型技术等，刘震(1996)最近研制了双临界 DIVA 岩性预测技术。下面分别加以说明。

(1) 储层横向预测的波形振幅法

地震反射波中包含极其丰富的地下地质信息，波形振幅方法进行储层横向预测主要是利用地震反射波的波形特征和振幅信息。

利用地震反射的波形振幅分析进行储层横向预测包括储层标定、横向追踪、模型正演、综合解释等步骤。

①储层标定。

目前，储层横向预测还都是从井出发，将井中岩性信息、测井信息、井旁地震信息建立联系，并将测井资料在纵向上分辨率高的优点与地震资料在横向上可连续追踪的特点结合起来，从已知井出发利用地震资料横向外推，对储层进行定性、定量预测。因此，首先必须明确已知井中储层在地震道上的响应位置，即储层反射对应于地震剖面上是哪一个同相轴。储层标定有三种方法，一是深时转换，二是VSP记录，三是合成记录。

②横向追踪。

确定储层在剖面上的反射波组之后，就可循着波组横向追索，但是，波组的反射特征在横向上随着储层变化而变化，因而就必须针对研究区的具体地质情况，应用一维、二维模型，分析出横向上储层变化的反射特征。

③正演模型。

对追踪出的砂体，必须用二维正演模型验证，尤其是在砂体解释的初期更为需要。实际上，模型验证就是加深对砂体反射波动力学特征的认识。这项工作只有在积累了大量经验，总结出砂体反射模式之后，才可适当减少。

另一方面，利用正演模型制作工区的时间—振幅解释图版。图版中振幅值的比例应当考虑用井旁地震道，实际振幅与地震模型上对应道的振幅的比值作为标定因子，对图版上的振幅值进行标定。

④综合解释。

在多条剖面的横向追踪闭合之后，就可作出储层分布范围图和顶面等深图（或埋深图），在不同厚度区根据地震剖面上拾取的时差和振幅值，换算出储层厚度，作出储层等厚图，定量描述出储集体的形态、厚度变化。

根据波形振幅分析作出的储层预测结果还可以与合成声波测井等其他方法解释结果综合分析、综合解释，以提高解释的准确性。

(2) 合成声波测井预测储层

测井资料由于纵向分辨率高，已成为石油勘探人员必备的基础资料，但测井资料仅能提供井眼周围局部范围的岩性、岩相信息，另外在勘探阶段，钻井数量有限。合成声波测井是从反射地震资料导出的一项反演技术，它以地震记录与测井曲线的相互转换为基础，从地震记录中求取声阻抗曲线或速度曲线，进而可以提取地震测线覆盖的广大区域内地层的岩性、岩相变化及孔隙空间和孔隙中所含流体性质的信息。合成声波测井技术也就成为储集层描述的重要手段之一。

理论研究表明，薄储集层的常规地震响应近似为入射子波的时间导数，而其合成声波响应则近似为入射子波。因此，合成声波剖面较其地震剖面具有更高的分辨薄层能力，而且用于储层预测更加直观。我国已有多种引进或自行开发的合成声波处理软件，如GLOG, SEIS-LOG, PIVT等合成声波资料，其处理原理是相同的。

合成声波测井用于储层横向预测是依据储层与围岩的速度差异，一般储层速度均高于泥岩等围岩，因此，储层在合成声波测井剖面上表现为高速层。但由于地质情况的复杂性，以及反演资料精度所限，往往造成高速层的多解性。所以，储层横向预测也必须立足于井资料，从井出发，进行储层标定。利用合成声波测井进行储层横向预测的方法步骤是：

①储层标定。

将已知井的储层标定到合成声波测井曲线上，方法是对声波曲线进行合适的压缩过滤，使之与合成声波测井相匹配，用声波曲线建立井资料与合成声波剖面的对应关系。

②横向追踪解释。

根据相对高速层的横向变化判断储层的横向连续或终止,确定储层的范围较之常规地震剖面更加直观清楚,多条剖面追踪闭合可作出储层分布范围图及顶面埋深图。当储层厚度小于调谐厚度时,利用相应高速层内伪速度值可标定储层等厚图,这是因为伪速度值是由振幅反演而来,薄储层振幅与厚度成线性关系,亦即伪速度与储层厚度存在线性关系,据此可作出储层等厚度,定量描述出储集体空间几何形态和厚度分布。

(3) 利用地震模型技术进行储层横向预测

在储层横向预测中,正演模型有助于证实地质设想,验证追踪结果,设计地质模型求其理论地震响应,也有助于认识不同类型、不同组合储层地震反射特征,这些都是地震模型技术在储层横向预测中发挥的重要间接作用。除此之外,还可以用地震模型技术直接推断某些储层的存在及横向变化。

该技术主要涉及薄层调谐厚度概念以及振幅—厚度关系。在薄层区,反射振幅与薄层厚度成近似线性关系,调谐厚度处振幅极大,因此反射振幅信息反映了薄储层的存在,振幅值的大小反映了薄层厚度。理论计算表明,在薄砂泥岩剖面中,反射振幅大小只跟砂岩含量(砂泥比例)有关,而与砂泥的组合关系无关。因此,用反射振幅就可以估算砂泥岩比例,或推断某些特殊岩性和岩性组合。

具体做法:根据本工区的地质特点、岩层的物性参数和要解决的任务,设计一个地质模型,总结这个地质模型在理论地震剖面上反射波振幅的变化与地质因素(如地层厚度的变化、岩性组合的变化等)之间的特殊对应关系。据此用振幅信息预测储层的存在和横向变化。

(4) 双临界 DIVA 的地震岩性预测方法

双临界 DIVA 的地震岩性预测方法是刘震(1996)在普通的 DIVA 的基础上提出的详细划分地层岩性的方法。

DIVA 是"差异层速度分析"的缩写,它是由 Neidell 等在 1987 年首先提出的。DIVA 的基本思路就是利用地层顶界面的均方根速度和预测的背景层速度,按照 Dix 公式正演地层底界面的均方根速度,然后比较正演的底界面均方根速度与实测底界面的均方根速度之间的差别,从而由背景层速度所代表的地层岩性来推断地下可能的岩层类型。

普通的 DIVA 方法一般只选用一种背景层速度,即速度—岩性的比较标准只有一个。假如地下地层中含有两种以上的岩性,用普通的 DIVA 方法则无法识别出第三种岩性,而双临界 DIVA 方法可以在复杂条件下详细地划分地层岩性(刘震,1996)。

双临界 DIVA 是在普通 DIVA 基础上进一步发展的地震岩性分析方法,它克服了普通 DIVA 存在的各种不足,使岩性预测更为可靠。

DIVA 是通过实测地层底界面的均方根速度与预测的地层底界面均方根速度的差别来判断地层岩性类型。普通 DIVA 一般只选择一种岩性的层速度作为背景速度,或选纯泥岩,或选纯砂岩,有时选含水砂岩。但不论选哪一种岩性作为标准,都存在岩性解释的多解性。图 1-34 是一套砂泥岩地层的 DIVA,它用纯泥岩速度作为地层的背景层速度,在 A、B 之间为速度正异常区,但不能判定在该区段究竟是砂岩还是泥岩或其他高速岩性体。

双临界 DIVA 同时选择两种标准岩性的层速度作为背景层速度,即纯泥岩层速度和纯砂岩层速度,将两种标准岩性称为双临界条件,将上式称为双临界 DIVA 模型。两种标准岩性的层速度模型一般均受埋深控制,可由压实曲线提供(图 1-35)。

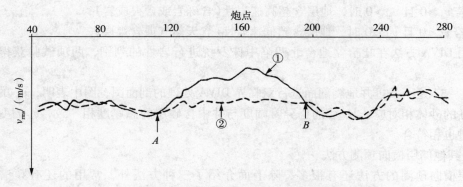

图1-34　单一背景层速度条件下 DIVA 示意图

利用双临界 DIVA 模型不但能够区分砂岩和泥岩,而且还能识别超高速岩性(砾岩或火成岩)和超低速岩性(煤层或含气层)(图1-36)。

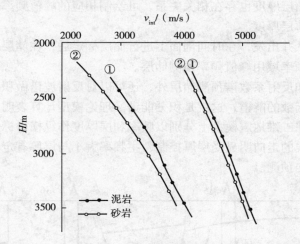

图1-35　台北凹陷丘东—温吉桑构造砂泥岩压实曲线

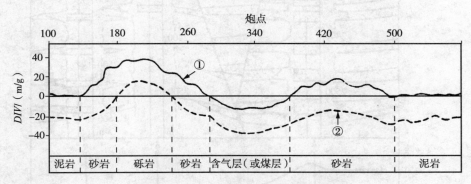

图1-36　双临界 DIVA 岩性预测示意图
①低速 DIV 曲线;②高速 DIV 曲线

由图1-35可见,利用双临界 DIVA 方法可以在复杂岩性条件下预测多种岩性体:
a. 当 $v_0>0$ 且 $v_m<0$ 时,地层为偏砂相;
b. 若 $v_m>0$ 且 $v_s<0$ 时,地层为偏泥相;

c. 若 $v_s \gg 0$ 且 $v_m > 0$ 时,地层含超高速岩性(含砾岩或含火成岩);

d. 若 $v_s < 0$ 且 $v_m \ll 0$ 时,地层含超低速岩性(含天然气或含煤层)。

利用 DIVA 方法在吐哈盆地台北凹陷中侏罗统进行岩性的判别,两项试验获得了初步结果。

图 1-37 是一条过井地震剖面进行双临界 DIVA 处理的剖面图,图中表明,v_m 的正异常与井中钻的砂体相对应,且 v_m 的正异常幅度与井中含砂层的总厚度相一致,v_s 的变化趋势与含砂量也相符合。

(5) 其他储层横向预测方法

储层横向预测的方法还有很多,除上面介绍了三种方法外,常用的还有频谱分析方法等。

理论计算表明,薄层地震响应的反射波谱和反射系数谱都是一个多周期的函数,薄层厚度由小到大,周期增加,每一周期内的峰值频率都向低频方向偏移。像薄层厚度与振幅的关系一样,峰值频率与储层厚度也存在相关关系,可绘制相应的峰值频率—储层厚度图版,利用峰值频率定量估算薄层厚度。

其具体做法也是从井出发,在时间剖面上进行储层标定后,在储层地震响应附近开一个时窗作频谱分析,在频率域用峰值频率预测储层。

除了用反射波谱和反射系数谱预测储层外,还可以对反射波谱做积分计算,将波形能量转化为一个作为频率函数的能谱,这就是积分能谱。理论模型计算表明,积分能谱的形状明显受地层厚度影响。在二维地震模型上分别以频率和层厚度作纵横坐标,绘制积分能谱百分率的等值线图。等值线的走向明显受层厚控制,主频率大小与层厚有定量关系,据此可定性半定量地进行储层横向预测。

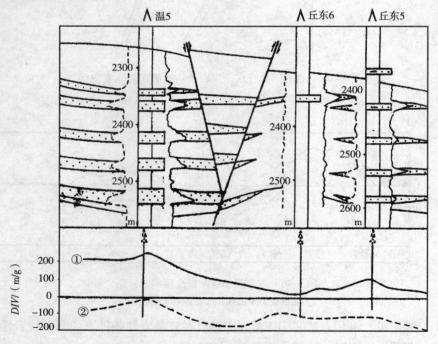

图 1-37 吐哈盆地丘东—温吉桑构造过井剖面双临界 DIVA 预测结果
①低速 DIV 曲线;②高速 DIV 曲线

3.3 D – VSP 技术

垂直地震剖面(简称 VSP)是在地面激发地震波,在井中观测地震的技术。与地面地震相比,VSP 资料的信噪比高,分辨率高,波的运动学和动力学特征明显。VSP 技术提供了地下地层结构同地面测量参数之间最直接的对应关系,可以为地面地震资料处理解释提供精确的时深转换及速度模型,为零相位子波分析提供支持。

自 20 世纪 20 年代至今,随着石油技术的发展和勘探开发的需要,VSP 技术也得到相应的发展:从零偏 VSP—非零偏 VSP—多方位长排列变偏 VSP—三维 VSP 以及三维 VSP 与三维地震采集一体化技术的发展,从 VSP 技术到逆 VSP(R—VSP)技术(如随钻 VSP 测量等技术)的出现,从单分量到三分量到九分量 VSP 技术;计算层速度的方法由直线法到射线追踪的折线法,以及用 VSP 资料的上、下行波场值计算地层深浅层层速度等方法均得到不同程度的发展。

此外,由于 VSP 提供了多波多分量资料,为进一步识别油气藏提供了依据。目前,用地震属性直接找油气已经引起了科研人员的广泛关注,而 VSP 资料为地震属性和地层岩性、物性等方面的联系搭建了一座桥梁,为地震属性的进一步研究提供了方便。

下面主要介绍一个 VSP 技术与地面地震资料进行联合反演的实例与方法应用——长排列资料采集技术。

时效低、成本高限制了 VSP 技术的广泛应用,检波器组合少是导致此问题的一个主要原因,并且由于叠加次数少影响了三维 VSP 资料的质量。据 Paulsson 地球物理服务公司新近资料介绍,检波器组合可多达到 400 道,并且在实际测井施工中已经应用。实际资料采集时,检波器组合不是通过电缆技术而是通过油管实现的。400 道检波器观测系统的检波器串长度可以达到 25000ft(1ft = 0.3048m),一般的井可以从井口排到井底。由于是用标准油管夹钳方法固定,在水平井中也很容易放置检波器,所以此观测系统既可以在垂直井中应用,也可以在水平井中应用。

长排列组合的优势是一次激发多道接收,可以降低成本,并且有助于提高资料质量,改善三维成像结果。

图 1-38 是加拿大 Weyburn 油田三维 VSP 长排列观测系统记录的实际资料(80 道检波器)。由图可见,长排列观测系统能够记录到高质量的高频反射信息。利用该资料,以前那些用地面地震无法成像的非常小的储层特征,如断层、尖灭等,都得到了成像。观测中采用 10~220Hz 频率,可以达到 5m 的分辨率(图 1-39)。

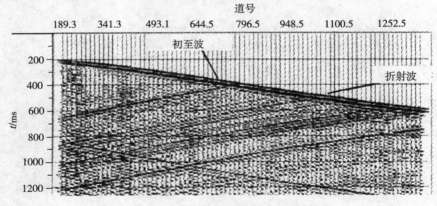

图 1-38 多道接收记录的高频 VSP 资料

目前，实际采集资料大多采用80道检波器组合。2001年2月Paulsson地球物理服务公司应用此技术在西得克萨斯用4天时间采集了372000道的三维VSP资料；2000年9月在加利福尼亚Bakersheld南部进行了8口井1040000道的三维VSP观测；2000年10月在加拿大Alberta记录了350000道三维VSP。长排列三维VSP技术已经逐步趋向成熟。

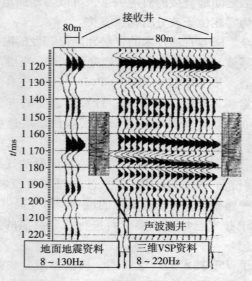

图1-39 长排列采集到的高分辨率资料

第二章　特低渗透油藏开发方式研究

一、国外特低渗透油藏开发现状

国外低渗透油藏尤其是高压低渗透油田初期压力高、天然能量充足，一般首先采用天然能量开采，尽量延长无水开采期和低含水开采期，他们一般都先用弹性能量和溶解气驱能量开采，但油层产能递减快，一次采收率低，只能达到8%~15%。进入低产期时再转入注水开发，采用注水保持能量后，二次采收率可提高到25%~30%（见表2-1）。

表2-1　低渗透砂岩油藏采收率

渗透率/ $10^{-3} \mu m^2$	油藏数/个	采收率/%		
		一次采油	二次采油	合计
50~31	13	14.8	12.5	27.3
30~11	8	14.9	16.4	31.3
<10	7	13.1	9.4	22.5

通过对美国、前苏联、加拿大及澳大利亚等18个特低渗透砂岩油田的调研发现，天然能量以溶解气驱为主，其次为边水驱和弹性驱。含水饱和度最高为55%，最低为8%，平均为27.7%，一次采收率最高为20%（美国的阿塔蒙特-布鲁贝尔油田），最低为6.5%（加拿大的帕宾那油田），平均为13.2%。二次采收率最高为31%（前苏联的多林纳维果德油藏），最低为1.5%（美国的斯普拉柏雷油田），平均为25.39%（见表2-2）。据对国外油田的统计，其中大部分是优先利用天然能量开采，只有极少数油田投产即注水。注气也成为许多低渗透油田二次和三次开采方法，如西西伯利亚低渗透油田，采用注轻烃馏分段塞、干气段塞和气水混合物达到混相驱，驱油效率比水驱提高13%~26%。斯普拉伯雷油田从1995年起着手进行注CO_2开发可行性研究，1997年底已完成室内研究，随即进行矿场试验，第一年采油速度达6%。

国外大量研究和实践证明，当前低渗透油田开发中，已广泛应用并取得明显经济效益的主要技术，仍然是注水保持油藏能量、压裂改造油层和注气等技术，储层地质研究和保护油层措施是油田开发过程中的关键技术。

二、国外特低渗透油田主要特点

从国外报道的情况看，对特低渗透油田大体上可以归纳出以下几个特点：

①储层物性差，渗透率低。由于颗粒细、分选差、胶结物含量高，经压实和后生成岩作用使储层变得十分致密，渗透率一般小于$100 \times 10^{-3} \mu m^2$，大致从几个毫达西到几十个毫达西，少数低于$1 \times 10^{-3} \mu m^2$（表2-3）。

表 2-2 国外特低渗透砂岩油田地质开发综合数据表

油田	投产时间/年	埋藏深度/m	油藏类型	储层时代	油层有效厚度/m	渗透率/$10^{-3}\mu m^2$	地质储量/$10^4 t$	含油面积/km^2	井网密度/(km²/井)	一次采收率/%	二次采收率/%
斯普拉柏雷	1951	1990~2200	岩性	二叠系	12	0.5	125500	2024	0.12,0.64	7~8	1~2
巴罗岛	1967	700~800	构造	白垩系	10~25	5.7	12000	82	0.16,0.08	12	18
帕宾那(J区)	1958	1548	岩性	上白垩统	6.55	8	390	20.1	0.64	6.5	14.5
阿塔蒙特-布鲁贝尔油田	1971	2400~5000	岩性	第三系		0.01	31000	1750	2.56	14.6~20	
草尾溪油田	1961	1189	构造	三叠系		0.55		3.5	0.16		
东堪顿油田	1966	1403~1616	岩性	志留系		<0.1		338	0.16		
西爱文特油田	1916	500~564	构造	石炭系	3.4	3.8	265	10.7	0.05	7	
贾麦松·斯特诺夫油藏	1952	1880	岩性	石炭系	20.7	0.8		110	0.211		
多林纳麦尼利特油藏	1950	1600~3200		渐新统	30~50	0.1~5		22.5	0.19	18.4	14
多林纳曼尼夫斯德油藏	1958	2700~3000		始新统	28~45	5			0.2	11.3	18
多林纳维果德油藏	1957	2400~3000		始新统	76.3	5.5			0.08	12	31
新达米特里也夫库姆油藏	1952	2600~2800	岩性	始新统	2~30	8			0.13,0.21	6~9	25
麦克阿瑟河	1965	2900	岩性		11.9	1~10	5370(可采)	24	0.46		26
文土腊油田		780~4200			600	8.5	13100	13.6			
贾麦松·斯特诺夫油田		1880			20.7	0.8		110			
勃来德福油田		518				7.5		344			
大井油田		1630			5.2	7.5	2075	59			
大学芳油田		2590			52	1		32			

表 2-3 国外低渗透油藏比例

渗透率范围/$10^{-3}\mu m^2$	油藏所占比例	所占储量比例
20~100	大约60%	54%
1~20	大约35%	37.6%
<1	大约5%	8.4%

②储层孔隙度一般偏低,变化幅度大,大部分由7%~8%到20%,个别高达28%。

③原始含水饱和度较高,原油物性较好,一般含水饱和度30%~40%,个别高达60%(美国东堪顿油田),原油相对密度多数小于0.85,地层黏度多数小于3mPa·s。

④油层砂泥交互,非均质性严重。由于沉积环境不稳定,砂层的厚薄变化大,层间渗透率变化大,有的砂岩泥质含量高,地层水电阻率低,给油水层的划分带来很大困难。

⑤天然裂缝相对发育。由于岩性坚硬致密。不少存在不同程度的天然裂缝系统,一般受区域性地应力的控制,具有一定的方向性,对油田开发的效果影响较大,裂缝是油气渗透的通道,也是注水窜流的条件,且人工裂缝又多与天然裂缝的方向一致,因此,天然裂缝是低渗透砂岩油田开发必须认真对待的因素。

⑥油层受岩性控制,水动力联系差,边底水驱动不明显,自然能量补给差,多数靠弹性和溶解气驱采油,油层产能递减快,一次采收率低(见表2-1),只能达到8%~15%,采用注水保持能量后,二次采收率可提高到25%~30%。

⑦由于渗透率低,孔隙度低,必须通过酸化压裂投产,才能获得经济价值或必须通过压裂增产,才能提高经济效益。

⑧由于孔隙结构复杂,喉道小,泥质含量高,以及各种水敏性矿物的存在,导致开采过程中易受伤害,损失产量可达35%~50%,因此,在整个采油工艺系列中,保护油层是至关重要的环节。

三、特低渗透油藏开发技术方法

1. 油层保护

据国外文献报道,不注意保护油层,使油层损失的产能有可能达到35%~50%。国外在油层保护方面主要有以下几方面做法:

①钻开油层时特别注意泥浆性能,采用优质泥浆,减少油层污染。

②采用空气钻井,防止油层污染。

美国堪顿(Canton)油田储油层为砂岩和粉砂岩,埋藏深度为1700m,孔隙度5%~10%,渗透率$0.1\times10^{-3}\mu m^2$。其中一口井设计井深1115m,使用2000m空气旋转钻机,钻头$7\frac{5}{8}$in(1in=0.0254m),一般下7in油层套管完井。每口井成本加上投产费约20万美元,据统计结果,5年内可收回投资,每口井的总收入可达到投资总数的2~2.5倍。

③完井射孔要重视压井液的选择,在地层条件允许的情况下,优先采用裸眼完井,射孔时最好采用负压射孔,以便利用油层压力清洗井眼。

④压裂时要专门研究压裂液对油层性质的影响和油层对压裂液的要求。

⑤注水时要研究油层的水敏性,对水质要有较严格的要求。

2. 井网部署

目前低渗透油田普遍存在着注水井憋成高压区,注不进水;采油井降为低压区,采不出油,油田生产形势被动,甚至走向瘫痪。解决这一矛盾的重点是适当缩小井距,合理增大井网密度。这样才能建立起有效的驱动体系,使油井见到注水效果,保持产量稳定和提高采收率。

(1)原油最终采收率与井网密度的关系

国内外许多油田,通过大量生产实践和研究分析,逐步认识到油田开发井网密度与最终采收率有密切的关系。

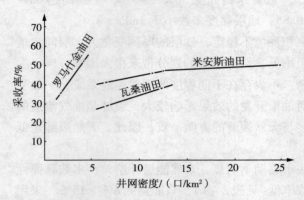

图2-1 国外部分油田井网密度与采收率关系曲线

表2-4列出了国外三个油田不同井网密度下水驱最终采收率测算结果。一类是高渗透油田,如罗马什金油田;二类是低渗透油田,如米安斯油田;三类为特低渗透油田,如瓦桑油田。图2-1对这三个油田的数据作了一个趋势性的曲线分析,从图上可以明显看出差别,要达到同样的采收率,低渗透率油田的井网密度要比高渗透油田的井网密度大的多。如要达到40%的采收率,低渗透油田井网密度需10口/km^2,而高渗透油田只需2口/km^2。如瓦桑油田,渗透率为$5 \times 10^{-3} \mu m$,原井网密度为6.25口/km^2,采收率为29%,加密井网之后的井网密度为12.5口/km^2,采收率为39%,提高采收率10%。

另外通过美国在得克萨斯、俄克拉荷马和伊利诺斯的几个特低渗透油田钻加密井的统计资料表明,单井采油量的增加超过$10000m^3$(表2-5)。

表2-4 国外油田井网密度与采收率关系数据表

油田	原井网		新井网		采收率差值/%	开采油层数	有效厚度/m	渗透率/$10^{-3}\mu m$
	井网密度/(口/km^2)	采收率/%	井网密度/(口/km^2)	采收率/%				
罗马什金	1.67	35.6	4.17	53.1	+17.5	9	20.0	300
米安斯	6.18	41.2	24.7	51.2	+10.0	多	61.0	20
瓦桑	6.25	29.0	12.5	39.0	+10.0	10	42.7	5

表2-5 加密井单井增产量

油田	深度/m	孔隙度/%	渗透率/$10^{-3}\mu m^2$	井网密度/$10^4 m^2$		单井增产量/m^3
				原来	加密	
富勒顿	2133	10	3	40	10~20	15400
罗伯逊	1981	6.3	0.65	40	10~20	11600

加密井的限度应以两井之间不产生水力干扰为原则。前苏联乌克兰石油联合企业研究指出,井间距大于250m是不会产生井间影响的。据1985年前苏联《石油业》发表的文章指出,

石油采收率 η 是下列因素的乘积：

$$\eta = k_1 k_2 k_3 k_4$$

式中　k_1——井网系数；
　　　k_2——驱替系数；
　　　k_3——注水波及系数；
　　　k_4——油井寿命系数。

k_2 和 k_3 与井网无关，可分别取 0.6 和 0.9；k_1 和 k_4 与井网有关。经计算可知，若井网密度增加 4 倍，可采储量可增加 2.4 倍，日产量提高 6.2 倍。这就是说，加密井网是有明显的经济效益的。

(2) 国内外低渗透砂岩油田注水开发井网部署的实际应用

近期以来，我国许多低渗透油田都采取了正方形井网，反九点法的面积注采方式。从国外报道的资料情况来看，美国、加拿大等国家许多油田也多采用这种注水方式。实践证明，这种面积注水方式确实机动灵活，比较优越。它可以根据注水井吸水能力的高低，适当增加注水井数，调整为五点法面积注水井网、横向线状行列注水方式、纵向线状行列注水方式，到后期还可以调整为九点法注水方式、其他面积注水井网，如三角形的四点法等，注采系统确定后，基本上没有再调整的余地。另外，正方形井网在密度调整方面也有较大的余地。

对于裂缝性砂岩油藏，在部署井网之前，首先要把裂缝特征，尤其是裂缝发育方向搞清楚，一定要把井网，关键是注水井排方向部署合理。根据油层结构特征和渗流机理规律，提出裂缝性砂岩油田注水开发井网部署的基本原则：沿裂缝方向灵活井排距布井。注水井排方向应平行于裂缝发育方向，注水驱油方向应垂直于裂缝方向，水井井距可适当加大。表 2–6 列出了井网组合部署意见。

表 2–6　低渗透和裂缝性砂岩油田布井方案表

基质特征	井网组合	无裂缝 井距=排距	微裂缝 井距=排距	小裂缝 井距=排距	中—大裂缝 井距=排距
超低渗透	排距/m	120	120	120	120
	井距/m	120	240	360	480
	井网密度/(口/km²)	69	34	23	17
特低渗透	排距/m	150	150	150	150
	井距/m	150	300	450	600
	井网密度/(口/km²)	44	22	14	11
较低渗透	排距/m	170	170	170	170
	井距/m	170	340	510	680
	井网密度/(口/km²)	34	17	11	8.7

而对于断块油田或者含油面积小的油田，其开发井网应该根据油藏和含油面积的几何形态进行部署和调整。

① 国内特低渗透砂岩油田注水开发井网部署的实际应用。

新疆克拉玛依油田八区乌尔禾油藏是正方形井网、反九点面积注水方式调整灵活性大的一个很好的典型。

该油藏目的层为二叠系下部乌尔禾组，埋藏深度 2900m，为特低渗透的巨厚块状砾岩带

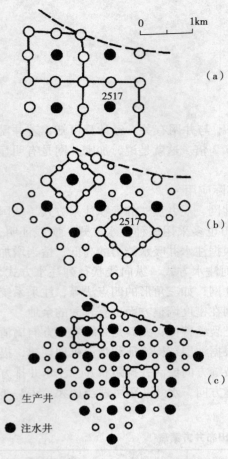

边底水的油藏。油层厚83m，孔隙度12.1%，空气渗透率$1.2\times10^{-3}\mu m^2$。油藏东南部油水界面上下裂缝比较发育，边底水有一定作用，其他地区由于储层渗透率低，边底水作用不大。

1978年油田投入开发时，采用大井距（550m），正方形井网进行开发试验，井网密度为3口/km^2，见图2-2(a)。油田开发初期，油井产量较高，但递减很快，需要注水保持地层压力开采。

1983年进行第一次加密调整。在排间加井，井距缩小到388m，井网密度增加到6口/km^2，见图2-2(b)。并在东区开展反九点法面积注水试验，但因井距仍然偏大，注水效果不理想，产量压力继续下降。

1992~1993年进行第二次加密调整，井距缩小到273m，井网密度增加到13口/km^2，见图2-2(c)。年开采速度从0.4%提高到0.8%以上。

八区乌尔禾油藏进行了两次全面加密调整，由于原来采用的是正方形、反九点法面积注水井网，使调整后的油田井网和注采系统一直比较完整主动，充分体现了这种井网方式的机动灵活优越性。

而夏子街油田夏9油藏则是另一种情况。夏9油藏中三叠统克下组为特低渗透油层，平均孔隙度为13.8%，渗透率为$3\times10^{-3}\mu m^2$，含油面积4.6km^2，原油地质储量872×10^4t，原油性质较好，地面原油密度为0.838g/cm^3，黏度（50℃）为6.25mPa·s。开发方案

图2-2 八区乌尔禾井网加密调整示意图

决定采用三角形井网、300m井距、四点法面积注水的开发方式。共布井48口，其中生产井32口，注水井16口，见图2-3。

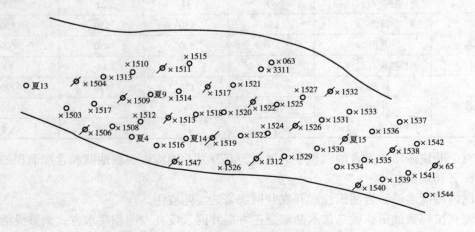

图2-3 夏子街油田夏9油藏开采井位图

该油藏1991年开始投产，单井初期日产6.9t，递减很快，1992年最多产油3.06×10^4t，

开采速度为 0.35%，到 1994 年产量降为 1.48×10^4t，速度只有 0.17%，采出程度为 2.4%。

夏 9 井油藏开发效果之所以差，初步分析主要是因为油层渗透率特低，渗流阻力太大，注水能量难以传导出去，在注水井周围憋成高压区。1994 年底注水外地层压力高达 26.69MPa，比原始地层压力高 10.49MPa。而油井见注水效果状况很差，地层压力明显下降，1994 年底油井地层压力为 13.88MPa，比原始地层压力低 2.32MPa，生产井流动压力更低，只有 3.04MPa。

在初步考虑夏 9 油藏如何调整和治理时，因为该油藏采用的是三角形井网的四点法面积注水开发方式，无论是注采系统，还是井网部署都很难再进行调整。

八区乌尔禾油藏和夏 9 油藏的对比充分说明，正方形、反九点法面积注水方式确实有很大的机动灵活性，调整余地大，优越性大。

②国外特低渗透砂岩油田注水开发井网部署的实际应用。

据初步了解，国外对裂缝性油田的裂缝地质特征描述和双重介质渗流机理规律等方面，做了大量深入细致地分析研究工作。但对裂缝性砂岩油田注水开发的井网部署问题报导的资料很少。

斯普拉柏雷是美国德克萨斯州西部米德兰盆地的一个大油田，含油面积达 4000km^2，石油地质储量$(6.3\sim8.4)\times10^8$t。1949 年发现，1951 年开发。含油层位为中二叠系下列欧那组，埋藏深度 2000m，含油层厚 300m。油层主要特征是致密，渗透率低，裂缝发育。平均有效厚度 $67\sim79$m，孔隙度 $7\%\sim19\%$，渗透率小于 $1\times10^{-3}\mu\text{m}^2$。垂直裂缝十分发育，裂缝宽 $0.05\sim0.325$cm，间距 $0.2\sim2.1$m，延伸长度最高达 33m。除主要裂缝外，还有垂直于主裂缝的次一级裂缝。据计算，$98\%\sim99\%$ 的原油储藏于砂岩孔隙中，而产量的 95% 是通过裂缝产出。

油田投产后，地层压力急剧下降，油井产量大幅度递减，月递减速度达 7.5%。预测一次采收率只有 $5\%\sim10\%$。

通过小型注水试验，效果很好，于是从 1961 年开始大规模注水。注水井排方向平行裂缝方向(北东 50°)，见图 2-4。

初期因注水压力过高，开采速度过快，几个月内含水上升高达 $80\%\sim90\%$，以后逐渐改为间歇注水、低压稳定注水。总的看来，注水效果比较好，计算采收率要比一次采收率提高 1.3 倍(见图 2-5)。

美国另外一个大的裂缝砂岩油田为犹他州的阿塔蒙特油田，含油面积 1750km^2，石油地质储量$(2.65\sim3.63)\times10^4$t，属于低孔、低渗、异常高压油田。平均孔隙度 4%，渗透率 $0.05\times10^{-3}\mu\text{m}^2$，压力系数 1.6。90% 的裂缝为垂直缝，平均长度 30cm。

阿塔蒙特油田 1971 年即投入开发，由于油层裂缝发育，对注水没有把握，故一直没有采用注水开发方式。长期依靠异常高压

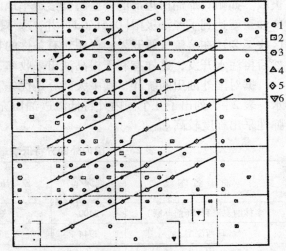

图 2-4 斯普拉柏雷油田井位图
1—斯普拉柏雷层生产井；2—下斯普拉柏雷层生产井；3—上、下斯普拉柏雷层生产井；4—下斯普拉柏雷层注水井；5—上、下斯普拉柏雷层注水井；6—供水井

的弹性能量和溶解气能量开发。1985年时采出程度为5.5%~7.5%。

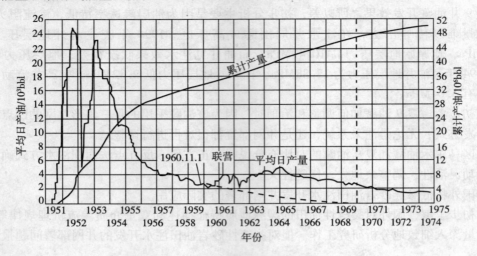

图2-5 斯普拉柏雷油田开采曲线图

3. 主要开发方式

(1) 天然能量开采

低渗透油田尤其是异常高压低渗透油田初期压力高、注水困难，充分利用天然能量开采，在获得较高的一次采收率同时，还可以延长油藏无水期，改善开发效果。国外低渗透油田一般都是先用弹性能量和溶解气驱能量开发。初期产量较高。进入低产期时，再转为注水开发。

因为低渗透油田在开发初期产量就比较低，油井见水后产液量又不能明显提高，因此，随着含水上升，油井产油量就要相应下降。有时油井含水率还不太高，产油量就下降到经济极限。如帕宾那油田边部的一些特低渗透率地区，油井水油比0.3（含水率25%左右），单井产油量就达到了经济极限[0.5t/(d·井)]，只好关井。帕宾那油田边部有一些特低渗透率区块至今还在溶解气驱开采。说明对有条件的特低渗透率油田要尽量先利用天然能量开采，然后再注水开发，这样有利于提高油田采收率，并能获得较好的经济效益。

据对国外油田的统计，其中大部分是优先利用天然能量开采，只有极少数油田投产即注水。表2-7列出了几个国内外特低渗透油田充分利用天然能量情况，从中可以看出，获得弹性采出程度较高。

表2-7 国内外部分特低渗透油田一次采收率情况统计表

油田名称	埋深/m	原始压力/MPa	注水时	
			压力/MPa	采出程度/%
多林纳麦尼利特（前苏联）	2400	32	23	18.4
马西深层	3944	56.8	38.8	8.4
中原文东	3450	59.9	33.5	4.9
多林纳维果德（前苏联）	3000	31.4	20.5	12

(2) 注水

加拿大低渗透油田开发经验表明，一般渗透率在$5\times10^{-3}\mu m^2$以上，孔隙度在10%以上的低渗透油田，注水开发是成功的，采收率可以达到30%左右，经济效益也很明显；

$(1\sim5)\times10^{-3}\mu m^2$ 的油田，因为单井产量低，采收率一般小于20%，注水开发的经济效益相对也较差；小于$1\times10^{-3}\mu m^2$ 的油层，一般情况下油层不吸水、不出油，只能在压裂改造后用压降法溶解气驱开采，采收率非常低。同时，加拿大专家认为，单井的经济极限产量是$0.5m^3/d$，这是一个值得重视的指标。

① 注水时机。

原苏联学者大多主张早期注水，即油田经过试采，鉴别了油藏主要驱动机理后便开始注水。他们认为，早期注水，保持地层压力，可以获得较长时期的高产稳产，从而缩短开采年限。而美国学者则普遍主张晚期注水，即首先利用天然能量开采，当地层压力降到饱和压力附近时开始注水。美国学者认为，在饱和压力附近地下原油流动条件最好，而且晚期注水投资少、利润高、资金回收快，对地下油层特征认识较清楚，开发较主动，并且晚期注水最终并不影响注水开发油田应达到的采收率。

我国低渗透油田一般天然能量小，弹性采收率和溶解气驱采收率也非常低，所以需要采用早期注水、保持地层压力的开发方式，才能获得较高的开采速度和最终采收率。但对于弹性能量较大和异常高压油田，可适当推迟注水时间，尽量增加无水采油量，以改善油田总的开发效果。

从图2-6、图2-7可以看出，随着上覆压力的上升，渗透率和孔隙度分别呈下降的趋势，而且其变化过程为一不可逆过程。因此，低渗透油田必须早注水，以保持较高的地层压力，防止油层孔隙度和渗透率大幅度下降，保持良好的渗流条件。

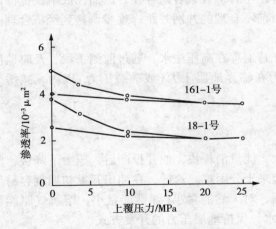

图2-6 上覆压力与渗透率关系曲线

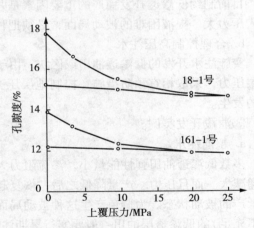

图2-7 上覆压力与孔隙度关系曲线

以江汉油田王广区潜江组同步注水为例：

该油区为一深层特低渗岩性油藏，平均渗透率为$1.16\times10^{-3}\mu m^2$，埋深3417m。边水不活跃，天然能量补给不足，每采出1%的地质储量地层压力下降7.5MPa。针对这种情况，开发时基本上保证了注水与采油同步进行。注水见效后，单井日产油由6.7t提高到13.4t，这也是油井普遍见效、开发效果较好的主要原因之一。

② 合理注入压力。

低渗透油田一般采用高压注水，但随着注水压力的不断提高，地层压力水平也不断上升，这对低渗透油田的开发造成了一定程度的危害。如何保持合理的注入压力，是低渗透油田需要深入研究的问题。

高注入压力对低渗透油田造成许多危害：

a. 高注入压力导致低渗透油藏原油黏度增大，开发效果变差。

据廊坊分院油藏数值模拟计算及油藏工程计算表明，阿南油田当地层压力从 8.4MPa 上升到 20.75MPa 时，原油黏度增大到 11.5MPa，比原始状态提高了 36.85%，致使注入水指进更加严重，水驱油效率降低。

b. 高注入压力导致含水上升快。以阿南、哈南油田为例，矿场实际资料表明，当地层总压差大于 1MPa 时，含水上升率大于 5%。

c. 高注入压力使低渗透油藏改造难度加大。根据阿南、哈南油田 22 口重复压裂井的资料统计表明，压裂效果随地层压力升高而油相渗透率下降，水相渗透率上升，压裂效果呈下降趋势。

d. 分注、卡水堵水措施难度加大。

e. 导致注入水由渗流变为窜流特征，降低了驱油效率。

f. 分层系开发受到严重影响，纵向裂缝的存在致使隔层较薄的层系液体窜通，致使分层开采效果变差。

g. 高压注水是诱发套管变形、错断的原因。油田高压注水时，随着注水压力的不断提高，地层压力水平也不断上升，当地层压力超过临界压力时，地层将发生相对滑动，引发套管变形，特别是泥岩夹层发育或断层发育地区，套损井可能成片发生。

针对以上现象应该采取的开发政策：

a. 合理缩小井距。

目前制约低渗透开发稳产的重要因素是井距不合理现象普遍存在，因而彻底解决低渗的注入压力大、提液困难的被动局面，必须把目前不合理的井网井距，逐步调整到经济合理。

b. 合理控制高压注水。

实施注水开发的低渗透油田或区块，由于普遍存在高压注水，通过监测手段，及时监测地层压力，采取相宜预防措施，控制地层压力在临界地层压力（或破裂压力）以内，减缓套损的发生。

③油藏开发实例。

a. 超前注水。

多数低渗透油田弹性能量小，渗流阻力大，能量消耗快，油井投产后，压力下降快，产量递减大。而且压力、产量降低之后，恢复起来十分困难。这样，在油田开发初期就容易形成低产的被动状态。为避免产生这种被动局面，对天然能量小（弹性能量小，溶解气驱能力也不充足）的低渗透层油田一般要实行早期注水，保持地层压力的开发方式。

朝阳沟油田和榆树林油田做了不同时间注水效果的现场试验，结果显示早期注水效果优于晚期注水。如朝 1~55 试验区，先注水 4~6 个月的油井稳定采油强度为 0.64t/(d·m)，同步注水油井为 0.48t/(d·m)，滞后 2~4 个月注水油井为 0.39t/(d·m)，滞后 4~5 个月注水油井只有 0.27t/(d·m)（见图 2-8）。

榆树林油田也得出相似的结果，另外还进行了数值模拟动态研究，可以看出超前注

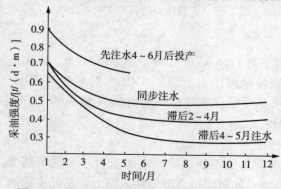

图 2-8 朝阳沟油田不同注水时机采油强度对比图

水地层压力恢复快，保持水平高，见图2-9。

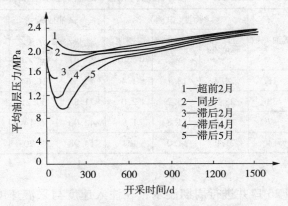

图2-9 榆树林油田不同注水时机动态曲线图

靖安油田五里湾一区1997年通过实施骨架井网，使部分井实现了超前注水。统计五里湾一区不同注水时机的单井产量：30口超前注水开发的油井，初期产量递减小，稳产期产量高，单井产量一直保持在6.0t/d以上；165口注采同步油井，生产二年后，单井产量保持在5.0t/d左右；滞后注水的油井160口，初期产量递减大，递减期长，而且由于压力恢复较慢，见效后产量上升幅度较小（平均单井增加0.9t/d），见效井产量稳定在4.0t/d左右（图2-10）。

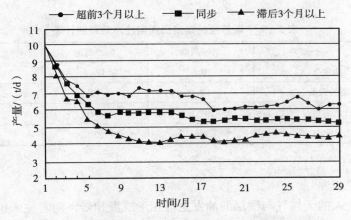

图2-10 五里湾一区注水开发时机单井产量曲线图

典型井组超前注水效果更加明显。在储层性质、油层改造相近的条件下，筛选靖安五里湾一区长6油藏超前、同步投产的典型油井，通过单井日产油分析对比，超前注水油井初期递减明显小于同步注水，其中柳87-45井基本无递减期，投产后，产量一直处于递增状态。

安塞油田2001年计划实施超前注水井组15个，其中王窑区8个，杏河区7个，注水井投注14口，油井试油35口，平均单井试油日产量32.5t/d，比邻区高19.8t/d。油井投产7口，平均单井投产初期日产量9t/d，比邻区高出3.8t/d，效果显著（表2-8）。关于超前注水的作用机理问题，如对储层物性、原油性质、驱油性质、驱油效果、压力分布和产油指数等方面的作用影响，还需进一步深入观察和分析研究，但可以肯定的是超前注水可以保持较高压力水平和生产能力。因此，对多数（除异常高压）低—特低渗透油田，采用超前注水方式比较主动有利。

表2-8 安塞油田2001年超前与同步(滞后)注水区油井对比

井区	区域	试油井数	物性(电测)			试油成果		投产初期		
			厚度/m	孔隙度/%	渗透率/$10^{-3}\mu m^2$	油量/(t/d)	水量/(m^3/d)	井数	油量/(t/d)	含水/%
王窑区	超前注水	18	24.4	13.1	1.4	23.51	10.64	1	8.98	29.6
	同步或滞后区	38	23.7	13.2	2.0	11.84	30.21	26	5.28	50.3
杏河区	超前注水	17	18.0	11.8	1.9	42.00	5.14	6	9.02	23.6
	同步或滞后区	14	21.0	11.0	1.1	14.98	9.70	9	5.08	31.0

b. 周期注水。

前苏联在多林油田26口井进行周期注水，在注入速度与采液速度相当的情况下，每注水1个月，就停注1个月，在不到1年的时间内增产原油占该油藏同期增产原油总量的40%。

美国斯普拉柏雷油田是一个裂缝性低渗透砂岩油田，储层渗透率为$5.5\times10^{-3}\mu m^2$。1961年4月，该油田德里佛区的9个实验区块开始注水，高速注水的结果仅仅几个月含水就高达80%~90%。分析表明，注水速度大大超过了岩石的自动渗吸速度，把油挤入各基质岩块内部，而不是流入裂缝，即连续注水阻止了油从油层中流出，同时增加了产水量。因此提出了利用周期注水改善开发效果。德里佛区进行了3个完整的注采周期，取得良好效果，见表2-9。

表2-9 斯普拉柏雷油田周期注水效果统计表

	第一周期	第二周期	第三周期
停注前日产油量/t	10.6	18.7	23.4
恢复产油量所需的天数/d	7	11	20
恢复期后的日产油量/t	197.6	160	146.9
全周期的总天数/d	246	230	237

(3) 注气

①注入烃类混相驱。

在高压下使注入的天然气与油层的油发生混相形成混相带，随着注入压力的提高，混相前缘不断向前驱扫，从而把油采出。实践证实该方法提高采收率效果良好。

澳大利亚的缔拉瓦拉油田油藏埋深3000多米，渗透率为$(1\sim15)\times10^{-3}\mu m^2$，其中40%的油层渗透率低于$5\times10^{-3}\mu m^2$，油层非均质严重，连续性差，该油田1982年开始实施高压注气混相驱油实验，1984年在全油田范围内进行高压注气采油，预计采收率提高20%。

美国布里杰湖油田为一个深层特低渗透油田，油层深度4680m，原始地层压力51MPa，渗透率为$7.9\times10^{-3}\mu m^2$。该油田由于注水压力高和水驱采收率低，以及缺乏水源，因此于1970年开始进行高压注气，日注气量$(18\sim43)\times10^4 m^3/d$，注入压力27~33.6MPa。1970年底注气见效，产油量由注气前的$461 m^3/d$上升到$509 m^3/d$。采收率为43.4%，比水驱采收率提高17.4%。

②注二氧化碳。

高压下将二氧化碳气注入油层并使其溶解于原油中，使原油黏度降低、体积膨胀、流动性变好,如果形成混相或局部混相带,则可通过降低界面张力大幅度提高原油采收率。

注二氧化碳一般要求油层深度610~4000m,地层倾角小,地层压力14.1MPa以上,原油性质好。

美国的低渗透油田东北帕迪斯林格油田,油层深度2460~3060m,渗透率为$(0.9~8.9) \times 10^{-3} \mu m^2$。该油田1953年投入开发,1960年开始注水开发。由于含水上升,产量迅速递减。1980年开始实施注二氧化碳改善开发效果方案。注二氧化碳后原油产量大幅度增加,开发效果得以改善,使油田开发延长13年,多采11%的地质储量。

③注氮气。

江汉油田1999年在周8井区(埋深3050m)的周8-1井组开展注氮气先导试验取得成效。在此基础上,在马36井区3个井组进行了注氮气开采扩大试验,并取得了一定的效果:动液面上升,地层能量恢复,地层压力由17.26MPa上升到19.19MPa,上升了1.93MPa;部分油井开始见效,注氮井组产量趋于上升,平均单井日产液量从25 m^3/d下降到21m^3/d,平均单井日产油从4t/d上升到6t/d,含水从84%下降到71%。

(4)异常高压低渗透油藏开发技术政策

我国弹性能量比较大的低渗透油田,都属于异常高压油藏,如大港油区的马西深层、中原油区的文东盐间层、胜利油田的牛庄和青海油区的尕斯库勒等。

①异常高压油藏的类型。

根据油层的岩石和孔隙结构特征,异常高压油田大体可分为三种类型:

a. 欠压实型异常高压油田。

这类油田储层未完全压实,投入开发后,随着地层流体的产出,压力的下降,由原来储层孔隙内流体承受的部分上覆地层重量的压力全部转到岩石骨架来承受,此时岩石骨架发生弹—塑性或塑性变形,导致储层孔隙度和渗透率的降低,而且这种变形一般是不可逆的。

b. 裂缝型异常高压油田。

这类油田裂缝是主要的渗流通道,当地层压力下降到静水柱压力时,近井地带的裂缝闭合,储层渗透率急剧降低,这种变化一般也是不可逆的。

c. 压实型异常高压油田。

这类油田的储层,在沉积和成岩过程中,已完全压实,胶结成岩,和正常油层一样,其异常高压是由构造作用等因素形成。在开采过程中,随着流体压力下降,储层孔隙随岩石颗粒弹性膨胀有所减小,渗透率有所降低,但变化幅度较小,总的影响不大。

对于异常高压油田,应该采取注水(或注气)保持压力开发方式。关于注水时机,宜将地层压力降至静水柱压力附近后再开始注水比较切实可行。此外,也要考虑饱和压力的影响。初期利用弹性能量开采,然后再注水保持地层压力的开发方式见到了比较好的效果。对异常高压油藏现在还缺乏早期注水,保持原始地层压力的实际经验。

如美国路易斯安那州的福多奇油田,主要开采油层为始新统Wilcom W-8和W-12层,油层埋深3952~4089m,渗透率为$(4.5~8.4) \times 10^{-3} \mu m^2$,原始地层压力为73.1~74.5MPa,压力系数为1.86~1.84,饱和压力为39.9~33.3MPa,属欠压实异常高压油田。1966年以枯竭方式陆续投入开发,到1970年地层压力降到55.2MPa,此后虽然新井增加投产,但总产量不断递减。

通过特殊岩心分析得出,当油层压力下降20.7MPa时,地层孔隙度缩小4%,渗透率降低7%~14%。另外从W-8和W-12油藏的指示曲线看出,生产压差增大到一定程度后,再继续加大压差,产量不仅不增加,反而下降。这种现象说明,该油藏属于欠压实异常高压油藏,地层压力下降后,储层发生不可逆的弹—塑性变化,孔隙度和渗透率降低,从而影响油田产量递减。

该油田通过大量油藏模拟和工程研究得出,注水开发采收率比枯竭式开发采收率高60%~70%,而注气采收率又比注水采收率高50%~60%,因而决定采用注气保持压力方式继续进行开发。

1971年开始注干气,地层压力已下降近20MPa,1977年开始注干气和氮气的混合气,注气后地层压力逐步回升,到1984年底,采出程度达到39.8%,最终采收率达到54%。

我国的几个超高压油田主要属于欠压实型异常高压油藏。在这些油田的开发设计中,都认为必须采取注水保持压力的开发方式,但注水时机可以适当推迟一些。因为地层压力本来就高,再加上油层渗透率特别低,如果早期注水,则需要的注水压力很高(有些油田需要到40MPa以上)。这样,不仅注水设备难以适应,而且油田实际开发效果不一定最好。多数油田主张把地层压力降到静水柱压力附近再开始注水,一方面现有注水设备可以基本适应需要,注水井吸水能力可以满足要求,同时利用油田自然弹性能量可以采出一定程度的地质储量(4%~5%左右),这样总的开发效果比较好。

例如大港油田马西深层油藏,过去作过专门计算研究,认为地层压力降低到接近饱和压力时开始注水效果较好(在马西油藏条件下,亦接近静水柱压力),因为在饱和压力条件下地层原油黏度最小,流动条件较好,原油采收率较高。在原始地层压力条件下注水,效果反而变差,采收率有所降低。当然,地层压力低于饱和压力太多,原油在地下油层中脱气,产生三相流动。效果也很不好。

马西深层实际在1978年就逐步投入开发,1982年底开始全面注水。此时地层压力降到38.8MPa,接近饱和压力,总压差为19.1MPa,采出程度为7.2%。2%以上的采油速度保持6年,到2000年底,采出程度35.1%,综合含水63.37%,采油速度0.68%,效果比较理想。

②异常高压低渗油藏独特的开采特点。

异常高压低渗透油田在开发过程中,表现出常规油田开发截然不同的生产特征。油井投产后,油井产量急剧下降,而且油井产量和采油指数随着生产压差的增大而急剧下降,甚至在井底压力远高于原油饱和压力的时候也是如此。常规的油田开发理论不能对此作出合理的解释。

长芦油田油井在投产后3~4个月内产量下降了50%~80%。这种产量的剧烈下降就是在井底流压远高于饱和压力的情况下发生的。

分析原因,主要有以下两点:

a. 储集层渗透率随压力下降而下降是初期产量高、但递减快的主要原因。

异常高压储集层天然能量丰富,油井初期产量通常较高,在生产过程中,渗透率随压力下降而下降,导致储集层渗透率特别是近井地带渗透率大幅度降低,渗流能力变差,油井产量在短期内快速递减。将马西深层与板深51-1油藏油井不同时间压力恢复测试解释出的有效渗透率和流压做散点图,正如理论分析认为,渗透率随压力下降而下降,马西深层油井表现出较强的一致性。

b. 渗透率发生变化导致生产压差增大时采油指数降低。

异常高压油井中实际的采油指数计算公式为

$$PI_{异常高压} = PI(1 - 0.5a_k \Delta p^2)$$

和正常地层油井采油指数相比,异常高压油井采油指数多了一个降低的附加项,这个附加项与渗透率变化系数和生产压差有关。渗透率变化系数越大,采油指数下降程度越大,当渗透率变化系数一定时,随着地层压差的增加,采油指数也随之降低,即使在井底流压高于饱和压力时也会发生。

③异常高压油田的开发政策。

a. 保持地层能量在一定水平上开发。

注水保压要在油藏开发时就规划、进行,因为渗透率的变化在很多情况下是不可逆的,一旦造成地层大面积伤害,是很难改善的。

马西油田自投入开发以来,油层压力就保持较高水平。1982年转入注水开发以来,一上手就采用工作压力达44.8MPa的三柱塞注水泵高压注水,地层压力保持在开发初期的水平(45MPa),开发近20年,采出程度已达38%,采油速度保持在1.5%。长芦油田板深51-1油藏因为注水困难,开发效果较差。

b. 控制产量,在合理生产压差下进行生产。

异常高压油藏由于天然能量充足,初期产量通常很高,在实际生产中控制产量的重要性常常未引起注意,对产量未加以控制,造成了产量的剧烈递减。控制产量,在合理压差下生产,虽然初期产量较低,但减缓了渗透率的急剧下降,降低了产量递减的幅度,可以稳定生产较长时间。

合理生产压差的确定根据稳定试井以及油井试采资料综合求得。板深51-1井底流压应控制在38MPa以上,合理的生产压差应在14.8MPa以内,实际生产压差在生产初期就达25MPa左右,远高于合理界限,故造成低效开发。

c. 油井压裂时机的选择。

此类油藏只有在异常高压储集层能量得到有效补充的条件下,压裂才能取得最大的增产作用和效果,否则压裂的有效期和增产量就受到严重的影响。马西深层由于能量保持较好,压裂效果较好,而板深51-1油藏能量得不到补充,压裂的有效期都不如马西深层。

(5) 低渗油层的优化压裂技术

美国L. K. Britt等人通过对低渗油藏油井压裂效果进行分析研究认为,$(1~10) \times 10^{-3} \mu m^2$的低渗油层的最佳水力压裂裂缝形态是具有高导流能力的短裂缝。

用二维三相模型模拟研究了压裂对用五点井网注水采油的影响。模拟结果表明,当考虑的不利定向裂缝长度超过井距的25%时,采收率会降低。图2-11为可动油采收率与注入烃类孔隙体积的关系曲线,条件为注采井都在一个五点注采井网上,都进行过相似的压裂。从该图看不出因压裂使经济效益大幅度增加的现象。

应用西得克萨斯州地层的物性模拟研究了压裂对二次采油的影响。试验中采用的地层和模拟参数见表2-10。

表2-10 地层和模拟数据

地层压力	1500psi
地层温度	37.8℃
地层厚度	30m
地层渗透率	$5 \times 10^{-3} \mu m^2$
地层孔隙度	12%
渗透率变化	0.71

图 2-12 为投资的贴现收益率与裂缝—翼长度的关系曲线，条件为注采井同在一个五点井网上，并都进行过压裂，裂缝导流能力为 $(500 \sim 5000) \times 10^{-3} \mu m^2 \cdot ft$。模拟结果表明，对注采井进行压裂产生高导流能力的短裂缝，使五点法注水开发效果最佳，即最佳裂缝为导流能力高的短裂缝。这一模拟结果已由西得克萨斯州 North Cowden 和 Anton Irih 两开发区的油田实例所证实。

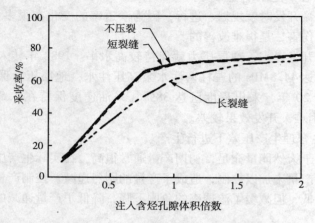

图 2-11 压裂对二次采油的影响

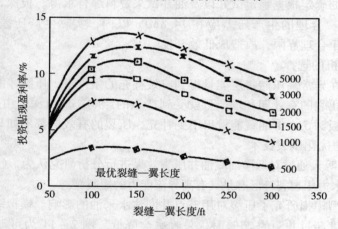

图 2-12 压裂对二次采油经济效益的影响

①压裂井的筛选原则。

我国低渗透油藏自然生产能力较低，一般都达不到工业油流标准，必须进行压裂改造才能进行有效的工业开发。保证压裂措施成功的前提是制定严格的筛选原则。国外的帕宾那油田在压裂选井方面取得了成功的经验。

1985～1989 年间 Occidental 石油公司对卡迪姆油藏共实施压裂 83 井次，压裂取得成功。成功的主要因素在于成功选井。

压裂选井原则：a. 从压力恢复分析得出表皮因子，选取表皮因子较高（污染重）的井。b. 选取比产液能力较低的井。比产液值就是目前的液流量与峰值液产量的比值，所得值越低，措施效果可能越有效。c. 选取水油比较低的井，水油比越低，压裂井越有潜力。d. 选取单井采出程度为该油区油井总采出程度平均值的井。如果单井采收率很低，说明油藏性质很差；如果此值很高，说明油井不需要压裂措施；如果这个值为该油区平均值，该井最适合压裂。e. 选取从未进行过压裂的井或过去 5 年内未进行过压裂的井。

再根据各井的水油比、产液能力比及采收率值从以上 93 口井中选出了 21 口符合压裂条件的井。

单井平均日产油从压裂前的 $1.2m^3/d$ 提高到压裂 1 年后的 $2.8m^3/d$。单井压裂平均增油 $2130m^3$，压裂有效期为 6.45 年。压裂后总液产量显著提高了，但水油比并没有显著上升，这说明压裂穿透了一些渗透率较低、水驱未波及到的区域，从而达到了增加可采储量的目的（图 2 - 13）。

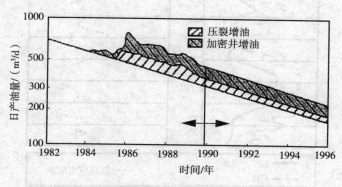

图 2 - 13　帕宾那油田压裂与加密措施总效果

(6) 水平井开发特低渗透油藏

国外低渗透油藏裂缝普遍比较发育，水平段增加了钻遇较多垂直裂缝的机率，水平井段穿越有效垂直裂缝的数量越多，水平井产量越高。

如美国的斯普拉柏雷油田，是个裂缝性低渗透砂岩油田，三套产层都存在微弱构造运动产生的裂缝。根据水平井与天然裂缝垂直相交时产量比水力压裂产量高的理论，于 1984 年实施了钻水平井计划。

对于特低渗透油藏，通过采用水平井多段压裂技术，也取得了成功。如我国的大庆长垣外围低渗透油田扶、杨油层平均空气渗透率只有 $(1 \sim 5) \times 10^{-3} \mu m^2$，个别达 $10 \times 10^{-3} \mu m^2$，属于特低渗透储层，油井自然产能很低，不经压裂得不到较理想的产量。在投产扶、杨油层的 4 口水平井中，通过水平井多段压裂，取得了较好的开发效果。如树平 1 井在 300m 左右的水平段内，压开 3 条裂缝，初期产油 14t/d，三个月后稳定在 10t/d 左右；茂平 1 井在 556m 的水平段内，压开 4 条裂缝，投产初期，产油 40t/d，投产 1 年，平均日产油量 17.4t，是邻近定向井单井产油 3.5t/d 的 5 倍左右。

New Hope Shallow 区块（NHSU）位于美国得克萨斯 Franklin 的 New Hope 油田，发现于 1943 年，最初用天然能量开采，很快就采用注水保持压力，从东向西按线性方式注水。1991 年中期，油田东侧近乎枯竭，估计采收率达 57%，而西侧并未完全开发，估计当时采收率只有 40%。目前，西侧日产油 34t，日注水量为 55t。

New Hope 油田是一个简单的背斜构造，最小闭合度是 46m，构造内有透镜状孔隙区域，在油田开发中未发现其他特殊构造和断块。

NHSU 由 Lower Glen Rose 地层的三个储层和 Travis Peak 地层的一个储层组成，其中 2667m 深处的 Pittsburg C 砂层是相对致密的均质砂层，产层中部夹有泥质夹层。图 2 - 14 是地层的典型曲线。

由于 Pittsburg C 砂层注水效果一直较差，因此选该层钻水平井以提高其注入能力。Pittsburg

C砂层70-1号垂直井,位于水平生产井附近,其储层和流体特性参见表2-11。

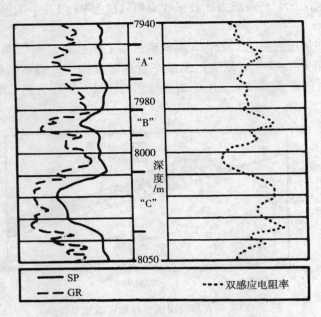

图2-14 New Hope Shallow 区块的典型曲线

表2-11 Pittsburg C砂层的储层和流体特性

孔隙度	12%
渗透率	$2 \times 10^{-3} \mu m^2$
目前储层压力	141大气压 2000(psi)
储层温度	102℃
油层厚度	6m
地层深度	2655m
含水饱和度	28%
原油重度	46.3°API
初始气油比	422ft³/bbl
4000psi下的地层体积系数 B_0	1.289 地下bbl/地面bbl
4000psi下的原油黏度	0.487mPa·s
初始泡点压力	109大气压 1550(psi)
初始泡点压力下的原油黏度	0.352

为调查在该油田进行水平井开发的可行性,采取了二个步骤。第一是用单井模型筛选设计,并比较直井与水平井开发。第二是进行全油田模拟,预测开发效果,优化水平井长度和位置。油田东西两侧可看作两个油藏,因二者只有一个狭小的"喉道"相连,模拟只对西侧进行。

从1945年8月到1991年7月,共钻了16口垂直生产井,其中4口转为注水井。目前只有6口生产井和1口注水井,其他井关闭或改采其他地层。

用水平井段为253m、500m和667m的水平井分别进行了产量预测。综合评价后确定水平井最优长度为500m，在有水平注水井和没有水平注水井两种情况下分别进行了产量预测，结果如图2-15和图2-16所示。

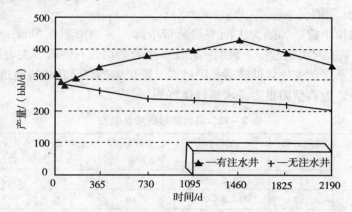

图2-15 NHSV水平生产井长度为500m时的原油产量预测

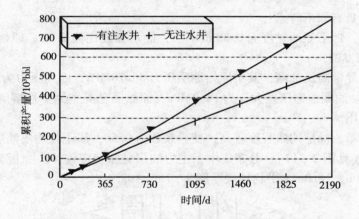

图2-16 NHSV水平生产井长度为500m时的累积原油产量预测

根据预测结果，在Pittsburg C砂岩油层钻了两口水平井，第一口是有500m长水平井段的生产井66-3号，第二口是同样长度的70-2号注水井。

水平生产井最初产量为35549t/d，$15.3 \times 10^4 ft^3/d$（气），153bbl/d（水）。最高产液量为700bbl/d。最初含水50%，随后降到30%。由于有限的注水能力，油藏压力降低，产液量很快降到350bbl/d。目前产油量为220bbl/d。

水平注水井注入能力比预期的低。初始注水能力为3500psi压力、2000bbl/d，但很快降到4300psi、400bbl/d，甚至比直井还低。为改善此状况进行酸化，钻杆下入井中遇到了长达700ft长的井段坍塌，酸化处理后注水量达到800~1000bbl/d，但仍比预测值低。原因大概是由于井眼损害和这部分油藏砂岩发育不好造成的。

总得来说，水平井开发该油田是成功的，即使水平注水井没有达到预期效果，但水平井的产量仍然达到5~6口直井的产量。如果水平注水井发挥其作用，水平生产井的产量仍会大幅度提高。对该油田水平井开发只用两口井，垂直井要5~6口，要达到同样的开发效果，水平井的开发成本只有直井的60%~70%。

四、典型实例分析

1. 马西深层特低渗透砂岩油藏

(1) 马西油藏地质概况

马西深部油藏位于黄骅坳陷北大断裂构造带中部,含油面积 $6.5km^2$,地质储量 $618 \times 10^4 t$,储层为第三系沙河街组沙一下段的一套细—中粒岩屑长石砂岩,主力油层为板2、板3油组,油藏类型属于层状或块状低渗透孔隙砂岩、断层遮挡穹隆背斜构造边水油藏,储集空间以次生孔隙为主,为典型的重力流水道砂体沉积(见表2-12)。

表2-12 马西深层地质参数表

层位	含油面积/ km^2	地质储量/ $10^4 t$	油层埋深/ m	有效厚度/ m	孔隙度/ %	有效渗透率/ $10^{-3} \mu m^2$	含油饱和度/ %
板2	6.5	365	3785.6~3938.6	13	14	3	65
板3	5	262	3884.6~4030.8	16	13	3	65
板2+3	6.5	618	3785.6~4030.8	25	13.6	3	65

马西深层油藏具有如下特点:

①原油性质好,地下原油黏度为 $0.38mPa·s$,油水黏度比为 1.79,原始溶解油气比为 $456m^3/m^3$,属易挥发油。

②属于低饱和异常高压油藏,其中原始地层压力 56.78MPa,饱和压力为 38.45MPa,地层压力系数 1.473。油藏地饱压差大,为 18.2MPa,原始驱动类型为弹性溶解气驱,油藏弹性能量得到充分利用。

③构造比较简单,油层均质程度较高,变异系数为 0.56,属于较均质油层。

④油层厚度大(见图2-17),分布集中,主力油层分布稳定连片。如板2、板3一类有效厚度分别为 13.0m、16.0m,平均地层厚度 97.7m、102.4m。

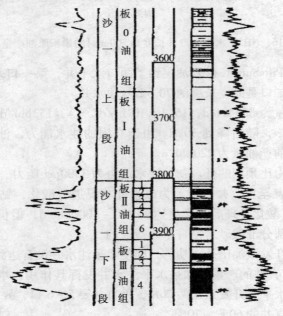

图2-17 马西构造板桥油组综合柱状图

(2) 马西油藏开发现状

马西深层自 1981 年全面投入开发，共有采油井 22 口，平均单井日产油 11.1t/d，日产液 22.7t/d，年产油 9.8×10^4t，采油速度 1.44%，年末综合含水 49.04%，累计生产原油 200.9×10^4t，采出程度 29.6%。共有注水井 11 口，正常注水 9 口，单井平均日注 209m³/d，累计注水 731×10^4m³，累计注采比 1.23，累计亏空 135.7×10^4m³，目前地层压力 43.04MPa，总压降 13.74MPa。

(3) 马西深层油藏开采特征及规律

①初期产能高，采油速度高，稳产期长。马西深层初期单井日产油平均为 39.5t/d，1981~1988 年采油速度保持在 2% 以上，稳产 8 年，在同类油藏中稳产期较长（见图 2-18）。

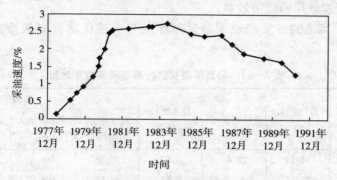

图 2-18 马西深层采油速度随时间变化曲线

②油层能量利用充分，弹性驱采收率高：从 1978 年至 1983 年 6 月为弹性开采阶段，弹性驱采收率达到 8.39%。用 VIP 模型预测其衰竭式开采的采收率为 17.5%。

③无水采油期长，无水采收率高：从 1978 年至 1981 年全面投入开发，无水采油期长达 4 年，无水采收率达到 4.44%。

④低含水期含水上升率低，马西深层含水期长达 8 年，年平均含水上升率低于 1%，当年平均含水为 19.7%，采出程度达 24%，1991 年平均综合含水为 26.5%，采出程度已达 27.0%。

⑤注水开发效果良好：

a. 耗水量小，注入水利用率高。一般砂岩油藏耗水量为 0.35，而马西深层的耗水量仅为 0.13。（原因：挥发油油藏原油地下黏度低，驱替过程接近于活塞式驱动，同时由于马西深层为异常高压油藏，弹性能量充足。）

b. 注入水水驱控制程度达到 87.7%，投入注水开发后的采油井累积见效程度为 86.4%，储量动用程度高于 70% 以上，优于同类油藏。

c. 注水开发最终采收率高，用 EOR 模型、黑油模型以及矿场资料统计法预测注水开发最终采收率不会低于 40%，有可能达到 45% 以上。

(4) 马西油田主要作法

①形成一套适应深层特低渗透油藏的注水开发模式。

马西深层层状注水开发效果好，从开发模式角度分析，主要原因之一是有一套适合地下特点的注水井网、注采系统及相应的配套工艺。

a. 开发初期对马西油藏开发方式问题进行了研究和论证，确定马西深层必须采用注水保持压力的开发方式。

b. 开采前期针对地层压力快速下降、油层局部脱气、不能长期自喷开采等问题，通过调整加强注水，缓解了矛盾。

马西深层1986年以前注采比长期保持在0.4~0.7之间，地层压力快速下降，致使构造顶部板3油组严重脱气，半数油井停喷转抽。根据这种情况，马西深层油藏自1986年下半年将注采比由0.69提高到1.0以上，至1990年下半年进一步提高到2.0以上，使地层压力下降速度有所降低，月压降速度由0.37降到0.07，油层脱气及产量下降趋势有所缓解。

c. 1990~1992年利用数值模拟研究对当前井网、层系、注采条件进行评价，进一步优化注水开发方案，确定以500m井距正方形井网、五点法面积注水方式、地层压力降至原始压力的0.67倍(饱和压力附近)注水、注采比1.6~1.8、采油速度为2.4%的最佳开发方案，可以获得较好的开发效果和经济效益。

目前马西深层实施的方案经过调整后基本上与上述优选方案保持一致，调整结果如表2-13。

表2-13 马西深层优选方案与实际方案对比

方案	井网	井数(油/水)/口	采油速度/%	注水时机(p_i倍数)	预测指标			
					地层压力/MPa	累积产油/$10^4 m^3$	最终含水/%	最终采收率/%
优选	500m正方	14/14	2.4	0.67	55.36	386.6	98	52.8
实际	500m正方	22/12	2.8~2.1	0.67	48.68	394.9	96.4	59.3

d. 利用先进工艺技术成功实现马西深层的分层注水，缓解了马西板2、板3吸水能力差异大的层间矛盾，截至1991年共实施15井次测配，成功13次，成功率86.7%，需要分注的注水井全部实行了分注，提高了注水开发效果。

马西深层实行分层注水的工艺包括：实验成功可洗井、耐高温的封隔器、两种配水器、投捞工具等一整套工艺与工具，它适应深层压力、温度较高的要求和工艺要求，成功解决井深4000m的分注技术。

注水泵选用美国KOBE公司4JC-3型三柱塞泵和GD公司的TA-5型三柱塞泵作为注水泵，满足了注水工作压力高达40~42.5MPa的需要。

②形成了一套适应深层低渗透易挥发油藏的工艺技术系列。

a. 油层保护技术贯穿于钻井、射孔、试油、注水过程中。如：钻井过程中使用低失水的优质泥浆防止污染油层；射孔过程中采用无电缆油管输送负压射孔，负压值7~8MPa，射孔液为低固相的优质压井液；试油过程中采用清水(活性水)压井和过油管射孔打开油层；高压注水过程中对水质进行精细处理，采取了清水密闭输送、注水防腐、多层混合滤料两级过滤；加滤杀菌。使水质完全达到要求标准；对地层进行排污、清洗、净化油层、井筒、管柱；压裂后排液、降压以及疏通管道等预处理，以提高地层吸水能力等(见表2-14)。

表2-14 马西深层水质技术指标

项 目	注水水质	水质标准
悬浮物/(mg/L)	1	1
颗粒直径≤2μm/%	90.5~93.7	>80
总铁/(mg/L)	0.4	<0.5

续表

项 目	注水水质	水质标准
含油量/(mg/L)	0	≤5
溶解气/(mg/L)	0.1	≤0.5
平均腐蚀率/(mm/年)	0.08	≤0.76
游离二氧化碳/(mg/L)	0	<10
硫化物含量/(mg/L)	0	<10
腐生菌/(个/mL)	10	$<10^2$
硫酸盐还原菌/(个/mL)	10.4	$<10^2$
膜率系数/MF	12.4	≥20

b. 压裂技术。马西深层针对油井增产和注水井降压增注均进行了压裂改造。

油井投产前通过压裂改造低渗透层,消除深井钻探过程中油层污染,提高油井生产能力。如马西深层1979~1984年12口井进行了第一次压裂,成功率100%,单井平均初期增产41t/d,单井平均累积增产原油7604t。

投产过程中通过应用重复压裂技术大幅度提高了油井的产能(见表2-15)。压裂平均有效期379d,裂缝半长130~247m,是供液半径的50%~100%,裂缝的导流能力为(67~179)×$10^{-3}μm^2$·cm,使采油指数提高3~10倍。

完井采用三层套管柱结构,油层套管为$5\frac{1}{2}$in,钢级采用N80或P110。水泥返高为井深的40%以上,有利于对深层压裂的实施。

采用油套混压方式,应用高温压裂液(112粉高温压裂液)、高强度支撑剂(人造陶粒高强度支撑剂),形成一整套深井压裂设计程序。

压裂时机为在地层能量充足的情况下压裂最好,其优点是压后地层能量充分地发挥,增产效果好,同时容易自行排液,也比较彻底。

这一套压裂工艺技术不仅解决了马西深层油层的开发需要,而且为深井压裂提供了一整套工艺方法。

表2-15 马西深层重复压裂效果统计表

井号	压前			压后			增油/(t/d)
	日产油/(t/d)	含水/%	采油指数/[t/(d·MPa·m)]	日产油/(t/d)	含水/%	采油指数/[t/(d·MPa·m)]	
13	5.6	44		27.3	61		21.3
5-4-2	10.3	46	0.01	22.7	75	0.06	12.4
15	8.8	23	0.023	26	61	0.074	17.2
4-4	4.3	60		23.7	37		18.7
5-3	0.9	93		25.7	67	0.106	24.8
8-6	22.1	0.7	0.081	24.3	3.2	0.086	2.2
5-5-2	8.1	22	0.01	34.4	37	0.073	26.3
3-5				16	21		16
8-4	12	0		43.1	44		31.1
合计	74.4	35	0.032	243	53	0.08	171

c. 重复射孔技术。对非主力层实施强力弹重复射孔,强化了层间接替和非主力层动用程度。如1994年先后13口井49层实施了重复射孔,有效率46.2%,初期平均单井增油13.7t/d,共累计增油1.76×10^4t。

2. 福多契油气田

福多契油田位于美国路易斯安那州,为深层异常高压油气藏。该油田共发现13个油气藏,原始地质储量为$1399 \times 10^4 m^3$,其中Wilcox-8(简称W-8)和Wilcox-12(简称W-12)油藏的原始地质储量为$834.7 \times 10^4 m^3$,约占该油田总储量的60%。两个油藏的基本数据见表2-16。

表2-16 Wilcox-8和Wilcox-12储层基本数据表

储 层	W-8	W-12
顶部深度/m	4023	4160
平均有效厚度/m	7.6	10.9
渗透率/$10^{-3} \mu m^2$	8.4	4.5
孔隙度/%	20	19
原油黏度/mPa·s	0.126	0.126
含水饱和度/%	47	58
原始油层压力/MPa	73.1	74.5
饱和压力/MPa	38.9	33.3
原始地层体积系数/(m^3/m^3)	2.1439	2.3412

在研究W-8和W-12的开发方案时,考虑到它们是异常高压挥发性油藏,地饱压差比较大,为了利用这部分天然能量,决定将W-8和W-12的开发分为两个阶段,即局部衰竭式开采阶段和保持压力开采阶段,井距为800m。

(1)钻井和完井方法

开发方案规定,油井井距为800m,采用两层分采的方式,分采W-8和W-12层。到1970年5月,已经钻生产井31口,并在不同层位完井,其中油层47个,气层7个。在完井的47个油层中有20个属于W-8层,20个属于W-12层。这些井都是高异常压力井,井底压力范围在73.14~74.5MPa。

(2)W-8和W-12油藏的一次采油动态

1966~1970年是W-8和W-12油藏局部衰竭式开采阶段。

油藏的产能主要受油藏压力的影响。开始时,所有的井都是自喷生产,只要长期维持较高的油藏压力,产量是稳定的。但是,当油藏压力趋近于41.4MPa时,产量就迅速下降(见图2-19、图2-20)。由于油井的采油指数低($0.0069 \sim 0.0115$)$m^3/(d \cdot kPa)$,不保持较高的油层压力,油井就不能稳产。这是因为:

① 油藏压力下降20.7MPa,就会使地层渗透率降低7%~14%,地层孔隙度缩小4%;

② 当一口井的含水率超过1%时,油的相对渗透率就剧烈下降;

③ 由于采油指数低,需要用高压差开采油井,从而引起油层中微粒搬运,常造成井底堵塞。

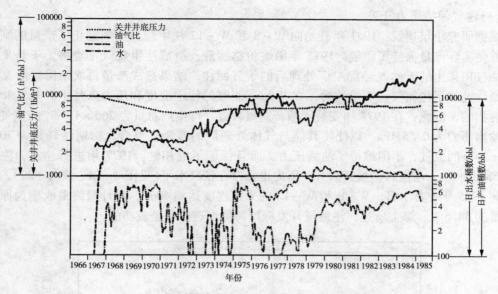

图 2-19　Wilcox-8 油藏的生产曲线图

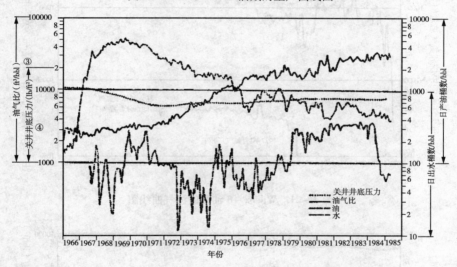

图 2-20　Wilcox-12 油藏的生产曲线图

由于产量惊人地下降，油田建立了一个工程师工作小组，以研究油田生产上的各种问题，对这些问题提出经济有效的解决办法。该工作组经过研究提出了如下建议：

① Wilcox 层对水很敏感。岩心分析表明，水饱和度只增加 1%，则原油的相渗透率下降 8%，也就是说，当水产量仅增加 1%~2%，则油井采油指数将明显下降。

② 模型研究表明，天然气具有更有效的驱替机理。敏感度分析表明，即使 W-8 的垂直波及系数从 0.5 降到 0.29，W-12 的垂直波及系数从 0.5 降到 0.16，注气仍然是经济的。高压注干气可以造成混相。根据模拟研究，挥发油油层注气以后，预计采收率可达地质储量的 47%~54%。

③ 在构造顶部钻 3 口两层分注井。

④ W-8 和 W-12 的井底压力应超过 44.8MPa。

(3)注气保持压力开采

根据研究小组建议,1971年开始向W-8和W-12注甲烷。注气制止了产量的剧烈下降,并使实际产量保持了稳定。1975年甲烷价格猛涨,造成注甲烷气不经济,于是采用福多契油气田采出的天然气经加工厂处理后的干气回注,结果造成产量再次下降。后又经研究,最终选择了注氮气。一般认为,在Wilcox油藏的特定温度和压力条件下,氮气和油是可以混相的。因此,在1977年安装了两套制氮装置,可生产总量为$266×10^4 m^3$的氮气。氮气的输出压力为0.55MPa,以便使其能与气体处理厂的残余气混合。初期注气量为70%的甲烷,30%的氮气,不但维持了油藏压力,而且保证了混相性。1977年进行注氮,注入压力为58.36MPa。注氮后产量又回升,压力也保持在较高水平(见图2-21、图2-22)。

到1985年1月1日,W-8和W-12的采出程度达到40%,预计最终采收率为原始地质储量的54.5%。综上所述,注氮气开发深层特低渗透油藏是成功的。

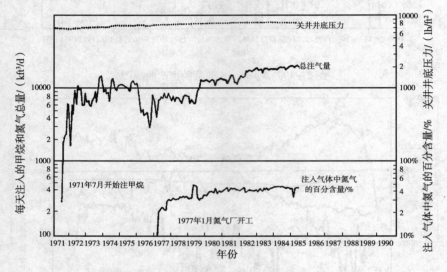

图2-21　Wilcox-8油藏的注气曲线图

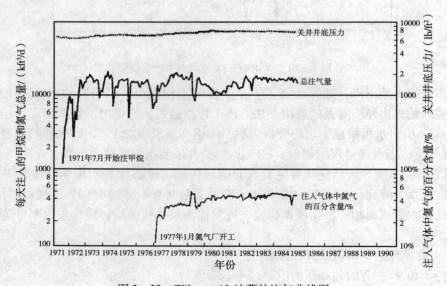

图2-22　Wilcox-12油藏的注气曲线图

第三章 滩坝砂油藏研究技术

一、高分辨率砂泥岩薄互层储层综合预测技术

滩坝砂储层砂泥岩薄互层地震识别，尤其是5m以下薄层油砂体识别一直是地球物理界所困惑的问题。其难点是：①地质模型复杂，一般表现为泥包砂序列（砂泥百分比在10%~50%之间），单砂体厚度薄，变化大，横向连续性差，各向异性强；②常规偏移资料一般不能识别出薄层砂体来，即便采用当前流行的井约束反演波阻抗方法，也很难识别5m以下薄互储层；③地震资料表现为信息丰富，频带较宽，整个频带域划分为三个部分，即高频分量、低频分量和中频分量。所谓"中频分量"是指有效频带（信噪比大于1）。实际反演中仅利用了某一频段的信息，由于地震资料的高频信息往往不可靠，故对高频信息的反演是不准确的。理论褶积模型证明，有效频带之外的地震信息永远是多解的，而且是无约束力的，因为高频信息不能通过褶积模型作出合理的检验。低频反演虽然大套地层生、储、盖关系清楚，但却损失了中薄互层储层信息，目前普遍采用的是去低频井约束中频波阻抗外推反演，虽然能识别大段厚层砂岩储层或砂岩组储层（5~15m），但不能识别薄互储层，又丢失了低频信息，使生、储、盖宏观背景不清楚，有顾此失彼的感觉。

解决上述矛盾的方法是采用三步法反演，即分别作低频无井约束反演、中频井约束波阻抗模型外推反演和非线性拟测井参数反演，将上述三个反演结果叠加在一起就成为一个接近地下储层特征的反演结果，从而达到从宏观到微观及从地层组、砂层组到单油砂体逐渐逼近薄互储层的过程。再结合测井、钻井建立的地质模式进行薄互层砂体综合解释，可识别2~5m的薄互单油砂体。

1. 三步法反演技术的基本原理和实现过程

（1）低频无井约束反演

低频无井约束反演是把时间剖面上的记录道转换为声阻抗时间剖面（或称伪速度剖面）。根据下面的公式：

$$V_{(i)} = V_{(i-1)} \frac{1 - A_{(i)}}{1 + A_{(i)}}$$

把地震道振幅值转换成为速度曲线。式中 $V_{(i)}$ 是声阻抗，$A_{(i)}$ 是地震振幅。低频无井约束反演的实现步骤如图3-1所示。

低频无井约束反演是把时间记录剖面中反射界面的概念转换成地层岩性厚度的概念，它与时间剖面相比，地层界面清晰，断点清楚，易于追踪对比，能建立较准确的地震地质模型。低频反演的目的就是寻找低频背景值，确定地层组或油层组的顶、底界面，或生、储、盖的配置关系。从广义上讲，制作合成记录、进行层位鉴定、垂直时频分析、水平时频分析以及不同频段滤波都属此范畴，其最终目的是做储层反演前期的层位鉴定和建立地震地质模型。

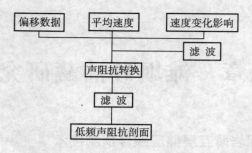

图 3-1 低频无井约束反演的实现步骤

(2) 中频井约束波阻抗模型外推反演

在地震资料的有效频带范围内，采用常规的 CCFY、HARI 等井约束动力学反演方法，可得到地震数据的中频成分的波阻抗信息。其关键技术是如何将井资料、地震资料有机地结合，这就需要有一个数学模型作为中介桥梁。

设 $S(t)$ 为实际地震记录，$R(t)$ 为反射系数序列，$W(t)$ 为地震子波，$N(t)$ 为噪声，则层状介质的褶积模型为：

$$S(t) = R(t) \cdot W(t) + N(t)$$

设 Z 为波阻抗，ρ 为介质密度，V 为速度，则离散反射系数 R_i 为：

$$R_i = \frac{\rho_{i+1} V_{i+1} - \rho_i V_i}{\rho_{i+1} V_{i+1} + \rho_i V_i} = \frac{Z_{i+1} - Z_i}{Z_{i+1} + Z_i}$$

从井旁道反演时窗内提取地震子波的主频(f)、衰减系数(S)、延迟时(B)等参数，拟合一个无任何相位假设的反演子波 $W(t)$：

$$W(t) = S e^{-2\pi(t-\beta)} \sin(2\pi f t)$$

具体实现时用给定的初始阻抗模型 $Z(t)$ 与提取的实际子波 $W(t)$ 正演模拟得到当前道的合成记录，在地质模型、地震特征的约束下，通过合成记录与实际记录道反复迭代来修改当前道的阻抗模型。当二者最佳接近时，对应的阻抗模型即为当前道的波阻抗反演结果。其处理流程如图 3-2 所示。

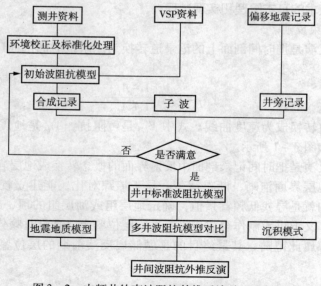

图 3-2 中频井约束波阻抗外推反演处理流程图

在三维波阻抗反演过程中，依据从三维面元中提取的地震特征信息及地质模型来迭代修改反演道的波阻抗模型，充分考虑了地震特征信息及地质模型、地震波场的各向异性分布与变化因素，反复迭代出最终反演道的波阻抗模型，使反演后各井间的波阻抗过渡自然，分辨率明显高于地震剖面，地层间的接触关系清晰，地层岩性信息更加丰富并反映出岩性、岩相的横向变化规律。

(3) 非线性测井参数反演

非线性测井参数反演是地震特征约束下的井间测井参数反演，反演出对储层岩性、物性反映较为敏感(如自然电位、自然伽马、电阻率等)的高分辨率拟测井曲线。该反演技术是将信息优化、非线性理论融入反演之中，撇开了常规地震分辨率的局限，追求地震频带宽度(有效频带)以外的高分辨率(拟分辨率)。其地质理论基础：①同一地质体在各种地球物理场中都有可识别的响应；②不同地质体在各种地球物理场中都有不同的可识别响应；③同一地质体在各种地球物理场中各种可识别响应都有所侧重，但尺度也有差异。

在该反演中，主要包括地震特征约束、地质模型约束、测井约束及标定和非线性反演。其主要工作有：①用测井曲线对反演结果进行反复标定和校正，以提高反演精度；②要有准确的测井层位和反演层位的准确解释，地震数据要有足够的信噪比和高保真度；③精确确定区间尺度大小，它直接影响数学方法的成立和反演精度。

二维或三维波阻抗提供了目的层段岩性的横向变化趋势，因此，有必要再次精细解释二维波阻抗数据体。横向以准确的地质模型加以控制，纵向用测井曲线加以标定，并掌握区间尺度的大小，利用非线性理论反演，人机交互多次标定和校正，最终获得拟测井参数反演数据体。非线性测井参数反演的工作流程如图3-3所示。

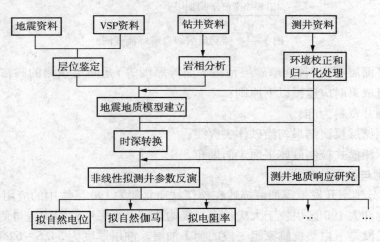

图3-3 非线性拟测井参数反演流程图

非线性测井参数反演的具体实现步骤如下：

①对测井数据进行环境校正和归一化处理。

②将波阻抗数据体做时深转换，得到深度域波阻抗数据体。为了提高测井曲线反演精度，再将深度域波阻抗数据体采样为0.5m，以便在反演中进一步借助测井的分辨率。

③在深度域分小层解释二维或三维波阻抗数据体，并根据测井曲线精确地标定波阻抗。

④根据显示出的变异剖面确定最佳寻优区间，并以此做为反演的基础与进行精度控制的依据。

⑤以波阻抗的变化率和井资料为约束条件，利用人机交互进行多次标定和校正，逐步以体积元进行全局寻优计算，得到反演测井参数数据体。

利用井资料对所反演的测井曲线进行综合分析，符合率较高，并能提供砂体在横向上的变化趋势，为计算砂体厚度、落实砂体在空间上的展布提供了有力的证据。

2. 储层反演综合解释

储层反演综合解释包括储集体空间展布形态定量解释和储层物性定量解释，它基于小层划分与对比、油层沉积相研究、测井解释、测井多参数反演等有关信息，是关于储层三维空间结构的综合描述，其工作流程如图3-4所示。

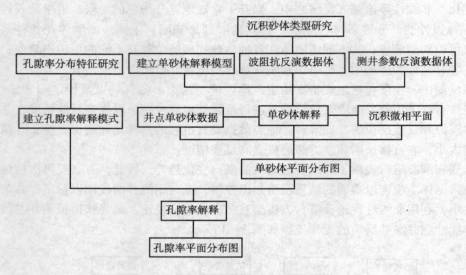

图3-4 储层反演综合解释流程图

储层特征平面展布图（包括单砂层预测平面等厚图等）是储层预测的归宿和关键，在综合利用各种信息成果时应遵循以下原则：

①井点以测井资料为准；
②井间利用储层反演结果勾绘砂体尖灭线；
③利用沉积相模式控制砂体平面走向展布。

3. 应用实例与效果分析

（1）三维高分辨率开发地震油藏描述在松辽盆地北部太190区块中的应用

松辽盆地北部太190区块位于大庆长垣二级构造带上太平屯背斜构造与葡萄花构造衔接的鞍部，目的层段是下白垩统姚家组一段的葡Ⅰ油层。油层厚度为54.6~62.0m，平均厚度为57.9m，埋藏深度为1107.2~1243.9m，是一套灰色、灰绿色砂泥岩组合。其沉积特征自下而上分别为三角洲内前缘、三角洲分流平原和三角洲外前缘亚相沉积。研究区面积为24.6km^2，构造轴向大致呈南北向，构造的东西部位相对较高而中部较低，在宽缓的向斜中发育有小规模隐伏背斜构造。油水分布受构造和岩性双重控制，由于断层和不完整构造的影响，油水关系十分复杂，没有统一的油水界面。

对研究区进行了三维高分辨率地震采集与处理，CDP面元为10m×20m，资料面积为27.97km^2，偏移后满覆盖面积17.62km^2。该区块从1984年6月陆续投产，截至目前区内共有各类钻井77口，井网密度450m×450m，采出程度为7.46%，当前的综合含水率为

63.5%。储层具有高泥、高钙薄互层(单油砂体厚0.2~5.0m)和横向变化大及平面非均质性强的特征。

针对上述地质特点和资料状况及油气储层预测难度大的特点,从油层划分与对比入手,进行油层精细沉积相研究,分1个油层组、3个砂层组、11个小层、14个单油砂体建立沉积储层地质模型,充分利用70余口井的测井资料进行地震地质层位标定。采用上述三步法综合反演技术,进行波阻抗反演和自然电位反演,最终达到定量预测砂岩厚度、有效砂岩厚度、半定量预测孔隙率及含油饱和度。

1998年8~11月采用高分辨率砂泥岩薄互层储层综合预测技术对松辽盆地太190区块进行油藏综合描述研究。1999年初,利用其结果在研究区内布设了生产加密调整井43口,到1999年6月15日已完钻19口井,利用这19口钻井和测井资料进行了单油砂体预测后期试验,效果分析符合率可以达到84.2%。

采用上述高分辨率砂泥岩薄互层储层综合预测技术对松辽盆地北部太190区块进行开发地震油藏综合描述时,取得了以下几点认识:

①葡Ⅰ油层可进一步划分为1个油层组、3个砂层组、2个亚砂层组、11个小层、14个单油砂体。

②葡Ⅰ油层为三角洲相沉积,可进一步划分为三角洲分流平原、内前缘、外前缘3种亚相和11种微相。

③储层反演结果表明,针对本区高泥、高钙互层的储层特点,单一利用波阻抗反演定量识别薄层砂体较为困难,采用多信息综合反演技术能够定量预测薄层单油砂体,其预测符合率达到80%左右。

④利用储层综合解释技术可定性和半定量描述出孔隙率分布特征。

⑤研究区块内的油藏主要受区域长垣二级背斜构造控制,是层状背斜油藏的一部分。区内油水界面变化范围为1040~1080m,在渗透性变差的分流河道、河道边滩及前缘席状砂等动用差或未动用部分可能存在剩余油。

(2)大庆油田头台地区二维储层预测实例

大庆油田头台地区位于松辽盆地北部三肇凹陷内,目的层段为下白垩统姚家组一段的葡Ⅰ油层。油层埋藏深度为1360~1490m,它是一套深灰色、灰绿色砂泥岩组合,系浅湖相沉积,为岩性油藏,砂层不发育。单油砂体很薄,最大厚度为2.8m,最小厚度为0.8m,平均厚度为1.4m。

在工区内采集了二维高分辨率开发地震资料,主频为40~50Hz,线网密度为300m×600m,工区内有3口已知井,井间距为3.8~7.8km。储集层具有高泥质薄互层特征,砂体横向变化大,平面非均质性强。

针对以上地质特征、资料状况以及油气储层预测难度大的特点,从油层划分与对比入手,进行油层精细沉积相研究,划分成1个油层组和5~7个单油砂体。建立沉积储层地质模型,在井资料较少、井间距大、单层薄的情况下,充分利用工区内3口井的测井资料及综合录井资料进行地震地质层鉴定,建立地震地质模型,采用上述三步法综合反演技术,进行波阻抗反演,在波阻抗剖面上进一步做层位精细解释,利用波阻抗数据体做时深转换,在深度域做拟自然伽马反演和拟电阻率反演,开展储层综合解释,最终定量识别出1~3m的单油砂体。根据预测结果,在工区内布设了10口开发首钻井,于1998年底已完钻6口,其后期试验的预测效果统计分析结果表明符合率可以达到91.7%。

二、开发技术政策界限研究实例

江苏瓦庄油田是 2002 年 10 月勘探发现的断块油田(图 3-5),由瓦 2、瓦 3 和瓦 2 南三个断块组成,初步测算探明含油面积 2.3km², 探明地质储量 $269 \times 10^4 t$。该油藏主要特点如下:

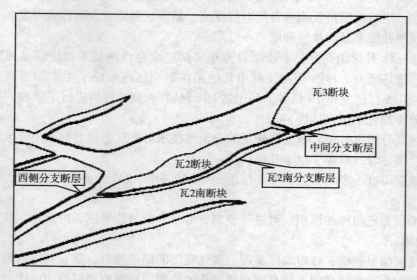

图 3-5 瓦庄油田断块分布示意图

①纵向上油层分布井段长,层数多,厚度差异大,储层以薄砂层为主,单砂层厚度多为 1~2m,个别单砂体厚层可达 7m 多,各层渗透率差异大;
②油层紧贴断层分布,含油带仅 200~300m 宽;
③储层横向变化快,砂体连通性差;
④断块边水不活跃,地层弹性能量低,弹性采收率仅为 4%。

对于这类窄条状、长井段、多油层、薄互层、强非均质性油藏,迫切需要通过对瓦庄油田油藏进行储层精细描述及精细油藏数值模拟研究,确定瓦庄油田 E_1f_3 油藏的合理开发技术政策界限。

1. 储层三维地质建模简介

储层三维地质建模是在综合地质研究的基础上,包括小层精细对比、沉积相研究、储层测井分析及测井二次解释、储层物性及非均质研究等,利用地质建模软件,采用确定性建模和随机性建模相结合的方法,首先根据坐标数据、分层数据、断层数据通过插值法,形成各个等时层的顶、底层面模型(即层面构造模型)及断面模型,考虑层面模型与断面模型的切割关系,然后将各个层面模型进行空间叠合,建立储层的空间格架,再结合沉积相分析采用序贯指示模拟相控建模法可得到 17 个小层的孔隙度、渗透率、含水饱和度及净毛比参数模型。建模网格尺寸为 $25m \times 25m \times 0.5m$,纵向上可识别 0.5m 以下的储层夹层。通过随机建模方法建立的三维属性地质模型是一簇随机实现,需要根据该地区建立的地质概念模型对这一簇随机实现进行优选。

这样的网格规模是目前油藏数值模拟无法承受的,因此需要对地质模型进行网格粗化,瓦庄建模网格为 $241 \times 79 \times 369 = 7025391$,综合各方面考虑,粗化网格平面网格距离设计为

25m,纵向网格以小层为单位分为17个模型层,网格总数为241×79×17=323663,能够满足要求的模拟精度。

2. 油藏数值模拟历史拟合

(1)储量拟合

瓦庄瓦2断块 E_1f_3 油藏地质储量为 $233 \times 10^4 t$,数值模拟计算储量为 $241.7 \times 10^4 t$,绝对误差 $8.7 \times 10^4 t$,相对误差为3.73%;瓦3断块 E_1f_3 油藏地质储量为 $76 \times 10^4 t$,模拟计算储量为 $79.4 \times 10^4 t$,绝对误差 $3.4 \times 10^4 t$,相对误差为4.47%;瓦2南 E_1f_3 油藏地质储量为 $75 \times 10^4 t$,模拟计算储量为 $78.1 \times 10^4 t$,绝对误差 $3.1 \times 10^4 t$,相对误差为4.13%,瓦庄三个区块的地质储量误差都控制在5%以内,拟合效果较好。

(2)生产动态拟合

由于瓦庄油田油藏数值模拟采用定采油量工作制度,局部地区做相渗和油水界面调整后,采油量即达到完全拟合。

对油藏中含水量的拟合,实质上是实现对油藏中流体饱和度分布和区域岩石相对渗透率的拟合,这种拟合对于检验和完善油藏描述、认识油藏开采机理有着重要的作用。通过整体相渗曲线和局部相渗曲线的调整,以及含水饱和度场和井间连通性的修正,油藏整体含水和单井含水均得到很好拟合。

瓦庄为新开发油田,测压数据很少,且都为采油井测压数据,不具备代表性,因此压力拟合以拟合趋势为主。

3. 油藏数值模拟开发技术政策界限研究

(1)方案设计

油藏数值模拟以瓦2断块为研究对象,以机理性研究为主,主要考虑以下几方面问题:①对于瓦2断块这样多层薄层油藏,不同开发层系开采效果评价;②对于瓦2断块这样的窄条状断块油藏,采油井距离断层远近开发效果评价;③高渗层与低渗层的注水配注比例问题。为了研究这几方面的问题,预测开发指标并进行对比,从而确定合理的开发技术政策界限,做以下方案设计(表3-1)。

表3-1 瓦2断块开发技术政策界限方案设计表

研究项目	方案编号	方案内容
开发层系效果评价	1-1	全部油层一次射开
	1-2	两套层系逐层上返
	1-3	三套层系逐层上返
采油井与断层距离	2-1	采油井距断层距离12.5m
	2-2	采油井距断层距离37.5m
	2-3	采油井距断层距离62.5m
	2-4	采油井距断层距离87.5m
高渗层与低渗层注水配注比例	3-1	高渗层与低渗层注水比1:1
	3-2	高渗层与低渗层注水比1:2
	3-3	高渗层与低渗层注水比1:3
	3-4	高渗层与低渗层注水比1:4

(2)方案对比与评价

① 开发层系开发效果对比评价。

设计三套方案:所有油层一次射孔合采(方案1-1),分含油层系逐步上返(方案1-2),分三套层系逐步上返(方案1-3)。

所有油层一套开发层系开发,初期可保持较高的采油速度,但后期快速下降(图3-6),油田开发生命期缩短,最终采收率偏低。

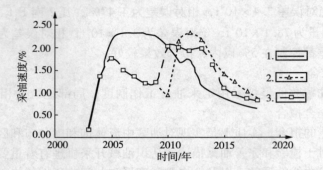

图3-6 不同开发层系采油速度对比曲线

划分多个层系开发可有效降低含水上升速度(图3-7),降低层间干扰,提高最终采收率,方案1-1、1-2、1-3最终采收率分别为29.97%、30.9%、31.83%。

所有油层一套层系开发,不利于控制含水,由于含水上升较快,因此累积产水量和累积注入量均大幅增加(图3-8),开发效果欠佳。

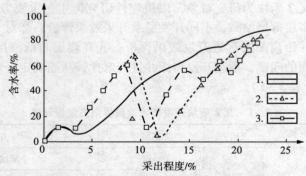

图3-7 不同开发层系含水上升速度对比曲线

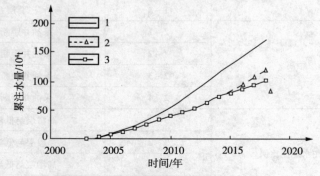

图3-8 不同开发层系累注水量对比曲线

一套层系开发,由于层间存在干扰,因此各小层开发不均衡,个别小层采出程度达

30%以上,而有些小层采出程度则仅有10%左右,小层越多,层间物性相差越大,层间干扰越严重。

开发层系中小层越多,物性相差越大,则注水前缘推进速度越不均匀,图3-9所示为注水开发1年后一组注水井和采油井间含水饱和度场,可以看出,注水前缘推进不均匀,有些小层注水前缘已经抵达采油井,而一些小层推进速度很慢,在注水对应层位含有大量剩余油。

②不同采油井与断层距离开发效果评价。

根据采油井与断层的距离远近,设计四套方案,采油井距离断层分别为12.5m(方案2-1)、37.5m(方案2-2)、62.5m(方案2-3)、87.5m(方案2-4)。

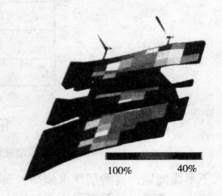

图3-9 多层合采小层含水饱和度对比图

采油井距离断层越近,则采油速度越高,同时期采出程度增加,评价期末,方案2-1采出程度比方案2-2高1.03%,方案2-2比方案2-3高1.34%,方案2-3比方案2-4高2.66%;方案2-1的最终采收率比方案2-2高1.09%,方案2-2比方案2-3高1.6%,方案2-3比方案2-4高4.61%。

采油井距离断层越远,则含水上升越快,采出每单位油量产水量增加(图3-10),评价期末方案2-4的含水率比方案2-3高1.75%,方案2-3比方案2-2高0.43%,方案2-2比方案2-1高0.80%。

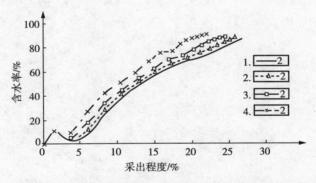

图3-10 采油井与断层不同距离含水上升速度对比曲线

瓦2断块的这种开采特征是由瓦2断块窄条状油藏特征决定的,距离主断层越近则距离油水界面越远,初始含油饱和度越高,虽然采油井距断层越近则距注水井越远,但瓦2断块含油面积为长条状,含油面积范围较窄,因此采油井在高位不会影响其注水受效情况。

虽然采油井距离断层越近开发效果越好,但随着采油井距离断层趋近,开发指标改善效果有变缓趋势(图3-11),同时钻井风险大幅度增加。因此,钻井过程中,应综合考虑风险与效益,不可片面追求效益,过分强调与断层无限接近而大幅度增加投资风险。

③分层配注注水开发效果评价

根据单井高渗层与低渗层的配注比例,设计5个方案,高渗层与低渗层配注比例分别为:1:1、1:2、1:3、1:4、1:5。

实施分层配注后,所有方案开发指标均得到改善,说明合注时高渗层与低渗层之间存在

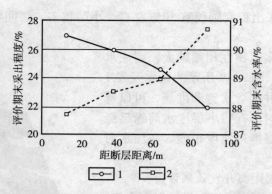

图 3-11 采油井距断层距离与指标变化关系曲线图

注水不平衡问题,高渗层注水偏高,而低渗层注水偏低。

注水井高渗层和低渗层注水比从 1:1 增加到 1:4,采油速度提高,采出程度增加,配注比例为 1:4 时,评价期末采出程度比未配注时高 1.2%,累产油增加 2.79×10^4 t,同时含水率降低,说明分层配注对改善开发效果起到较好作用。

高低渗层注水比达到 1:5 时,开发指标开始变差,评价期末累积产油降低,含水增高,说明此时高低渗层注水比基本达到平衡,生产达最优状态。

由上可知,瓦 2 断块分层配注时,高渗层与低渗层注水比应保持在 1:2 以上,1:3 到 1:5 之间较佳。

第四章 砂砾岩油藏研究技术

一、深层巨厚砾岩油藏划分开发层系的隔夹层研究

1. 冷43块油藏地质及开发概况
（1）油藏地质概况

辽河冷家堡油田冷43断块的主要开发层位之一是新生界下第三系沙三段 S_3^2 油藏，该油藏的特点是巨厚块状、中孔中渗、深层、普通稠油。岩性以细砾砂岩为主，沉积体为近岸陡坡水下扇亚相沉积体，地层倾角6°~24°，层内平面非均质性较强，层间隔层不连续分布。该油藏含油面积4.4km²，油藏埋深1650~1940m，油层厚度80~120m，孔隙度16.5%，平均渗透率 $478\times10^{-3}\mu m^2$，50℃时脱气油黏度327~4500mPa·s，地层温度58~63℃，20℃时原油密度 $0.9289\sim0.9625g/cm^3$，原始地层压力17.5MPa。

（2）油藏开发概况

冷43块 S_3^2 油藏于1992~1993年试采，1993~1995年为产能建设阶段，1995年投入全面开发，投产总井数287口，以天然能量降压开采，初期产量高达1860t/d，单井产油达15~30t/d。到1999年底，共投产油井287口，开井率73%，产油695t/d，平均单井产油量3.3t/d，产量已急剧下降，采油速度0.77%。5个井组的注水开发先导试验区的生产动态表明，水驱起到了一定的能量补充作用，但是驱油效果不明显。总体来看，注水试验以来，试验区地层压力有所恢复，达到9~10MPa（区块其他井区地层压力平均为7.0MPa），但平均单井产量只略有增加，平均为3t/d，增产不显著。更值得注意的是纵向及平面上的非均质性较严重，油水黏度比高，导致油井见水快，水窜严重，水驱效果差。

2. 开发层系的划分和隔夹层研究
（1）砂体内非泥岩隔夹层的划分

冷43块 $E_2S_3^2$ 储层常规试采资料表明：射开厚度20~30m时，初期产量达15t/d，具备划分层系的产能条件，但唯一缺少的是隔层条件。针对这一问题，对砂体岩性变化及电性特征进行了精细研究（图4-1）。研究中发现：泥岩隔夹层不发育，但砂体间发育渗透性较差的非泥岩隔夹层。根据这些隔夹层的物性及电性特征可将其归结为三类，即：物性夹层（主要为泥质砾岩）、岩性夹层（除泥质砾岩外的泥质岩类）、钙质砂岩。

研究表明，$E_2S_3^2$ 各砂岩组间均有一定厚度的渗透性较差的非泥岩隔夹层，且在纵向上按一定厚度与泥岩组合。尤以3-4砂岩组间组合厚度最大，在平面上也有一定的连续性，基本上大面积分布。油藏主体部位隔夹层较厚，边部略薄。

（2）开发层系的划分与组合

通过对冷43断块砂体内非渗透层和低渗透层的岩性、物性、力学性质及组合隔层研究，认为将巨厚油层细分层系开发是可行的。在此基础上将 $E_2S_3^2$ 油层分成一套（1-6砂岩组）、二套（1-3砂岩组、4-6砂岩组）和三套（1-3砂岩组、4-5砂岩组、6砂岩组）层系三种方案。为了进一步优化层系组合方案，在确定的开采方式下，采用数值模拟和经济评价等手段预测了不同层系划分组合方式下的生产指标和经济指标。

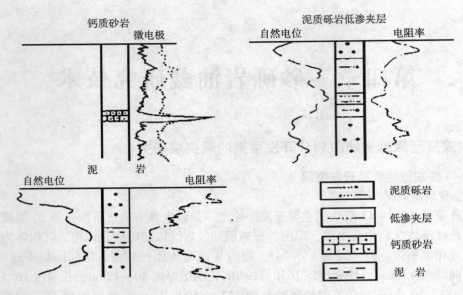

图 4-1 不同岩性的电性曲线

从预测的常规注水生产指标和经济指标来看，141m 井距二套层系开发效果最好，表现为采收率较高（18.4%），经济指标较好。实践表明二套层系依靠天然能量开采，均获得了较好的开发效果，初期单井日产油 10~15t，采油速度分别为 1.70% 和 1.54%。

二、大港油田官 142 断块巨厚砂岩的流动单元划分

王官屯油田官 142 断块位于河北省沧县王官屯乡境内，其区域构造位置为黄骅坳陷南区孔店古潜山构造带孔东断裂带，是受孔东断层控制的、被断层复杂化的背斜构造。官 142 断块是属于王官屯油田内部的断块之一，处于孔东断层的上升盘，区块内部小断层较为发育，含油层位为中生界的一套厚砂（砾）岩层，厚约 50m，上部主要以中、细粒砂岩为主，下部以含砾砂岩、砾质砂岩为主，局部为中细粒砂岩。

1. 渗流屏障研究

渗流屏障主要有三种类型：泥质屏障、胶结带屏障和断层封闭性屏障。

2. 连通体与渗流屏障划分

连通体划分是在时间地层单元对比的基础上，依据渗流屏障的识别标准，结合储层的沉积特点及开发动态测试资料，确定砂体在垂向上与横向上的连通状况，最后进行连通体的划分。将一套 50m 左右的巨厚砂岩，纵向上细分为 14 个研究单元，其中划分了 7 个含油连通体及 7 个渗流屏障。

3. 流动单元类型划分

在储层渗流屏障分析的基础上，流动单元研究的下一步工作就是进行连通体内部的储层质量细分。根据储层流动单元的定义和研究目的，应该选取那些能够表征影响流体渗流的岩石物理参数作为划分指标。

通过相关分析认为，渗透率、孔隙度是本区的主控参数，储层渗透率的高低是反映储层渗流能力的最直接最有效的参数，它是沉积和成岩作用的综合结果，而储层孔隙度是表征储集能力和影响油藏初始油水分布的主要因素。

应用岩心样品的岩性、物性分析结果，结合因子分析方法和岩心观察判别的流动单元类

型,采用因子分析方法建立储层连通体流动单元的识别函数 F_i。

通过计算岩心样品的综合评价因子得分,发现 A 类流动单元储层样品的综合评价因子得分范围是 $F_i>250$,B 类流动单元储层样品的综合评价因子得分范围是 $100<F_i\leq250$,C 类流动单元储层样品的综合评价因子得分 $F_i\leq100$。回判分析结果表明,该方法判别的流动单元类型正判率达 98.4%,精度较高(见表 4-1)。

表 4-1 官 142 断块各类流动单元属性参数范围

类别	孔隙度/%	渗透率/$10^{-3}\mu m^2$	泥质含量/%	粒度中值/mm	吸水强度/(m^3/m)	因子得分 F_i
A	18.5~28.3	95~2328.1	3.65~24.12	0.06~0.41	12~20	>250
B	17.5~21.1	48.1~96.4	6.36~31.8	0.05~0.24	5~12	100~250
C	11.8~23.3	1~54.4	34.35~33.44	0.05~0.42	0~5	≤100

A 类为研究区储层性质最好的流动单元,根据取心井流动单元储层岩心样品的分析可知,该类流动单元储层主要是由粗砂岩和含砾砂岩组成,含油性较好。岩性主要为中粗砂岩,棕褐色。储层属于粗孔、粗喉类型,平均孔隙喉道半径和最大连通孔喉半径较大,表明该类储层的渗透性能较好,通过实际生产动态资料证实,该段储层在多次吸水测试中均表现为强吸水的特征。

B 类流动单元是研究区储层质量次之的流动单元类型,该类流动单元储层多为中细砂岩和砂砾岩类型,含油性多为油斑或油浸。岩心样品的孔喉半径比 A 类流动单元储层要小,属于中孔、中喉类型,其最大进汞饱和度要比 A 类流动单元储层的低,而最小非饱和孔隙体积比 A 类流动单元储层的要大,该类流动单元储层的含油性差一些,从官 144-3 等井的多次吸水剖面测试中看出,该类流动单元的吸水强度较 A 类的差。

C 类流动单元是连通体内部质量最差的储层,其孔、渗均较低,岩性多为粉细砂岩或钙质含量稍低的钙质砂岩或钙质砂砾岩,含油性较差。C 类流动单元储层多属于细孔、细喉类型,平均孔喉半径和最大连通孔隙半径相对要小,而排驱压力和饱和度中值压力要大一些。该类储层的吸水性较差。

统计不同类别流动单元储层的吸水剖面资料表明,不同类别流动单元储层吸水强度明显不同,A 类流动单元吸水强度较大,而 C 类流动单元则一般不吸水。

应用上述方法对研究区 37 口井进行了流动单元划分与判别,纵向上细分为 14 个研究单元,依据划分标准,对全区所有井进行了纵向与平面流动单元划分,图 4-2 是典型的流动单元划分剖面。近年来,依据流动单元研究成果,对层间与平面的剩余油富集区展开挖潜调整,调整后该区块产量由 45t 上升到 120t,综合含水由 91% 下降到 82%,区块初步调整见到了较好的效果。

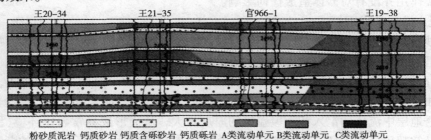

图 4-2 官 142 断块典型流动单元划分剖面

第五章 成岩演化新技术及在石油地质中的应用

一、砂岩侵入

1. 砂岩侵入研究的意义

砂岩侵入是指在超压流体作用下侵入至上覆泥质沉积物中的深水沉积体,属于深水盆地中常见的松散沉积物变形构造,是渗透性地层异常压力释放的产物。这些侵入体在一些盆地中广泛发育,例如在北海盆地大于 $10×10^4 km^2$ 的区域内均发现这种现象(Mickelson,2004),同时这种现象在世界范围内50多个沉积盆地中存在,如北海盆地、圣克鲁斯(SantaCruz)盆地、下刚果盆地、我国的南海领域。通过对北海下第三系、侏罗,西北欧大西洋边缘侏罗系、白垩系、下第三系,加利福尼亚中部白垩系至下第三系,以及西非海域新生界露头和地下资料的详细研究表明,砂岩侵入体对油气远景区有重要影响,认识砂岩侵入体对提高油气勘探开发成功率有重要意义。

2. 侵入砂岩的成因机制

早在20世纪30年代,Jinkens就提出了侵入砂岩的概念,但由于侵入砂岩常出现在深水沉积环境中,开展这一研究较为困难。近年来,随着高分辨率三维地震成像技术的发展和深海钻探岩心资料的增加,对侵入砂岩的研究开始深入,国外很多学者已经对侵入砂岩的形成条件、几何形态、地震识别特征以及与油气藏的关系等进行了探讨。

(1)侵入砂岩的形成条件

侵入砂岩的形成需要三个主要条件:砂质沉积物、有效的封闭层、异常高压。深水盆地中广泛发育的深水扇砂体及随后覆盖其上的泥质沉积物是侵入砂岩存在的必要条件。在异常高压作用下,砂和流体可通过构造裂缝进行迁移。另外,侵入砂岩的形成多发生在多边形断层发育的地区。

北海及挪威大陆边缘的深水盆地(图5-1A),广泛发育晚中新统多边形断层,在距离这些多边形断层约900m深度的始新统—渐新统中发育有大量孤立深水扇砂体(图5-1B、C),在异常超压作用下,这些孤立砂体便侵位至晚中新统,形成侵入砂岩。侵入砂岩大多成锥形,其倾角为20°~40°。地震剖面显示侵入砂岩两翼倾角随深度几乎没有变化,说明侵入后压实作用并没有对砂体造成任何影响。

(2)侵入砂岩的成因模式

侵入砂岩的形成分为两个阶段,早期阶段和晚期阶段。早期阶段,是异常超压体的形成时期,就是现在在深水环境中常见的浅水流等地质现象。低位体系域时期,大陆坡深水盆地中广泛发育水道侵蚀作用(图5-2A),随着区域构造沉降和海平面变化的影响,浊积水道开始充填浊积砂体(图5-2B),这些巨厚的砂体后来被低渗透泥岩或页岩地层所覆盖,由于上下低渗透地层中流体的汇入和上覆盖层的厚度增大,从而形成异常超压环境(图5-2C)。晚期阶段异常超压受到破坏。当该区域发生强烈的构造运动时,便形成大量的断裂构造,如

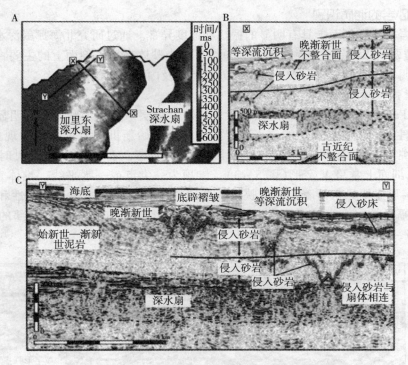

图 5-1 大规模侵入砂岩与大型深水扇

果断裂构造刺穿下部异常超压砂体,则下部的砂体在热流体作用和超压作用下便可能沿断裂构造或岩层孔隙向上移动,这些砂体便形成锥形的侵入砂岩(图 5-2D),当压力在侵位过程中得以释放时,侵位便终止。随着区域构造活动性的减弱,这些侵入体将埋藏于地下(图 5-2E)。当下一期构造开始的时候,侵位将再一次发生。

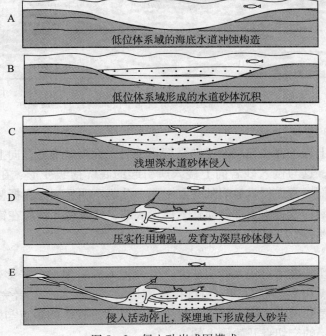

图 5-2 侵入砂岩成因模式

3. 侵入砂岩的地质识别

侵入砂岩在地震剖面上具有明显的振幅和速度异常。通过研究北海挪威深水盆地的高分辨率3D地震资料以及钻井、测井数据，总结了侵入砂体在地震剖面上的主要特征及识别标志。研究表明，侵入砂岩具有十分复杂的外形特征及内部反射构造。

(1) 异常强振幅反射

在北海 Faroe – Shetland 盆地的始新世—渐新世地层中，侵入砂岩具有明显的强振幅反射且存在极性反转，这与高阻的侵入砂岩插入低阻的始新世泥岩这一地质现象是对应的。这些振幅异常一般具有向下尖灭的圆锥形的几何形态，在二维双程反射时（Two – Way Time, TWT）剖面上常呈V字形（图5-3），锥顶为一尖点或一水平线。锥体直径约500～1500m。V字形振幅异常沿着走向反映出一系列的特点，如阶梯性、分支性和标志性的振幅变化。振幅异常在交点处最厚，随着远离交点而变薄，在侵入砂岩下部的喉道出现上拉现象（图5-3）。

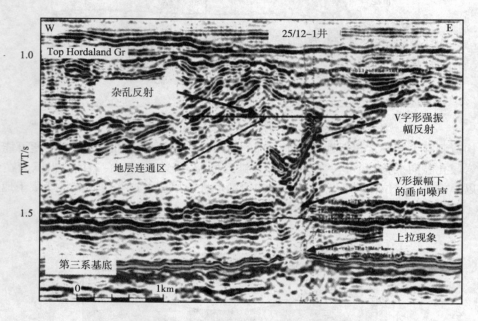

图5-3 挪威大陆边缘深水盆地中侵入砂岩的地震显示

(2) 底辟褶皱变形

在侵入砂岩的上方均存在丘状杂乱的强振幅反射，大多呈锥形，向上终止于晚渐新世不整合面。分析认为，这与侵入砂岩向上侵入所引起的底辟褶皱变形、在侧翼发育逆断层相关。被动褶皱的脊部通常在侵入砂岩的交点上面，凸起不明显部分在振幅异常的两侧。这些特点显示出底辟褶皱构造是由下部物质侵入所形成的，并且侵入物质在锥形振幅异常的顶点处最厚，向边缘变薄（图5-4）。

(3) 多边形断层

通过采用分层切片技术对侵入砂岩研究，发现侵入砂岩多出现于多边形断层构造上方，尤其是侵入砂岩顶点和多边形断裂交切点存在密切的空间关系，二者完全重合（图5-5）。多边形断裂交切点是断层内流体运移能力最强的部位，而砂体的顶点与之重合，也就是说，砂岩是由多边形断层的交切点开始侵入的。

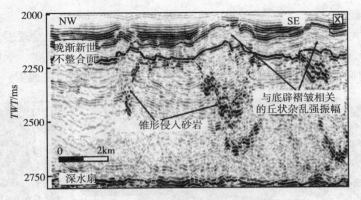

图 5-4 与锥形侵入砂岩引起的底辟褶皱构造

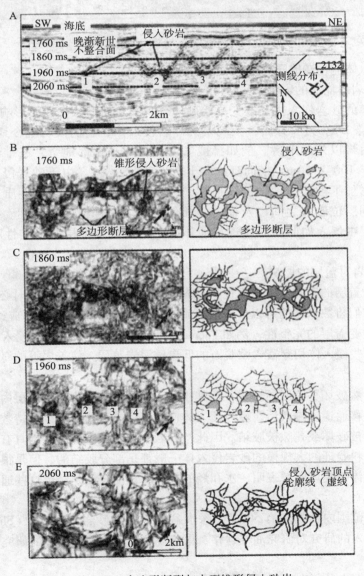

图 5-5 多边形断裂与大型锥形侵入砂岩

(4) 速度异常

通过对挪威大陆边缘 Viking 地堑侵入砂岩声波测井资料研究，发现侵入砂岩具有明显的低速异常(图 5-6)，且具有较高的 V_p/V_s。这与侵入砂体高孔隙度、低密度的特征相吻合。表明侵入砂体内部为流体性质，因而具有较低的纵波速度和横波速度。

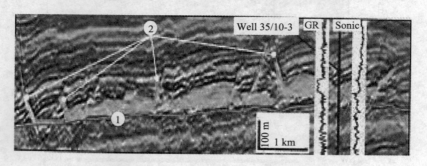

图 5-6　挪威大陆边缘 Viking 地堑大型侵入砂岩声波测井图

4. 砂岩侵入体的石油地质意义

(1) 侵入砂岩对储层的影响

通常大规模的砂岩侵入体会改变原始砂体沉积的几何形状，从而影响砂体沉积结构的重建(图 5-2D、E)。另一方面，大规模的砂岩侵入体，它们横切现今地层可达数百米，横向延伸到几百米以外的地区。例如挪威滨海岸 Viking 北部地堑，三维地震显示砂岩侵入体向上延伸了 100~150m，横向延伸数十千米(图 5-6)。由于砂岩侵入体的渗透率普遍较高，因而增加了被侵位地层的连通性，改变了原来地层的储层性质，同时也大大增加了垂向上不同层位砂体之间以及横向上相邻砂体之间连通的有效性。很显然，在沉积盆地非渗透地层中侵入如此高的渗透连通体，必定会影响地层的压实性和长期的流体流动状态。

(2) 侵入砂岩对盖层的影响

砂岩侵入对盖层的影响具有两面性。首先侵入砂岩是研究盖层失效时必须考虑的一个重要失效方式，它们将数米宽的可以形成达西流的渗透性通道插入到形不成达西流的地层中，从而可能彻底改变盖层的完整性，例如 Faeroe-Shetland 盆地大型砂岩侵入体侵入盖层厚度达到 1000m。这些侵入体切穿富含蒙脱石的低渗透泥岩盖层，使盖层下的海底扇储层不含油(图 5-7)。

侵入砂岩虽然破坏了盖层的性质，但其积极意义在于它们为上覆地层内部孤立的砂岩成藏提供了二次运移通道。侵入后，砂岩侵入体作为高渗透率通道可以保持数百万年，直到其垂向上的连续性被破坏或孔隙被胶结。因此，砂岩侵入对盖层的完整性具有长期影响。在北海地区，经井资料验证的大规模的砂岩侵入体一般都是部分胶结的，但是很少完全紧密无渗透性。有很多流体包裹体资料表明，水和烃的长期或短期流动是经过这些通道的。

5. 结论

鉴于在世界范围内已发现有 50 多个深水盆地中存在砂岩侵入现象(Shoulders, 2007)，因此开展砂岩侵入的研究对研究油气运移、聚集规律、丰富输导体系的研究内容均存在指导意义。

侵入砂岩具有十分复杂的外形特征和内部反射构造，在地震剖面上具有异常强振幅、V

字形反射、极性反转、层位上拉等特点。它是在早期埋藏阶段由未固结砂体再迁移、侵位至上覆低渗透泥岩，形成具有向下尖灭的圆锥形构造，与多边形断层系相伴生，多边形断层与锥顶交界处为侵入砂岩侵位的初始位置，上覆泥岩地层受侵入作用影响形成底辟褶皱构造。

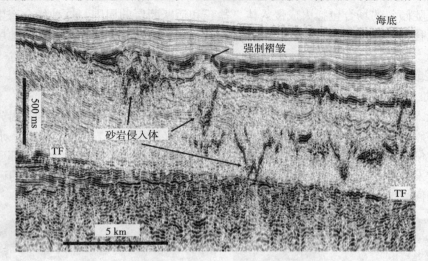

图 5-7 英国海上 Faeroe-Shetland 盆地大型的相互关联的砂岩侵入体

砂岩侵入对储层和盖层均存在重要影响，从而影响油气的勘探开发。砂岩侵入体改变了储集层的几何形态，会影响制订最佳开发井方案，也会破坏了顶部地层的封闭性。如果侵入的砂体相对较厚，而且在横向上是连续的，可以成为勘探目标；但如果侵入砂体不连续、或是很不规则，那它们可充当吸油砂岩，使油气分散成非经济规模。因此应该将砂岩侵入体解释纳入勘探规划。

二、热对流成岩作用

1. 研究意义

近十几年来，随着盆地动力学研究的不断深入，含油气盆地中的热流体活动引起了石油地质学家的极大关注，热对流成岩作用的研究可以拓展盆地动力学研究的领域。例如，Merino 等根据砂岩中与热对流有关的自生矿物的研究，阐明了 Hartford 裂谷盆地形成的动力学机制。

热对流成岩作用的研究对烃类的运移聚集预测也具有指导意义。研究表明，石英与许多烃类组分溶解度的温度系数相近，因此热对流将导致烃与石英同时析出（沉淀）。由于油气本身的浮力，在对流过程中它们将朝着构造顶部和轴部运移并形成油气藏。北海油藏的研究表明，热对流有能力运移烃类聚集成藏，这说明热对流成岩作用的研究可以为油气藏的寻找和研究提供有用线索。

热对流成岩作用的研究也可以开辟预测非均质储层的新途径。传统的储层研究主要考虑储层质量随埋深加大和成岩作用强度增加而变差的一般性规律，但越来越多的研究实例表明热对流成岩作用是造成储层非均质性的重要原因之一。

总之，含油气盆地中岩浆活动热对流成岩作用的研究，是当前盆地流体与成岩作用亟待解决的科学问题。

2. 热对流产生的条件与地质背景

热对流也称为 Benard 或 Rayleigh 和 Benard 对流，其发生与否取决于瑞利数的大小，理论分析和实验均表明,在水平层中,流体发生流动的瑞利数必须大于40。当等温线非水平时,流体是不稳定的,不管瑞利数大小均可发生流动,这种热对流一般称为非瑞利对流。但是,Bjφrlykke 等模拟表明,除了在等温线陡倾斜的条件下,其流速也不足以完成成岩反应。

等温线陡倾斜的场合包括火成侵入体、盐丘和活跃断层的周围,这种场合产生的非瑞利对流可以运移物质和传递热量。近年来的研究表明,火山活动也可导致其下伏地层发生硅质胶结作用。

3. 岩浆成因热对流对砂岩的改造作用

(1) 脆性破裂

岩浆侵入活动可以导致碎屑岩的脆性破裂,形成拉张和挤压裂缝。当岩浆沿先存断裂侵入到已固结砂岩中时,由于大量岩浆的突然涌入,势必要引起围岩的脆性破裂,形成拉张和挤压裂缝。例如,在三江盆地绥滨坳陷滨参1井的东荣组地层中,安山玢岩顶部砂岩中的显微裂缝非常发育(图5-8)。这些显微裂缝集中发育于安山玢岩顶部十几米厚的砂岩中,向上则未见任何裂缝。这说明上述显微裂缝的形成与岩浆的侵入活动有关。

图5-8 绥滨坳陷滨参1井东荣组上部砂岩显微裂缝

(2) 压溶作用

岩浆侵入活动还可以引起碎屑石英的压溶作用。当岩浆突然侵入到未固结砂岩中时,首先将引起周围碎屑颗粒的脆性破裂,而后随着温度的持续升高,裂缝将逐渐愈合。然而,在持续的挤压和高温作用下,石英颗粒间接触点处的压力愈来愈集中,便可发生压溶作用,从而造成随着远离侵入岩—砂岩的接触界限,在石英颗粒之间出现由凹凸接触和缝合线接触过渡为点接触的现象。如果碎屑颗粒以石英为主,则可在侵入岩—砂岩的接触带附近形成石英岩。Summer 等曾利用加热的混合流体作为岩浆侵入体、利用未完全固结的砂岩作为侵位前的围岩,在渐增的高温(400~700℃)和高压(30~80MPa)条件下,模拟了以色列 Makhte-shRamon 地区辉绿岩岩浆侵入到未固结的 Inmar 砂岩中的过程,揭示了上述规律(图5-9)。

(3) 形成低温变质矿物

热流体促进或参与砂岩中矿物间的反应,使砂岩发生热变质作用,或在砂岩孔隙中形成低温变质矿物,或使砂岩中的基质和先期形成的自生矿物以及碎屑矿物被交代或改造。

当砂岩中孔隙发育时,低温变质矿物可形成在孔隙中。在三江盆地绥滨坳陷滨参1井的安山玢岩之上的上侏罗统东荣组砂岩中,自生白云母分布于碎屑颗粒间的孔隙中,自生白云母是一种浅变质矿物,在沉积岩中不可能广泛存在,它的出现必然代表某种特殊的沉积环境。电子探针分析结果表明,自生白云母的常量元素成分接近于伟晶岩脉中的白云母,表明自生白云母的形成与热液作用有关(表5-1)。

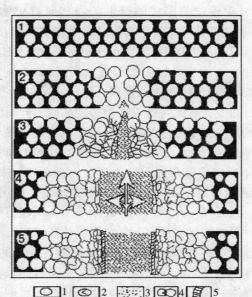

1—碎屑石英颗粒；2—石英内的裂缝；3—辉绿岩；4—石英的压溶；5—铁质氧化沉淀

图 5-9 辉绿岩—砂岩相互作用过程的实验模拟

①辉绿岩侵入前，砂岩仍处于未固结状态；②辉绿岩大规模侵入时，顶部砂岩中形成含水裂隙通道；③辉绿岩大量侵入到裂隙通道中，突然挤压砂岩，附近的碎屑石英颗粒内部产生裂缝；④高温下石英颗粒内部的裂缝愈合，持续的挤压和高温作用使石英颗粒压溶现象普遍，结果，在接触带处砂岩完全转化为石英岩；⑤随着侵入岩冷却，铁质氧化物沉淀在辉绿岩和石英岩之间

表 5-1 碎屑砂岩白云母常见化学成分分析

时代	埋深/m	类型	SiO_2/%	Al_2O_3/%	K_2O/%	MgO/%	CaO/%	Na_2O/%	Cr_2O_3/%	FeO/%	MnO/%	TiO_2/%	合计/%
城子河组	1023.29	自生白云母	47.34	33.82	6.77	0.31	0	0.64	0	3.76	0.05	0.19	92.88
东荣组	2632.63	碎屑白云母	42.9	3.86	4.03	0.46	4.71	1.56	0.05	3.15	0.19	0	91.91
	3017.79	自生白云母	50.23	32.17	8.86	1.22	0.24	0	0.03	0.9	0	0.11	93.65
	3020.79	自生白云母	52.95	31.13	6.73	0.99	0.08	1.31	0	0.72	0.04	0.11	94.23
			53.47	29.18	8.58	1.2	0	0	0	0.84	0	0.15	93.6
标准矿物		伟晶岩中的白云母	45.63	26.41	11.68	0.64	0.55	0.56		5.63	1.5	0.2	95.11
			46.53	31.37	10.18	1	0.24	0.38		0.08		0.19	95.41
		变质岩中的白云母	51.88	21.67	11.7	4.98		0.38		1.96	0.02	0.68	96.04

在一些 CO_2 气藏的砂岩中，低温热液矿物片钠铝石往往呈纤维状或毛发状沉淀于砂岩孔隙中，它是由岩浆侵入时携带的 CO_2 气体溶于地层水中所形成的碳酸型流体，在富 Na^+ 的情况下沉淀而成的。这种成因的片钠铝石在海拉尔盆地的南屯组砂岩、东营凹陷平方王 CO_2 气藏的砂岩、莺歌海盆地 CO_2 气藏的砂岩和澳大利亚 Bowen-Gunnedah-Sydney 盆地的砂岩中均有分布。

砂岩中的基质部分也易受到侵入活动的影响和改造。例如，在三江盆地辉绿岩附近的下白垩统砂岩中见有鳞片状的绢云母、黑云母和绿泥石，类似的现象也出现在松辽盆地南部辉绿岩侵入体附近的下白垩统营城组砂岩中。

侵入活动还可以使砂岩中侵位前形成的自生矿物和碎屑矿物被改造或交代。对美国 Hartfort 裂谷盆地的 Haven 砂岩的研究表明，玄武岩岩浆侵位和喷出引起的对流孔隙水，在流动过程中不但使流经地区早期成岩作用(大气水成岩系统)的产物(如赤铁矿等)消失殆尽，而且还将早期形成的石英和长石的次生加大边改造成微晶结构。巴西 Parana 盆地志留系—泥盆系 Furnasz 组砂岩中的高岭石发生强烈的伊利石化。北爱尔兰三叠系 Sherwood 砂岩中皂石、白云母片和阳起石的分布及含量因与侵入接触带距离的不同而明显不同，实验室的化学模拟结果表明，原砂岩中的富镁锰皂石、石英、白云石在热液的参与下发生化学反应：在中等温度(130~180℃)时生成白云母片，在较高温度(200~230℃)时生成的白云母与方解石在热液提供的 Fe^{2+} 的作用下反应生成阳起石，当温度大于250℃时，阳起石还可以由皂石、方解石、氧化铁及石英反应而得到。因此，在靠近接触带的"高温"区，阳起石分布普遍，随着与接触带距离的增大，白云母片开始出现并逐渐增多，阳起石则逐渐减少；到侵入岩未波及的地方，含埋藏成岩时形成的锰皂石，不见白云母片和阳起石。松辽盆地南部辉绿岩—砂岩接触带附近的半固结砂岩孔隙中和碎屑石英颗粒边部，发育的"毛刺"状石英微晶也是深部流体与碎屑矿物相互作用的结果。根据水热实验，石英微晶是在偏碱性溶液集中时快速集结而成的。这说明，辉绿岩的侵入，不仅为砂岩提供较高的温度，还可以提供 K^+ 和 Na^+，形成适合微晶生长的偏碱性环境，因此距接触带愈近，溶液愈集中。砂岩中片钠铝石胶结物的形成也与岩浆活动有关。例如，海拉尔盆地苏仁诺尔断隆带的南屯组砂岩中含有大量的碳钠铝石胶结物，根据碳同位素世界通用标准(PDB)，其碳氧同位素值为 -2.05‰~-3.96‰，反映了形成矿物的 CO_2 为无机成因，是由燕山期的岩浆活动直接带来的。

(4)"相对高温"的自生矿物

侵入活动对砂岩的改造作用还表现在其提供的高温加热地层水，引起热对流，形成"相对高温"的自生矿物。

一方面，在热对流过程中随着流体的温度由高到低或由低到高的突然变化，往往容易形成新的自生矿物。但自生矿物的分布范围相对局限。例如，在巴西 Parana 盆地的志留系—泥盆系 Furnasz 组砂岩样品中，测得石英次生加大边的流体包裹体均一化温度为110~156℃。研究表明，该砂岩的最大埋深为1200~2200 m，盆地当时的地温梯度为25~30℃/km，可见该砂岩所能达到的最大埋深为90℃左右。这显然低于实测的石英次生加大边的形成温度。De Ros 认为，玄武质岩浆的侵入导致流体沿断层和裂隙发生活跃的对流，对流不仅引起古地温升高，而且热流体所带来的物质导致石英发生胶结作用。

另一方面，浅成岩侵位所带来的高温也会引起那些溶解度对温度变化敏感的自生矿物(例如石英和方解石)的重新分布。按照热对流模式，砂岩层中的对流环将引起自生矿物的溶解和沉淀。由于石英属于递进溶解度类型矿物，而方解石则属于逆溶解度类型矿物。因此，在热对流过程中，当砂岩层中的孔隙流体向上流动(降温流动)并形成对流环时，将引起石英的沉淀和方解石的溶解；当砂岩层中的孔隙流体向下流动(升温流动)时将引起石英的溶解和方解石的沉淀。在松辽盆地东南部辉绿岩—砂岩接触带附近的砂岩中，许多碎屑石英颗粒的边部出现溶解现象和次生加大边现象就是这方面的典型实例(图5—10)。研究表明，当辉绿岩岩浆侵入后，通过加热地层水引起对流，进而导致对温度变化敏感矿物石英的溶解和重新沉淀。电子探针实验进一步证实，该地区的石英次生加大边是被溶解硅质的重新沉淀，温度主要通过热对流的方式来实现的。

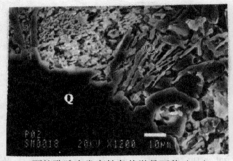 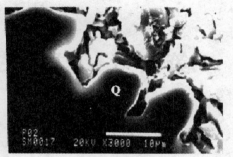

颗粒孔隙中发育枝条状微晶石英（Q_2）　　　石英（Q）颗粒边部被溶解
（团山子采石场 T02 扫描电镜×1200）　　　（团山子采石场 T02 扫描电镜×3000）

图 5－10　松辽盆地东南部热对流所形成的自身矿物

4. 对储层非均质性影响

在热对流流动过程中，随着流体温度由高到低或由低到高的变化，将会引起一些矿物的溶解和另一些矿物的沉淀，也会引起自生矿物的形成和改造，这必然要引起储层中填隙物的再分配，导致储层物性的变化。在滨参 1 井的东荣组中，安山玢岩顶部砂岩中的显微裂缝发育有平直裂缝、锯齿状裂缝、楔状裂缝和网状裂缝等。这些显微裂缝集中发育于安山玢岩顶部十几米厚的砂岩中，向上则未见任何裂缝。因为裂缝的存在，使岩层内部不同部位非均质性较强，裂缝发育的部位渗透率较大，而其他地方渗透率较低。裂缝在砂岩储层中的作用主要表现为提高储层的渗透率和增加储层非均质性的作用。层间非均质主要是因为砂岩、泥岩互层造成的，泥质层的渗透率比砂质层小，从而形成互层之间的层间非均质性（图 5－11）。

5. 结论

岩浆侵入活动对砂岩改造作用把深部地质作用与浅部地质作用联系起来，拓宽了盆地动力学研究的领域。

岩浆侵入活动对砂岩的改造，导致已固结砂岩脆性破裂，形成一些微裂缝，提高了储层的渗透率。同时，在热对流流动过程中，形成一些自生矿物，引起孔隙度、渗透率的变化，导致储层的非均质性。这为储层非均质性的解释提供了科学依据。

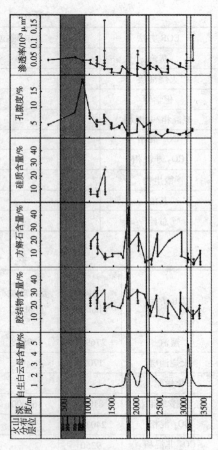

图 5－11　热对流成岩作用对储层非均质性的影响

第六章 提高采收率技术新进展

一、提高采收率技术应用概况

目前,提高采收率技术已形成四大技术系列,即化学驱、热采、气驱和微生物驱。据 2008 年《Oil & Gas Journal》统计,2008 年世界 EOR 贡献产量为 9097×10^4 t/年(182×10^4 bbl/d)(表 6-1、表 6-2),约占世界石油总产量的 2%。

表 6-1 2008 年世界 EOR 项目数统计表

EOR 方法	美国	委内瑞拉	加拿大	中国	其他国家或地区	世界总计
蒸汽	45	38	14	18	27	142
火烧油层	12		3		6	21
化学驱	2		1	22		25
烃混相/非混相	13	3	22		1	39
CO_2 混相	100		7		1	108
CO_2 非混相	5				11	16
微生物				2	1	3
其他	7		2			9
总计	184	41	49	42	47	363

表 6-2 2008 年世界 EOR 日产量

EOR 方法	美国/(bbl/d)	委内瑞拉/(bbl/d)	加拿大/(bbl/d)	中国/(bbl/d)	其他国家或地区/(bbl/d)	世界总计 日产量/(bbl/d)	世界总计 年产量/(10^4 t/年)
蒸汽	276947	199578	338500	151687	226751	1193463	5967.3
火烧油层	17025		4800		355	22180	110.9
化学驱			20000	15264	604	35868	179.3
烃混相/非混相	81000	166000	24222			271222	1356.1
CO_2 混相	240313		17200			257513	1287.6
CO_2 非混相	9350				7385	16735	83.7
微生物							
其他	21476		1000			22476	112.4
总计	646111	365578	405722	166951	235095	1819457	9097.3

1. 化学驱

自 20 世纪 80 年代美国化学驱达到高峰以后的近 20 多年内,化学驱虽在中国得到成功应用,国外运用却越来越少,但近年来高油价又刺激了化学驱再度升温。美国、加拿大、印度、巴西、阿根廷、德国和印度尼西亚均有新化学驱项目实施或计划实施。计划实施的化学驱主要是交联聚合物驱和复合驱(见表6-3)。另据《Oil & Gas Journal》2008年统计，2008年世界范围内在产化学驱项目24个，产量$0.57m^3/d$，约占EOR总产量的2.0%。

表6-3 2008年计划实施的化学驱项目(OGJ 2008)

	作业者	油田	位置	产层	深度/m	重度/°API
聚合物	CNRL	Horsefly Lake	加拿大阿尔伯塔	Mannville	762	22
	Petrobras	Voador	巴西海上	Marlim	2438.4	21
	Tecpetrol	EI ordillo	阿根廷	CR	1676.4	21
	Tecpetrol	EI ordillo	阿根廷	CR	1676.4	21
	Tecpetrol	EI ordillo	阿根廷	CR	1676.4	21
	Wintershall	Bockstedt	德国	Valanginian	1097.2-1310	24
表面活性剂-聚合物	Occidental	Midland Farms Unit	美国德克萨斯	Grayburg	1463	34
	Rex Energy	Lawrence	美国德克萨斯	Cypress, Bridgeport	426.7	36~40

2. 热采

热力驱技术经过70多年的发展，形成了注蒸汽、注热水、火烧油层为基本方式的热力采油技术系列。2008年热采项目中蒸汽项目142个，产量$18.9\times10^4m^3/d$，约占世界EOR总产量的65.6%；火烧油层21个，产量$0.35\times10^4m^3/d$，约占EOR总产量的1.2%。近年来热采研究的重点是加入各种驱油剂以改善其开发效果。另外，SAGD技术不断获得改进，适用重油开采的混合热力—溶剂开采法正处于研发阶段，包括蒸汽辅助天然气驱、添加溶剂—蒸汽辅助重力驱(ES-SAGD)、低压溶剂—蒸汽辅助重力驱等。

3. 气驱

世界范围内，以CO_2为代表的气驱发展非常迅速。2008年开始实施的32项EOR项目中CO_2项目占到了16项。美国2008年在产CO_2项目多达105项，主要以CO_2混相驱为主，其应用逐步扩展到中深层。注烃类气驱早在20世纪70年代在加拿大成功应用，但是目前注烃气项目主要集中在北海地区，目前已形成了WAG、注混相烃气、SWAG(水气同时交替注入)、FAWAG(泡沫辅助水气交替注入)4大技术系列。技术的成功运用使北海地区平均采收率高达45%。美国在产N_2驱项目为5项，技术具领先优势。据2006年文献报道，使用液氮作为驱油剂也将在墨西哥国有石油公司的新老油田得以应用。另外酸气埋存与提高采收率技术已进入国外石油工作者的工作日程。2006年加拿大首次实施了一项酸气埋存项目，目前阿曼南部正在开发10亿美元的Harweel酸气项目(表6-4)。

表6-4 世界范围内正在实施的氮气与酸气项目

油田	深度/m	温度/℃	相对密度	孔隙度/%	渗透率/$10^{-3}\mu m^2$	提高采收率技术产量/(m^3/d)
Elk Hills(美国，2005)	762	43	0.90	28	1500	795
HawKins(美国，1994)	1402	76	0.91	28	2800	477
HawKins(美国，1987)	1402	76	0.95	28	2800	159
Yates(美国，1985)	335	28	0.88	17	175	

续表

油　田	深度/m	温度/℃	相对密度	孔隙度/%	渗透率/$10^{-3}\mu m^2$	提高采收率技术产量/(m^3/d)
Turney Valley（加拿大，2001）			0.99			
Cantarell – Akal（墨西哥，2000）			0.93			
Samaria（墨西哥）计划液氮项目	4500					2018年增产原油 $0.75 \times 10^8 m^3$
Zama – Keg River（加拿大，2006）	1493	71～80	0.83	8	10～100	

二、提高采收率技术发展趋势及相关技术

1. 化学驱中三元复合驱新配方成为研究热点

自20世纪80年代中期国外化学驱达到峰值后，化学驱项目开始大幅减少，特别是表面活性剂驱几乎停止。但近年来随着高油价的刺激，以室内研究为代表的化学驱研究又开始升温。复合驱中抗盐防垢新型碱更成为研究焦点。

复合驱中，近年来国外矿场以弱无机碱为主。但室内实验攻关热点问题是研究耐盐防垢的新型碱（表6-5）。如2006 P. P. Berger 等用某些弱聚合物酸的钠盐研制的有机碱代替无机碱进行 ASP 配方。研究表明，其效果优于传统无机碱。由于该种有机碱能与含高 TDS 与高二价阳离子浓度的盐水兼容，无需软化水，可用于如海上、内陆湖等环境敏感地区油气的开采。2008年，Adam Kflaaten 等采用 $NaB(OH)_4$（偏硼酸钠）代替 Na_2CO_3，并用模拟地层水配制的含偏硼酸钠的 ASP 配方进行了岩心驱替实验，表6-6给出了该实验的实验配方。岩心驱实验采收率可达约96%，并无钙沉淀发生（图6-1和图6-2）。

表6-5　国外复合驱配方中新型碱统计

	实验	实验者	时间	效果
三元复合驱	用有机碱改善 ASP 性能	P. P. Berger	2006	用某些弱聚合物酸的钠盐研制的有机碱配方，研究表明，无需软化水，可达到无机碱的效果，防止结垢
	用 OCSP 改善 La Salina 油田 ASP 配方	E. Guerra	2007	研究表明，无需软化水就可达到无机碱的效果，采收率比 Na_2CO_3 提高了22.2%
	无需软化水的三元复合驱	Adam KFlaaten	2008	偏硼酸钠（$NaB(OH)_4$）代替传统的碳酸钠，岩心驱实验采收率可达约96%，并无钙沉淀

表6-6　表面活性剂段塞与聚合物驱实验化学配方

	化学	控制	实验1a $C_8-3EO-SO_3^-$	实验1b $C_8-3EO-SO_3^-$	实验2 硼酸
表面活性剂	$C_{16-17}-7PO-SO_4^-$ $C_{15-18}IOS\ C_8-3EO-SO_3^-$	2500 2500	5000 5000 5000	4400 4400 6200	2500 2500

续表

	化学	控制	实验1a $C_8-3EO-SO_3^-$	实验1b $C_8-3EO-SO_3^-$	实验2 硼酸
表面活性剂段塞	助溶剂 IBA/(mg/L)		10000	10000	
	碱 $NaB(OH)_4$/(mg/L)				7500
	聚合物 Flopaam s3330/ppm	2500	2000	2000	2100
	电解质淡盐水/(mg/L TDS)	34740	98000	122000	38640
聚合物驱	聚合物 Flopaam s3330/ppm	2500	2000	2000	2100
	电解质淡盐水/(mg/L TDS)	15650	70650	86000	23480

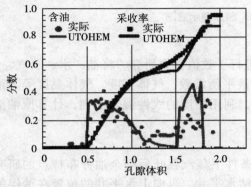

图 6-1 偏硼酸钠配方的含油率与累计采收率

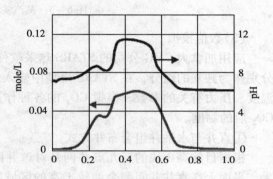

图 6-2 $NaB(OH)_4$ 的溶解种类图与 pH 图

2. 注 CO_2 技术应用领域不断扩大

世界范围内,CO_2 为代表的气驱发展非常迅速,近年来发展了多种 CO_2 衍生技术,如美国针对传统的 CO_2 注入量不够、流度控制差、波及效率低、采收率低等局限性,美国能源部资助研发了新一代 CO_2 提高采收率技术。研究表明,该技术可使美国的原油可采储量增加 $254×10^8 m^3$。我国的辽河油田也发展了 CO_2 辅助直井与水平井组合蒸汽驱技术。

(1) 研究区概况

辽河油田高 3 块埋藏深、厚度大,储层岩性以含砾粗砂岩和砂砾岩为主,属于高孔隙度、高渗透率储层。1982 年投入蒸汽吞吐开发。目前存在的主要问题为:①蒸汽吞吐轮次高,地层压力水平低(已经降到 2~3MPa),地层能量严重不足;②蒸汽吞吐后回采水效率低,地下存水量大,严重影响了注蒸汽的热效率;③油藏埋藏深,井筒热损失大,造成井底蒸汽干度低,蒸汽驱开发效果很差。

为了进一步提高该区采收率,刘尚奇等人提出了一种新的接替技术,即 CO_2 辅助直井与水平井组合蒸汽驱。

(2) 蒸汽 + CO_2 驱开采机理

CO_2 与蒸汽一起注入油藏对采油具有双重作用,即加强了原油的降黏和膨胀作用,弥补了蒸汽遇冷油凝结成水的不利影响。CO_2 在蒸汽驱中提高稠油开发效果的主要作用包括原油膨胀、降黏和附加气驱。当 CO_2 注入油藏以后,在蒸汽向前移动的过程中,部分溶解于原油,部分超越蒸汽冷凝水前缘,与前面的冷油相遇并溶解,形成非混相驱,起到提前驱动原油的作用。这样,在油藏中蒸汽 + CO_2 驱过程就发展成了非溶解气驱—溶解气驱—蒸汽驱。从注入井到生产井分布的区域为:CO_2—蒸汽—热水区—CO_2 区(冷油区),驱动过程如示意

图6-3所示。由于CO_2提前的驱动作用,增加了未被蒸汽加热的冷油的流动性,从而提高了原油的采油速度。

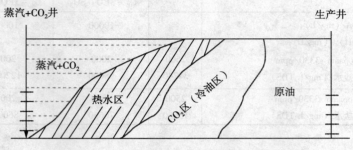

图6-3 蒸汽 + CO_2 驱原理示意图

(3)数值模拟

应用加拿大CMG公司的STARS热采软件进行了数值模拟研究。将油、水、蒸汽、CO_2分别作为独立的组分,在STARS模型中输入气液平衡常数、气体密度、气体黏度等与油层温度、压力有关的参数,模拟CO_2的各种作用,利用黏度的线性混合法则,计算原油溶解CO_2后的黏度。

①直井与水平井组合布井方式。

根据目前高3块的反九点井网及对该井网条件下蒸汽吞吐后剩余油分布特点的研究结果,平面上在直井井间剩余油较丰富的区域新钻水平井,纵向上水平井的位置在油层的下部。一方面可以开采油层中、下部的剩余油,另一方面有利于原油重力泄油作用的发挥。采用了现有直井注汽、新钻水平井采油的组合方式布井(图6-4)。

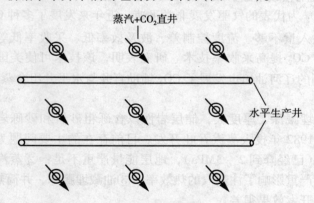

图6-4 CO_2辅助直井与水平井组合蒸汽驱井网示意图

模拟结果表明(表6-7),直井与水平井组合蒸汽驱的效果好于直井与直井组合蒸汽驱。另外,用数值模拟还优化了最好的布井方式,即水平井位于两排直井中间,垂向上水平井位于直井射孔段下部5~10m。

表6-7 井组合方式对蒸汽驱效果的影响

经组合方式	生产时间/d	注汽量/10^4t	采油量/10^4t	油气比
直井与直井	2480	95.2	9.2	0.100
直井与水平井	2590	108.8	16.5	0.152

② CO_2 辅助直井与水平井组合蒸汽驱注入方式。

模拟研究了 CO_2 与蒸汽的四种不同注入方式：①CO_2 与蒸汽同时注入；②CO_2 以前置段塞的形式注入；③单纯注 CO_2；④单纯注蒸汽。模拟结果(表6-8)表明，注入 CO_2 可以提高原油的开发效果，且方式①比方式②效果要好。CO_2 与蒸汽同时注入时效果最好，采收率达到34.1%，采油速度为4.7%。方式②和方式④效果相当，采收率分别为26.1%和27.7%，采油速度分别为3.4%和3.2%；方式③效果最差，采收率和采油速度分别只有12.6%和1.5%。方式①比方式④的采收率提高6.4%，采油速度提高1.5%。

表6-8 不同注入方式模拟效果对比

注入方式	生产时间/d	注汽(气)量/10^4t	采油量/10^4t	油汽比	采收率/%	采油速度/%
CO_2 与蒸汽同时注入	2060	86.5	20.3	0.235	34.1	4.7
CO_2 前置1/4段塞注入	2280	73.6	15.6	0.212	26.1	3.4
单纯注 CO_2	2590	108.8	7.5		12.6	1.5
单纯注蒸汽	2590	108.8	16.5	0.152	22.7	3.2

③ CO_2 与蒸汽量比值的优化。

数值模拟优化结果表明，仅注蒸汽开采时，生产时间为2590d(约8.6年)，采收率为27.7%，油汽比只有0.152；当在注蒸汽的同时加入$5m^3$ 的 CO_2 时，使生产时间缩短了210d，油汽比达到0.205，采油速度提高了1.1%。随着 CO_2 与蒸汽量比值的逐渐增加，累积采油量逐渐上升(图6-5)。当 CO_2 与蒸汽量比值为10时达到一个最高值，此后是一个下降的过程。分析其原因，如果 CO_2 注入过多，气体占据大量的孔隙体积，致使蒸汽的注入量减少；另外，注入过量的 CO_2 气体会增加注汽井和生产井之间的可流动气体饱和度，增强气体的流动性，从而形成蒸汽窜。这样不仅缩短了生产时间，还会使采油量和油汽比都降低。因此，CO_2 与蒸汽量的比值适宜值为10。

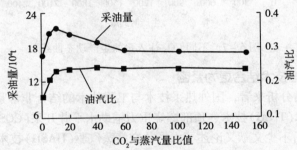

图6-5 CO_2 与蒸汽量比值与产油量、油汽比的比值

④ 蒸汽干度对蒸汽 + CO_2 驱的影响。

模拟结果(图6-6)表明，加入 CO_2 后开发效果的变化趋势与单纯蒸汽驱相同，随着蒸汽干度的增加，累积采油量增加，油汽比升高，采收率增加。虽然变化趋势一样，但蒸汽 + CO_2 驱的生产指标都高于纯蒸汽驱。干度为30%的蒸汽 + CO_2 驱的采收率与干度为50%的纯蒸汽驱的采收率相同，而采油速度提高1.2%，油汽比提高0.056。因此，可以看出，加入 CO_2 完全能够弥补高3块因井深造成的井底蒸汽干度低的缺陷，取得较好的开发效果。

⑤ CO_2 注入量的优化。

考虑到 CO_2 的成本及其辅助作用，模拟研究了 CO_2 注入量对生产效果的影响。模拟结果(图 6-7)表明，CO_2 的有效注入量对开发效果影响的临界值大约为 0.15PV。当注入量小于 0.15PV 时，CO_2 的作用弱，初期高峰产量出现的时间晚，因而对初期产量有着较大的影响；当超过 0.15PV 时，再增加 CO_2 的注入量对初期高峰产量出现的时间影响不大，对整个开发效果也没有影响。因此，最佳的 CO_2 注入量为 0.15PV。

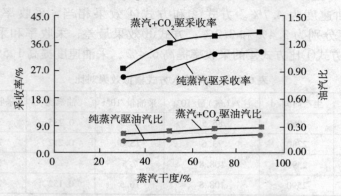

图 6-6 蒸汽干度对蒸汽 + CO_2 驱效果的影响

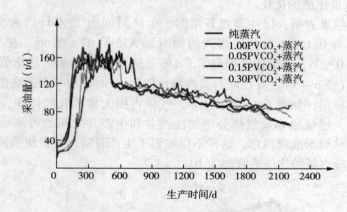

图 6-7 不同 CO_2 注入量的生产动态曲线

3. 热采技术与工程技术结合更为紧密

从近年来文献总结分析来看，国外热采技术与工程技术的结合非常紧密。除前两年发展起来的水平井注空气技术(THAI)技术、顶部燃烧重力辅助水平井开采(COSH)技术、水平井火烧油层技术等外，2006 后不少文献又论述了水平井交替蒸汽驱(HASD)技术，底水稠油油藏开发(DWS)技术，顶部注汽、底部采油(TINBOP)技术以及快速 SAGD 到混合 SAGD 技术等。

(1) 底水稠油油藏开发(DWS)技术

热采过程中强底水的存在对蒸汽驱替过程非常不利，因为在热采过程中蒸汽腔压力必须高于底水压力才能保证蒸汽驱有效，但是导致了蒸汽腔压力远高于所需要的压力，同时，要加热从含水层进入蒸汽腔的水到蒸汽温度还要浪费大量的热能，如果蒸汽腔压力大于相邻含水层压力，蒸汽还会进入含水层，一部分油也将进入含水层而不能采出。因此降低蒸汽腔压力将有助于改善蒸汽驱的热效应。基于上述考虑，2009 年，W. Qin, A. K. Wojtanowicz 等人研发了一项强底水稠油油藏开发新技术——井底排水技术(down-hole water sink, DWS)。该技术原理与传统的含水层排水井类似，所不同的是，它采用双重完井技术，把一个排水系统安置在油水界面之下的含水层中以抽出井周围的水，从而实现单井油水同采(图 6-8)。其影响效果有：①保证油水界面远离油层；②降低了油水界面压力，从而控制了底水锥进；③降低了蒸汽腔压力，提高了蒸汽的热效率。

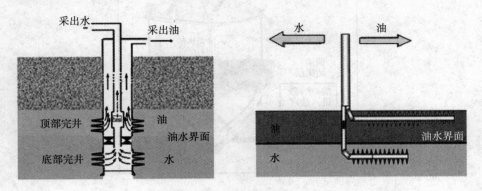

图6-8　DWS井示意图

相对于传统的含水层排水井而言，DWS技术最大的进步还在于它的经济性，因为该技术不需钻排水井从而减少了井数。DWS技术的另一个优势在于控制底水锥进、大幅度降低产出液含水率。采用传统技术开采强底水稠油油藏，由于底水压力较大，底水很快发生锥进导致产出液含水非常高，有资料记载高达95%。而利用DWS技术完井后，产出液含水明显降低，含水一般可降低到80%左右。另外产油速度明显增高，临界产量提升到20m³/d（图6-9）。

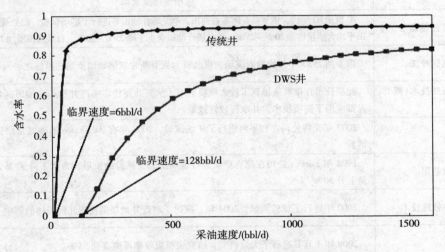

图6-9　DWS井与传统井的含水与采油速度图

（2）不携砂冷采技术

携砂冷采技术虽然能得到经济油流，但是对产出砂的额外处理使该技术的经济性受到质疑。2009年JCPT文献介绍了一种名为不出砂冷采的新工艺，该工艺在携砂冷采装置的基础上安装一个超级储油槽，该储油槽由一个大坑、几个泄油井、一个泵升井和一个气体集收装置组成。其采油过程为几口泄油井把采出液和产出砂通过重力泄油方式进入低于产层一定距离坑里，在坑中通过旋流、化学处理或静电分离器等进行液、砂分离，然后通过抽油井把产出液泵升到地面，产出砂留在坑底（图6-10）。数值模拟结果表明：相对于传统CHOPS技术，这种新工艺可减少成本50%以上，同时在水突破后该工艺仍可经济运行。

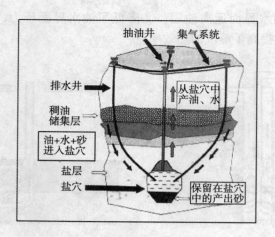

图 6-10 利用超级池开采稠油机理

4. 现代物理技术研究活跃

随着油田开发的不断深入，各种采油技术逐渐问世，特别是近年来，人们已摆脱常规采油技术的束缚，向新的技术领域挺进，其中，物理产油受到广泛关注，近年来发展了许多物理采油技术（表6-9）。

表6-9 国外物理采油技术

名 称	运用情况及效果
人工地表可控震源法	20世纪80年代，俄罗斯在阿布兹油田、单戈塔什油田等进行了矿场试验，经处理后阿布兹油田平均含油量增加20%~25%，单戈塔什油田含水下降25%~30%，日采油田增加1.6倍
井下低频电脉冲法	俄罗斯1983年开始投入现场，现已成为俄罗斯常规解堵增产增注措施之一
高能气体压裂技术（爆炸压裂）	此项技术在俄罗斯得到了较大规模运用，从新井评价、生产井投产到油田高含水阶段开发都应用了该项技术，并取得较好效果
电磁加热	2007年壳牌公司在和平河进行了矿场试验，2008年在Athabasce油砂储集层进行了油田试验
电—声刺激油层	1998年Eureka公司在德克萨斯进行现场试验，试验结束后，含水下降了25%，原油产量上升30%
超声波油井处理技术	2000年进行了试验测试，2004年，探讨了对近井地层圆柱形几何形体的影响
微波采油	2008年土耳其进行了大量研究，研究表明采收率可提高到55%

◆典型实例——微波辅助重力泄油技术

传统的热采技术由于温度在上覆盖层的流失，在深井和薄油层中经常失效。但是微波加热辅助重力泄油则能最大量的减少热损失，从而提高稠油的采收率。

（1）微波辅助重力泄油设计

微波辅助重力泄油井结构如图6-11所示。微波由坚井段向下传到多连通器中的功分器中，并与开窗侧钻水平井内的天线相连通。微波能由水平天线向地层辐射。在这种结构中，水平段有多远，水平天线就可伸多远，有效采油半径就可达到多远。水平段实际是不水平的，而是在向外延伸时向上翘，以便使远处的原油受微波加热作用后渗入到水平段，在重力作用下流入垂直段,再由装在垂直段内的环空泵将油举升到地面。

功分器及储油空间　　　水平井辐射

图 6-11　微波辅助重力泄油示意图

(2) 室内实验

关于微波辅助重力泄油提高采收率可行性,国内外进行了多年的探讨,但大多停留在理论阶段。2008 年,Berna Hascakir 等人进行了室内实验,其实验装置如图 6-12。实验所用稠油来源于土耳其东南部三个不同的稠油储集层(表 6-10)。这三个稠油储集层除 Garzan 是石蜡油外其他均为普通稠油。

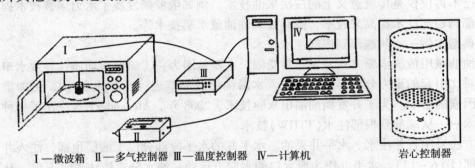

Ⅰ—微波箱　Ⅱ—多气控制器　Ⅲ—温度控制器　Ⅳ—计算机　　　岩心控制器

图 6-12　实验装备

表 6-10　微波辅助重力泄油实用所用稠油储层特性

油田	Bati Raman	Camurlu	Garzan
岩性	灰岩	灰岩	灰岩
储层温度/℃	66	46	82
压力/MPa	12	11.7	16
孔隙度/%	18	21	6
渗透率/%	58	40	3
含水饱和度/%	21	18	31
原油黏度/mPa·s	592	700	33
地层水盐度/(mg/L)	40000~160000	60000	3000~10000
原始储量/$10^8 m^3$	2.94	600	0.08

(3) 实验结果

由于状态温度与黏度成反比,同时流速与 $1/\mu$ 的平方根成正比,所以对水润性、油润性介质,含水饱和度高,稳定状态温度高,重力泄油将更有效,产量更大。据报道,在亲水介质中，含水饱和度为60%的普通稠油，其平均采收率为55%（图6-13）。

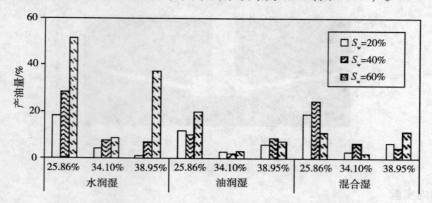

图6-13 Bati Raman 原油在不同润湿性情况下的累积产油量

5. EOR 突破传统概念，形成了多种方式的注水提高采收率技术

根据国外论述提高采收率技术的文献看，近年来提高采收率技术已突破了以前的 EOR 概念，已不再仅仅是传统意义上的三次采油技术。例如俄罗斯发展了水力压裂技术提高采收率，端部到根部注水提高采收率，高黏度稠油油藏水驱技术等。

◆ 典型实例——从端部到根部注水技术

稠油油藏用传统水驱方式开发非常受限，主要是因为：①储层非均质性导致水窜；②油水密度对比引起的重力分异作用导致注入水沿油层底部锥进；③高的水/油，更加重了上述前两个因素的影响。为了开发稠油油田水驱技术，2008年，AlexanderT 等论述了一种改进的水驱技术——从端部到根部注水（TTHW）技术。

该方法采用直井注水、水平井采油。水平井的水平段部分位于油层顶部，注入井射孔于油层下部（图6-14）。水平井作为泄水口使水向上运动，油水分离使注入水下沉。从而克服了传统水驱的俯冲现象，使水能驱替整个油层，从而实现了重力稳定驱替。

为了研究该方法的优越性，Alex T，Litong Zhao，C. Ayasse 等进行了多项室内实验。实验均采用玻璃珠充填的模型，在不同注入速度下进行了测试。渗透率为（5~10）D，垂直与水平渗透率相当，注入水盐度为23%NaCl，密度为$1.17g/cm^3$，油黏度为$780mPa·s$（图6-15）。

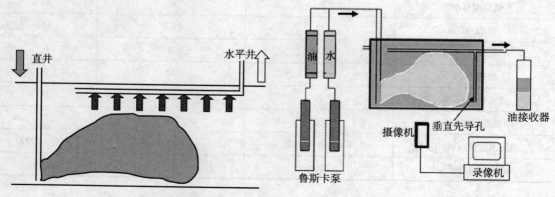

图6-14 端部到跟部水驱示意图　　　　图6-15 TTHW 实验装置

实验结果表明，采用 TTHW 技术，可得到比传统水驱更高的产油量；其中，最低注

入速度(0.8cm³/min)的采收率最高,为35%。比传统水驱高2倍(图6-16)。另外,采用TTHW技术,采出液含水降低。其中注入速度越低,越能有效降低采出液的含水率(图6-17)。

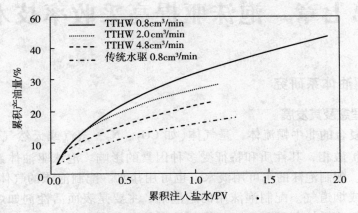

图6-16 TTHW与传统水驱效果比较

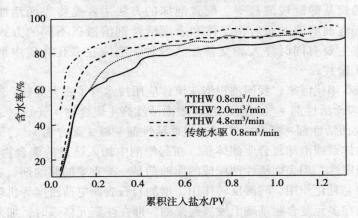

图6-17 TTHW与传统水驱含水比较

第七章 泡沫驱提高采收率技术

一、泡沫驱油体系研究

1. 传统泡沫理念及其发展

泡沫是一种复合的非牛顿流体，是气体（如 CO_2、N_2、蒸汽或天然气）在含有表面活性剂的液体中的扩散相，其性质和特征受多种因素的影响。泡沫驱油体系的主要成分是水、气和起泡剂。配制泡沫的水可用淡水，也可用盐水。配制泡沫的气体可用 N_2、CO_2、天然气、炼厂气或烟道气。配制泡沫用的起泡剂，主要是表面活性剂如烷基磺酸盐、烷基苯磺酸盐、聚氧乙烯烷基醇醚-15、聚氧乙烯烷基苯酚醚-10、聚氧乙烯烷基醇醚硫酸酯盐、聚氧乙烯烷基醇醚羧酸盐等。配置泡沫的方法主要是将表面活性剂以一定的浓度溶于水中形成起泡剂溶液，而后将气体和表面活性剂溶液以不同的方式注入地层以形成泡沫，注入方式主要有同时注入和交替注入两种。泡沫在多孔介质中形成、破坏并在孔喉以流体的形式聚并。

进入20世纪80年代以来，我国油田泡沫流体应用技术有了重大突破，泡沫流体的组成形式已由单一的（表面活性剂+气）型发展成（表面活性剂+聚合物+气）、（表面活性剂+聚合物+蒸汽）、（表面活性剂+凝胶+气）和（表面活性剂+碱+聚合物+气）等多种形式，已形成强化泡沫驱油体系或泡沫复合驱油体系。在起泡剂中加入适量的聚合物提高水的黏度，从而提高泡沫的稳定性。用表面活性剂配成的驱油剂是一类重要的驱油剂。表面活性剂通过降低油水界面张力、乳化作用、润湿反转作用，增加岩石表面电荷密度等机理提高原油采收率。泡沫复合驱是在多元复合驱基础上发展起来的，即在注三元体系时，加入天然气产生泡沫，最大限度地提高波及体积，从而可大幅度地提高原油采收率。室内实验结果已表明，泡沫复合驱是一种新的很有前途的 EOR 技术。

2. 全新的泡沫理念

国外很多学者（Wang, 1984; Lescure 和 Claridge, 1966; Di Julio 和 Emanuel, 1989; Lee 和 Heller, 1990; Kuhlman 等, 1992; Alkan 等, 1991; Dixit 等, 1994; Grigg 等, 2002; Dong 和 Rossen, 2004; Du 和 Zitha, 2007）开展了多孔介质中注入液相表面活性剂形成 CO_2 泡沫的研究，这些实验和理论研究推动了泡沫在一些油田的成功应用，其中泡沫控制气体流度应用规模最大的是1997~2000年间挪威大陆架 Snorre 油田的泡沫辅助水气交替注入（FAWAG）项目。据估算，该油田 FAWAG 项目每一百万美金的成本大约开采 $250000Sm^3$ 的原油。Patzek（1996）统计显示，超过25个油田成功开展了蒸汽泡沫测试，并进行了小规模的商业性应用。遗憾的是，矿场试验表明向水中注表面活性剂这种常规泡沫的应用非常受限。即便是表面活性剂溶液与气体交替注入相对于同时注入有较大优势（Patzek, 1996），但是注入的表面活性剂段塞无法改善 CO_2—油接触。重力超覆和宏观非均质性仍然是影响表面活性剂进入储层形成泡沫的重要因素。另外，表面活性剂吸附严重也是潜在的问题，在碳酸盐岩油藏中，常用的阴离子表面活性剂吸附尤为严重（Lawson, 1978）。

为了弥补常规 SAG(常规表面活性剂溶液与气体交替注入)的上述不足,Viet Q. Le(2008)提出了一种新的泡沫理念,即将表面活性剂溶解在 CO_2 气相中,注入储层后利用地层水或水驱过程中的注入水形成泡沫。

极性物质和离子物质在 CO_2 中的溶解度较低,对于许多非极性的高相对分子质量化合物也是如此。因此二氧化碳的介电常数和极化能力较低,非极性二氧化碳的分子间范德华力要比亲油性烃类溶剂低很多。这就意味着能够溶于烃类溶剂的许多常规表面活性剂在二氧化碳中的溶解度非常低。Hoefing 等(1991)首次研发了能够有效溶于二氧化碳的含氟表面活性剂,随后,在过去的 10 年里,有很多学者做了大量研究工作探索亲二氧化碳的表面活性剂(Eastoe 和 Gold,2005;Dupont 等,2004;Sagisaka 等,2004;Lee 等,2003),其中不含氟的 AOT(二乙基磺基琥珀酸钠)和非离子表面活性剂最受关注(Ihara 等,1995;Hutton 等,1999;J. Eastoe 等,2001;Liu 等,2001;McFann 等,1994)。

Q. Le 等(2008)通过数值模拟和室内实验对比了 WAGS(表面活性剂溶解在 CO_2 中与水交替注入)、SAG(常规表面活性剂溶液与气体交替注入)、无水 CO_2 溶解表面活性剂、CO_2 驱四种驱替方式,研究表明,CO_2 溶解表面活性剂这种注入方式的注入压力较低,而且可以大大延缓 CO_2 气体突破的时间(图 7-1、图 7-2)。

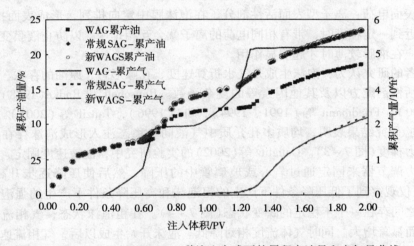

图 7-1　WAG、SAG、WAGS 三种注入方式下的累积产油量和产气量曲线

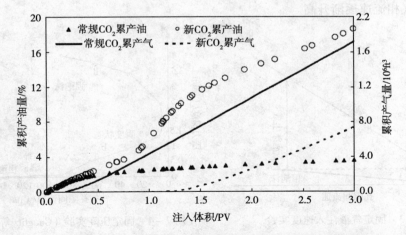

图 7-2　CO_2 驱与 CO_2 溶解表面活性剂驱的累积产油量与产气量曲线

二、泡沫流体渗流规律

泡沫流体的机理研究一般是指对孔隙中泡沫的产生、破裂以及泡沫流体的流动特性等问题进行研究。这些问题深入系统的认识对于指导泡沫采油的现场应用,提高原油采收率具有重要意义。

国内外学者通过观察发现,对于孔隙中泡沫的产生主要存在 3 种方式:①液膜滞后;②气泡缩颈分离;③液膜分断。

对于泡沫的稳定性,目前研究认为影响泡沫稳定性因素主要有 5 个方面。

①Marangoni 效应:由于表面张力梯度而引起的体相液体传播现象叫 Marangoni 效应。该效应越显著,泡沫的修复作用越强,泡沫越不易破裂。

②表面张力:低的表面张力使体系的能量降低,有利于体系的稳定。

③表面黏度:表面黏度对泡沫的稳定性影响主要表现在表面黏度增大,液膜排液速度减小,液膜透气性减小,即气体透过液膜扩散的速度降低。

④溶液黏度:它影响液膜排液过程。若液膜本身黏度大,则液膜中液体不易排出,液膜变薄速度减慢,液膜破裂时间延缓,泡沫稳定性增加。

⑤液膜表面电荷:离子型表面活性剂分子在泡沫膜中定向排列,形成表面扩散双电层,当两液面靠近到一定程度时,带有相同电荷的离子就会互相排斥,以防止液膜变薄甚至于破裂,此种效应在液膜较薄时才起明显作用。

众多学者的研究认为,泡沫生成是气水折算速度、孔隙形态、原油的存在、表面活性剂浓度、表面活性剂配方以及其他因素等的复杂函数。Ransohoff 和 Radke(1988),Rossen 和 Gauglitz(1990),Friedmann 等(1991、1994),Shi(1996),Tanzil 等(2001),Gauglitz 等(2002)的实验研究结果表明,均质多孔介质中气液同步稳态注入形成泡沫存在一个最小气相速度或压力梯度(图 7-3)。Gauglitz 等(2002)的实验研究中,注液速度固定,且在注气线路中通过压力调节器来固定通过岩心或玻璃管中的压降,然后使压降逐步升高。实验中,Gauglitz 不仅仅观察到了低压降条件下产生的粗泡沫和高压降条件下产生的强泡沫,而且观察到了两者之间存在一个不稳定的瞬变状态(图 7-4)。在粗泡沫状态,气相流速随着压降的微小增加而显著增大。同时气体流度相对降低。泡沫开始生成以后,气相流速随着压降的增加显著降低,直到接近于 0。Gauglitz 将 b 和 c 称之为不稳定状态或瞬变状态。进入强泡沫状态以后,气相流速逐渐升高。

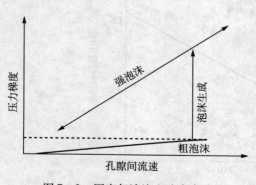

图 7-3 固定气液注入速度实验

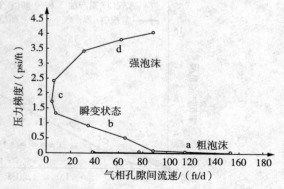

图 7-4 固定压降实验(Gauglitz 等,2002)

泡沫流体属于一种较复杂的非牛顿流体,它们的性质、行为和特征受许多可变因素控制,根据国内外的研究认为影响其流动特性的一些主要因素有:①内相气体的性质及黏度;②温度、压力参数;③气相与液相的相对体积(泡沫质量);④表面活性剂的类型、浓度及泡沫界面薄膜性质;⑤泡沫结构、气泡尺寸;⑥剪切速率。

例如,Q.Li(2005)研究了非均质介质中稳态气液同注情况下,表面活性剂质量分数、渗透率级差、注液速度对泡沫生成的影响,研究认为:

①表面活性剂质量分数降至0.04%时影响较小,当表面活性剂质量分数降为0.004%时,即使注液速度再高也无法生成泡沫(图7-5)。

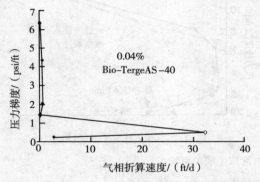
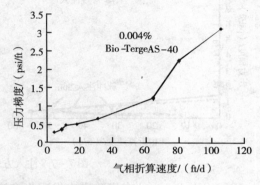

图7-5 表面活性剂浓度对泡沫生成的影响

②当渗透率级差为4.3:1时,在低∇p时无泡沫生成;生成强泡沫的∇p低于均质多孔介质中生成强泡沫的压降;而在渗透率级差为20:1时,任意∇p下均可生成泡沫。

③注液速度较低时需要较高的气相速度引发泡沫生成(图7-6)。

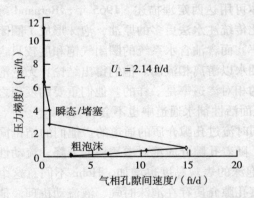
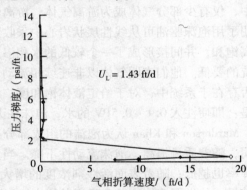

图7-6 注液速度对泡沫生成的影响

Q.Li(2005)研究了均质和非均质介质中稳态气液同注情况下,不同注入方式对泡沫生成的影响,研究认为:脉冲注入不能改善均质模型中的泡沫生成,但可以改善分层模型中的泡沫生成(图7-7)。

三、泡沫驱油体系提高采收率机理研究

泡沫驱作为一种新的提高采收率方法,可以改善多孔介质中原油的驱替状况,泡沫驱的室内研究已取得了丰硕的成果。Fried是最早研究采用泡沫在提高采收率方面增加驱油效率的研究人员。他的研究指出:泡沫引起气相相对渗透率迅速降低,进而延缓了气体的突破。

泡沫法提高采收率主要归功于气体渗透率的降低。他注意到表面活性剂增加了残留气体的饱和度。其观察表明，气体相对渗透率并非饱和度的单值函数，当阻止流动的界面张力增加时，曲线向左移动，表明了泡沫流动阻力随表面活性剂浓度的增加而增大。因此，气体有效渗透率也是一个表面活性剂浓度的多值函数，因此可以认为气体有效渗透率取决于表面张力和表面黏滞力。他承认弱泡沫能封阻气流的事实。在弱泡沫的情况下，他观察到泡沫不断地破灭和再生。

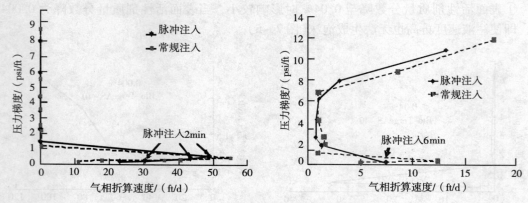

图 7-7　注入方式对泡沫生成的影响

1963 年，Bernand 在实验室中发现当有泡沫存在时，气驱效果增强。实验表明，泡沫作为驱替剂，在只含水的松散砂中非常有效；而在只含油的松散砂中却不十分有效；当松散砂含水含油时，泡沫的作用介于两者之间。初步研究表明，泡沫能提高气驱采油过程中的波及体积，因为它选择性地降低了油藏中的气体渗透率。Kolb 认为大部分气体被圈闭在孔隙介质中，仅有少部分气体成为游离气体，游离气体可用达西定理描述。1965 年，Bernand 等人证明了用泡沫驱油可从线性层状岩心中采收到比传统注水法更多的原油，泡沫形成了圈闭气的高饱和，并间接形成了一个较低的水相渗透率。而含油含水系统的圈闭气饱和度较只含水系统的要低。他们表明气体以非连续相流动，油水以游离相流动。他们得出结论：无论泡沫是否存在于系统中，对于给定液体饱和度，水的相对渗透率是一样的。他们重要的发现之一就是：即使注入 0.1~0.5PV 的水，泡沫在无表面活性剂水通道中也不会破灭。

Marderson 和 Khan 认为泡沫的组成部分是同时流过孔隙介质的通道的。他们的结论同时表明，随着质量提高，泡沫流动性下降。当然，随着孔隙介质绝对渗透率的下降，流动性的下降率也越低；随着表面活性剂浓度的增大，泡沫的表观黏度也增加。Holm 不同意这个观测结果，他做了流体实验和目视的研究，以观察孔隙介质存在泡沫时气、液流动机理。他记录说，泡沫流过多孔介质时不像是做为一个整体。相反，组成泡沫的气体和液体将分离，泡沫膜破灭，然后重新形成。当有足够泡沫存在时，泡沫前气体流动停止，液体流动减缓。因此他认为，驱动泡沫通过油藏是不可行的，但泡沫能通过减缓和阻隔高渗透率层的流动，进而改善非均质油藏注液过程的驱替状况，他观察到质量提高，泡沫的流动性也增强。他指出气体不能以连续相流动。

Bond 和 Bernard 将泡沫流动描述为泡沫体中液、气的部分流过，主张只有余下的表面活性剂才能以自由相流动。他们总结说，液体流过孔隙介质是从固定通道走的，而与泡沫是否存在无关，并且这些通道完全取决于液体饱和度。这一结论是以 Chatenaver 的孔道流体理论为基础的。

Heller 等人用 CO_2 泡沫高温高压驱替实验，发现泡沫流动并不是恒定的流速。速度越高，流动性增加。他们还发现表面活性剂浓度增加，泡沫流动性下降，而提高泡沫质量，流动性只稍微下降。

Wang 研究了 CO_2 泡沫的驱替效果，结果表明压力增加，泡沫稳定性增强，而温度增加，泡沫稳定性下降，他总结出无论是原地还是外部产生的 CO_2 泡沫，在与原油接触时，都易于迅速破灭。进而，他建议只要在注入地层利用泡沫堵塞可渗透层或通道，结果石油采收率都会提高，他还发现超高浓度的表面活性剂形成泡沫遮挡，因此降低了波及效率。

此外，Hudgins 等人先后在泡沫的远距离推进、泡沫与轻质油的相互作用、多孔介质中泡沫的渗滤原理、泡沫流度控制等有关机理问题上进行了研究。

国外对于泡沫流动性研究多集中于单一气体的泡沫体系。如 CO_2、N_2、蒸汽等。国内对于泡沫驱油研究重点为泡沫复合驱研究，是指在三元复合驱（碱、表面活性剂、聚合物）及天然气驱基础上发展起来的新的三次采油技术。复合泡沫体系很多流动特性与单一泡沫体系相同，但与后者相比，前者具有更强的耐油性，泡沫稳定性好，驱油效率更高。泡沫分流理论大多局限于气一水两相流，而近期有少部分学者（Mayberry 等，2008）开始研究其在泡沫三相流的应用，认为泡沫强度与油或水的饱和度无关，而且气相与水和油完全非混相。泡沫驱油机理的实验研究已从均质模型发展到非均质模型，从一维模型发展到二维模型，开始研究非均质多孔介质中泡沫的生成、流动等情况。

我国科技人员从 20 世纪 70 年代初，已经开始了泡沫驱的研究。研究内容主要集中在泡沫的稳定性、起泡剂的损失及其抑制、泡沫驱油机理等问题上，认为泡沫驱油机理主要体现在以下几个方面：

(1) 调剖作用

泡沫注入不均质油藏时，它将首先进入高渗层段。由于气阻效应具有叠加性，高渗层的流动阻力逐渐提高。因此，随着注入压力的增加，泡沫可以依次进入那些渗透性较小、流动阻力较大、而原先不能进入的低渗层，提高了波及系数。

(2) 稠油乳化降黏

磺酸盐溶液做为活性剂易于产生乳状液，并在产生后有一定的稳定性。当磺酸盐溶液注入含油饱和度不很高（一般应低于70%）的油层时，即形成水包油型乳状液。由于水处于连续相、黏度很低，所以乳状液黏度较原油黏度大大降低。

(3) 提高驱替液黏度

泡沫的黏度取决于驱替介质（水）的黏度和泡沫中气体体积与泡沫总体积的比值（泡沫特征值）。当泡沫特征值超过 0.6 时，泡沫的黏度急剧增加（图 7-8）。当泡沫特征值大于 0.95，即泡沫中气体体积与泡沫总体积的比值大于 0.95 时，泡沫的黏度将大于 $29.4 mPa \cdot s$，是水的 58.8 倍，大大提高了驱油效率。

四、泡沫驱乳化、破乳问题的研究

近年来，大部分油田开发已经进入高含水期，各种开采技术的应用使得原油多以乳状液的形式被采出。据统计，全世界开采出的原油近 80% 以乳状液形式存在。这给原油的开采、集输和加工过程带来诸多问题。不论从经济角度——石油要求便于输送、销售和加工，还是从环境保护角度，排放的污水应进行回收再利用，均需对原油进行破乳脱水和污水除油。

目前，国内外乳化、破乳机理的研究主要集中在三元复合驱机理和乳状液的稳定性方面，有关三元复合驱破乳机理的研究也只是注重破乳剂对原油乳状液破乳的影响。康万利、单希林等研究了部分破乳剂对复合驱乳状液破乳机理的影响；李平、郑晓宇综述了原油乳状液中天然表面活性物质对原油乳状液稳定性的影响；Midmore、Tsugita、Neuhausler 和 Tambe 等人对乳状液的稳定性进行了研究。三元复合驱乳化与破乳机理仍然没有形成系统的理论。

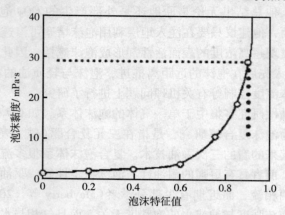

图 7-8　泡沫黏度与泡沫特征值关系曲线

目前我国三元复合驱采出液油水分离困难，破乳剂类型少、专一性强。进一步研究三元复合驱油中外加化学试剂（表面活性剂、碱和聚合物）对原油乳状液的影响，探讨原油乳化与破乳机理，有利于采出液油水分离困难这一问题的解决，同时对于新型破乳剂的研制具有指导作用。

对此，无数学者根据实际情况，提出了众多破乳方法，应用于各个领域。化学破乳剂应用最广，但具有较强选择性，因而种类繁多。膜法破乳广泛应用在石油工业中的原油脱水、采油废水、原油碱洗产生的乳状液，环境工业中含有机物废水的处理，液液接触如萃取过程中形成的乳液或溶液夹带等方面。不同原油乳状液体系，有时破乳剂分子的界面活性比乳化剂分子低，但也有可能吸附到油水界面上顶替乳化剂分子，削弱膜强度，进而达到破乳的目的。尽管破乳方法很多，但按作用方式可以归结为改变油水界面性质或膜强度及增加液滴聚结力两方面。

化学破乳法是近年来应用较广的一种破乳方法，主要是利用化学剂改变油水界面性质或膜强度。普遍认为由于化学剂与油水界面上存在的天然乳化剂作用，发生物理或化学反应，吸附在油水界面上，改变了界面性质，降低界面膜强度，使乳状液液滴絮凝、聚并，最终破乳。

1. 破乳剂法

破乳剂的研究经历了三个阶段：20 世纪 20 年代，出现了以阴离子表面活性剂为主的第一代 W/O 原油破乳剂，主要有羧酸盐型表面活性剂、磺酸盐（包括石油磺酸盐）及硫酸酯盐型表面活性剂；40 年代以后，出现了以低分子非离子表面活性剂为主的第二代 W/O 原油破乳剂，如 OP 系列、平平加型及 Tween 系列等；60 年代至今，又发展了以高分子非离子表面活性剂为主的第三代 W/O 原油破乳剂，同时发展了兼具缓蚀效果的两性离子破乳剂。目前，主要是以非离子的聚氧乙烯、聚氧丙烯嵌段聚合物为主，在传统破乳剂的基础上加以改性，方法有改头、换尾、加骨、扩链、接枝、交联、复配等。从环保角度考虑，还出现了硅氧烷系列"绿色"破乳剂。

许多研究结果表明：乳状液油水界面性质和界面膜强度决定了乳状液的稳定性。W/O型原油乳状液的膜强度较大，这使原油中的水珠在碰撞时不易絮凝、聚结，乳状液的稳定性较好。因而，界面膜的破坏是破乳的关键所在，加入破乳剂是改变界面性质和破坏界面膜的一种有效方法。

近些年，破乳剂的作用机理研究取得了很大进展。Janaka. B 等提出界面特征松弛时间可表征破乳剂的性能，界面特征松弛时间越短，破乳剂性能越好。Ch. NoCk 等利用 Langmuir 槽法，在硅氧烷型破乳剂存在的条件下，研究了界面膜等温压缩性质，表明最大压缩度与界面面积的减小有关，乳状液液滴聚并使界面面积减小。油水界面张力降低，使界面压力增大，等温压缩曲线不同区块的斜率不同，这些变化与界面弹性模量的改变有关。在很大程度上，破乳剂改变了界面弹性。Abdullah 等通过现场实验发现，乳状液的温度越低，含水率越高，所需破乳剂浓度越大。

夏立新等认为界面活性比界面张力更能反映破乳剂的破乳效果，界面活性越高，破乳效果越好。王宜阳等经试验得出，支链破乳剂 AE121 和直链破乳剂 SP169 能够大幅度地降低原油活性组分界面膜的扩张模量。破乳剂本身具有一定的扩张模量，并非破乳剂用量越大越好。石英等认为，在多种因素中，液体排出的速率取决于界面剪切黏度和动态界面张力梯度，破乳时要有较低的界面剪切黏度和动态界面张力梯度，但界面剪切黏度不能作为判断破乳效果的标准。

康万利等研究了破乳剂存在下的油膜寿命、油膜薄化速率以及油水界面性质与破乳效果的关系。随着破乳剂浓度的增大，油膜寿命变得越短，油膜薄化速率加快，界面黏弹性降低，膜强度逐渐变弱。但从经济的角度，破乳剂浓度存在最佳值。在三元复合驱采出液破乳方面，当向三元复合驱体系中加入破乳剂 SP169、AE1910 或 JS-8，通过研究界面膜强度，发现界面膜强度急剧减小，因而推断破乳机理为破乳剂分子部分顶替了乳化剂分子，降低了界面膜强度。

2. 电解质破乳

由于地层水中都含有无机离子，原油乳状液的水相也必然含有无机离子，因此，研究无机离子对破乳效果的影响对乳状液破乳工作具有一定的意义。当用金属氯化物进行研究时，发现破乳所需正离子浓度主要由正离子价数决定，而与离子的种类关系不大。其中，Zn^{2+}、Cu^{2+}、Al^{3+} 及 Fe^{3+} 等金属离子在一定的 pH 值条件下水解生成难溶的氢氧化物胶体，这些胶体一般都是比较长的线性分子，这些分子在水中能借助于范德华力，在配位键等物理化学作用下产生吸附现象。当胶体同乳状液中油滴所带电荷符号相反时，这些分子很容易被几个甚至多个油珠所吸附，产生凝聚。同时，高价正离子能压缩扩散双电层，降低动电位，促使油珠相互靠近发生凝聚，使乳状液破乳。

此外，这些胶体还可以通过桥连作用而破乳。桥连作用有两种方式：一种是2个或多个油珠由1个较长的线性分子桥连所引起的絮凝而破乳，另一种是通过线性分子之间的相互作用进行桥连而引起的絮凝破乳。

除了化学破乳方法以外，还有生物破乳剂、微胶囊破乳剂、声化学破乳、微波辐射破乳、超声波原油脱水、电泳法破乳、振动破乳、电磁场破乳、电声波破乳和膜分离破乳等非化学破乳方法。在实际应用中，单一的一种破乳方法往往不能达到很好的效果，用几种方法相互结合起来使用，可以达到更好的破乳效果。

目前，我国的能源浪费和环境污染情况十分严重，节约能源，保护环境应该落实到祖国建设的各个方面。因此，对化学破乳剂的研制也不例外，高效、低污染破乳剂的开发将是今后发展的趋势。

五、国内外矿场应用实例

文献记载的世界范围内泡沫的应用有 30 多个油田，这些油田主要在美国。首例空气泡沫矿场试验是在伊利诺斯州希金斯油田（Siggins）进行的，试验从 1964 年 10 月到 1967 年 3 月，试验结果表明，泡沫试验区的水油比从 15 降到 12。试验过程中，试验区的总液量有所降低，其中水量降低的幅度大于油。产油量的递减要比正常水驱的递减小。质量分数为 1% 的表面活性剂溶液 0.06PV 段塞注入后，空气的流度降低大于 50，生产井严重的指进现象停止。质量分数为 1% 的表面活性剂溶液 0.02PV 注入之后油层内形成了泡沫，水的流度降低了约 70%。注泡沫矿场试验表明：注入井吸水剖面得到了显著的改善，注液能力下降，试验区生产水油比减小。

1987 年初，加拿大 Knybob South 油田利用该油田三叠纪的岩心进行了实验室注泡沫试验，在不同注入速度、气—液比和浓度下，对几种起泡剂作了对比。结果表明，注入泡沫使气体流度降低大约 96%。1987 年 9 月，该油田在烃混相驱区域内的 1 号井组和 7 号井组进行注泡沫现场试验，均取得较好成效。

在北海的 Norwegian 区的 Oseberg 油田和 Snorre 油田以及 British 区的 Beryl 油田，已经试验测试了泡沫在生产井处理方面的应用。1994 年，英国和挪威在北海油田的 3 个试验区进行了为期 4 年的泡沫驱试验研究，重点研究了高 GOR 生产井对锥进和指进的处理，以及 WAG（水气交替）注入井将注入剂注到非波及层的处理方法，同时完成了挪威北海 Oseberg 泡沫试验区的先导性试验的预测、生产动态匹配和评价，从而评估出泡沫处理能力对油藏和泡沫参量的灵敏性。北海 Osebefg 泡沫试验区的试验表明，由于整体 GOC（油气界面）在高渗透储层中运移的结果，泡沫能有效地延迟气体锥进并在至少半年的时间内减少油井的产气量。试验还表明，泡沫的耐油性、表面活性剂吸附程度和储层各向异性对泡沫的成功处理都是极为重要的。1998 年年底，Snorre 油田开展了大型注入项目，大约注入表面活性剂 1000t。

在室内实验研究的基础上，国内于 1965 年、1971 年、1980 年先后在玉门、克拉玛依、大庆三个油田进行了探索性矿场试验。近年来，辽河油田、百色油田（空气泡沫驱，1996 ~ 2004）、大庆油田（N_2 泡沫驱，2004 至今）、马岭油田（2 个井组的空气泡沫驱试验，2006）、甘谷驿油田（空气泡沫驱矿场试验，2007 都开展了泡沫驱试验，其中，N_2 泡沫驱在辽河油田锦 90 块得到了较大规模的应用。

据报道，大庆油田重大现场试验项目——水驱后注 N_2 泡沫驱油试验取得了阶段性成果。2004 年 12 月，在采油四厂的杏 7-1-33 井开展单井 N_2 泡沫试验，注入 N_2 泡沫后，附近 5 口油井受益，7 个月增油 1075t。2005 年 10 月，又在一个水驱井组开展了 N_2 泡沫驱油试验，在 3 口井注 N_2 泡沫，共注 81d，注下泡沫约 4000m^3，N_2 100×10^4m^3。到 2007 年 5 月，9 口油井累计增油 4228t。其中，增油最佳期，日增油达 7.5t，含水下降 3.99%，效果相当好。到 2007 年 6 月底，杏 7-1-33 注水井施工后连通油井累计增油约 1000t，综合含水下降 4.9%；北 2-1-丁-59 注水井组周围连通油井已累计增油约 4200t，综合含水下降 1.26%。2007 年 6 月 1 日，又开辟了一个矿场试验区，开展聚驱后的 N_2 泡沫驱油试验。4 口 N_2 泡沫注入井，13 口采油井。至 2007 年 5 月，已注入泡沫剂 2215m^3、N_2 1.8×10^4m^3，该试验设计连续注入 N_2 泡沫 3 个月。

大量的研究证明,泡沫驱油具有"视黏度高"、"堵水不堵油"等特性,可大幅度提高驱油效率。针对 N_2 泡沫驱"高难度、高风险、高投入"的特点,大庆油田从发泡剂筛选、室内物模实验、数值模拟、方案优化设计、现场监督、效果跟踪分析六个环节严格管理,通过优化施工参数换取最大效益。在室内研究过程中,还针对泡沫稳定性差的弱点,创造性提出"凝胶泡沫"新思路,通过加入聚合物和凝胶体系,达到稳定泡沫性能、降低泡沫剂吸附损耗的作用,创建了凝胶泡沫驱油体系。到目前为止,泡沫驱已从简单的气加活性剂水溶液,发展为添加多种助剂(主要是稳定剂)的增强泡沫驱,如聚合物、磷酸盐等,都是很好的稳定剂,形成了泡沫复合驱油系列。大庆油田室内岩心实验结果表明,泡沫复合驱可比二元复合驱提高采收率约10%,更优于普通泡沫驱。

第八章 稠油油藏蒸汽辅助重力泄油技术

一、蒸汽辅助重力泄油技术研究进展及最新研究

1. 国外蒸汽辅助重力泄油技术研究进展

Butler 和 Stephens(1981)首先提出了蒸汽辅助重力泄油(SAGD)的概念,并应用半解析计算方法与室内实验方法,证实了连续注入蒸汽和连续采油可以获得最大的采收率。

Griffin 和 Trofimenkoff(1986)将 Butler 提出的 SAGD 理论拓展到直井与水平井组合开采上,试验得出的结论与理论结果非常吻合。低压模型证明 SAGD 理论能准确地预测产量和分析黏度对产量的影响。

Joshi(1986)研究了直井注汽与水平井注汽的 SAGD 理论,发现在油藏存在泥页岩隔层的情况下,直井注汽比水平井注汽能获得更高的采收率。Yang 和 Butler(1989)研究了两种均质油藏的 SAGD 效果,一种是含有薄泥页岩隔层,另一种是油藏各层渗透率不同。他们发现短的水平隔层不会对 SAGD 效果产生很大的影响,而长的水平隔层则会降低产量。渗透率上高下低的油藏比渗透率上低下高的油藏采油速度高。

Sasaki(2001)等指出,启动阶段的产量与注蒸汽井的位置有很大关系,增大垂直井距可以提高产量,但也增加了注汽井与生产井热连通的时间。Butler、Stephens 和 Sugianto 以油藏厚度为变化参数研究了类似的情况,焦点是蒸汽腔到达油藏顶部后如何伸展。

Chow 和 Butler(1996)研究了用 STARS 对 SAGD 过程尤其是蒸汽腔的增长和上升阶段历史拟合的可行性,SAGD 不同时间段的数值模拟结果与试验模型的累计产油量、采收率、温度剖面非常吻合。Sasaki(2002)等指出,蒸汽腔的垂直增长速度比用常规 SAGD 数值模拟软件预测的小,启动热连通的时间也较长。

Das(2005)讨论了提高 SAGD 开采效果的很多措施,包括井筒设计、低压生产、蒸汽添加剂等。Ito 和 Ipek(2005)对制约 SAGD 成功与否的最重要的因素——汽窜进行了详细深入的研究,他们基于 UTF Phase A 和 B、Hangingstone、Surmount 4 个 SAGD 项目现场实测的资料,拓展了 Butler 的汽窜基本理论,首次解释汽窜现象,认为蒸汽腔顶部的汽窜对蒸汽腔的增长有很重要的作用,高压运行是引起汽窜的重要原因。

Bagci(2005)应用试验和数值模拟方法研究了裂缝性油藏中 SAGD 方法。分析认为垂直裂缝对 SAGD 有利,尤其在初期启动阶段,裂缝充填油藏比均质油藏能获得更高的汽油比,垂直裂缝可以增加产油速度,降低原油黏度并利于热量的传递,还可以有效地减小井间热连通时间,加快蒸汽腔扩张速度。Sola(2006)等研究了将 SAGD 技术应用于伊朗低渗透碳酸盐岩稠油油藏的实例,认为 SAGD 是这类油藏最好的热采方法。

2. 国内 SAGD 技术研究进展

国内自 1997 年在辽河油田杜 84 块率先开展 SAGD 先导试验以来,许多学者对 SAGD 的理论和应用进行了详细的研究。曾烨、周光辉(1994)通过物模及数模的双重研究,结合我国油藏地质特点验证了 SAGD 技术在我国应用的可行性。杨洪、姚远勤(1996)等通过水平

井与直井组合布井热采数模研究，提出了水平井与直井组合布井的原则。刘尚奇、马德胜(1999)等以辽河油田曙一区杜84块为先导试验区，经研究认为，水平井与各种热采技术及重力泄油相结合，将是开发超稠油油藏的技术策略。石在虹、杨乃群、刘德铸(1999)等人首次将井眼轨迹计算技术引入多相流动的计算中，应用多相流体力学和传热学原理，建立了井筒内的能量平衡方程及热传导方程，通过对汽液两相流体在倾斜井筒中总传热系数方程式、热传导方程式及能量方程式的求解，得出了井筒内任意点处压力、干度及其他物性参数的计算方法。由世江、周大胜(2000)等进行了水平裂缝辅助重力泄油室内物模和数模实验研究，并对杜84-69-69井组开展水平裂缝辅助蒸汽驱现场先导试验。结果认为，水平裂缝辅助蒸汽驱对开采超稠油是合适的，具有蒸汽腔发育充分、蒸汽波及系数大、最终采收率高等显著优点。石在虹、吴宁、张琪(2000)等将其研究的井筒工况计算方法编制成软件，并以辽河油田第1口SAGD试验井为实例验证其理论的正确性。吴向红、叶继根、马远乐(2002)和赵田、高亚丽(2005)等研究了油藏与水平井段耦合的蒸汽辅助重力驱整体模拟的数学模型及其求解方法，该方法能预测水平井蒸汽辅助重力驱过程中蒸汽腔室的大小及形状的动态变化。杨乃群、常斌、程林松(2003)结合辽河油区超常规稠油油田的生产实际，研究了蒸汽辅助重力泄油及其改进方式(蒸汽和气体联合泄油、单井蒸汽辅助重力泄油以及强化蒸汽辅助重力泄油)的开采机理，以辽河油区某区块的开发方案为例，对蒸汽辅助重力泄油的开发效果进行了经济评价。刘学利、杜志敏、韩忠艳(2004)等建立了单井蒸汽辅助重力驱启动过程动态预测模型。郭建国、乔晶(2005)在油藏地质研究的基础上，对杜84块馆陶油层开发方案进行优选及经济评价研究，分析了开采方式、布井方式、注采井距、水平段长度等因素对超稠油油藏水平井开发试验效果的影响规律。孟巍、贾东(2006)等以杜84块兴隆台油层超稠油油藏特点和开发现状为基础，应用STARS数值模拟软件，模拟了直井与水平井组合的SAGD方案，并对布井方式、水平段长度、水平段在油层中的位置、注采参数等进行了优化设计。

3. SAGD技术最新研究

（1）布井方式研究

目前普遍采用的SAGD布井方式如图8-1(a)所示，蒸汽注入方向与产油方向相反，蒸汽从水平井段跟端注入，流体也在跟端附近采出。图8-1(b)是目前布井方式下的压力剖面示意图(实际并非图示线形关系)，它表明注入井井筒中的压降与生产井井筒中的压降方向相反。这样，在水平段的跟端附近将存在很大的隐患——汽窜。为了防止汽窜发生，经常采

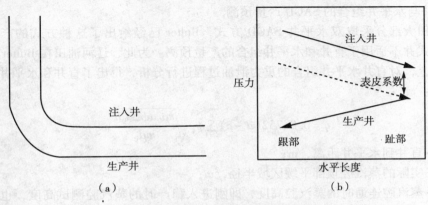

图8-1 SAGD布井方式及压力剖面图

用的方法是在生产井中保持一定的液面,也就是蒸汽圈闭控制技术,但这样也会导致生产井中的高持液率甚至会在趾端附近浸没注入井。由于生产井中的压降实际上很小,如果注入井中的压降也最小化,则两者之间的最大压差就可以最小化。开始生产时,流体是从趾端采出,此时汽窜的可能性最小。但如果流体只从趾端采出,则跟端的蒸汽腔的增长将受到阻碍。Das(2005)提出了同心轴双油管设计井筒的方法,并计算了注入井和生产井的井筒压力剖面,得到最佳的注入井和生产井井筒尺寸。

一种新的布井方法是,注入井的蒸汽流动方向与生产井的产油方向相同(图8-2),蒸汽从水平段趾端注入,油则从另一端附近产出。压力剖面示意图表明,注入井井筒中的压降与生产井井筒中的压降方向相同。这样布井虽然会增加钻井难度及费用,但先进的钻井技术和完井节省的费用使其更经济,而且它还可以有效地控制井间汽窜及产出液温度,需要时还允许采用低温泵举升系统。

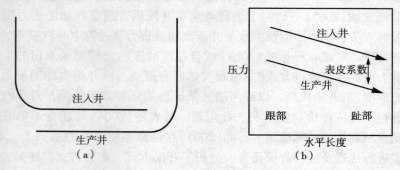

图8-2 新的SAGD布井方式及压力剖面图

(2)SAGD开发经济预测技术

在SAGD开发研究及实践中,经济评价非常重要,经济因素可决定SAGD开发能否实施。经济预测指标可以用来评价SAGD的开发效果,也是SAGD开发方式优化的重要指标。Shin(2006)等提出了一种动态的经济预测指标——STEP-D,STEP-D大于2的方案是经济的。具体公式为:

$$STEP-D = STEP \cdot (SOR_{EL}/4)^a \cdot (P_{oil}/20)$$

式中　　SOR_{EL}——汽油比经济界限;

$a = 1 + 1/K_v$,K_v——垂向渗透率,μm^2;

P_{oil}——稠油油价,美元/桶。

(3)直井与水平井组合的SAGD产量预测

国外油田大部分采取双水平井SAGD方式,Bulter已经给出了这种方式的产量预测公式,但该公式并不适用于直井和水平井组合的产量预测。为此,辽河油田在Bulter重力泄油理论的基础上,对直井水平井组合的重力泄油过程进行分析,得出了直井和水平井组合的产量预测公式:

$$q = 0.04752(a-c)\sum_{i=1}^{n}\psi_i\sqrt{\frac{k\rho_0 a\phi\Delta s_0 h}{m\mu_0}}$$

式中　　a——直井到水平井距离,m;

c——实际的蒸汽腔顶部平缓区域半径,m;

h——蒸汽腔连通时的蒸汽腔高度,即刚进入稳产时的蒸汽腔测试高度,也是重力泄油的有效高度,m;

q——原油的体积流量,$m^3 \cdot s^{-1}$;
k——油藏渗透率,$10^{-3} \mu m^2$;
μ——蒸汽腔温度下的原油黏度,$mPa \cdot s$;
ρ_0——原油密度,kg/m^3;
ψ_i——直井控制水平段对应的角度;
μ_0——原油测试黏度,$mPa \cdot s$;
m——黏度指数;
Δs_0——饱和度变化值,为原始含油饱和度与蒸汽腔内残余油饱和度之差。

利用该公式对杜84块的试验泄油水平井的泄油速度进行了计算,并与实际数据进行了对比。代入杜84块SAGD的操作数据为:

$$q = 0.04752 \times 24.68 \times (35-5) \times \sqrt{\frac{0.04648 \times 5540 \times 0.4 \times 0.36 \times 0.90 \times 0.50 \times 50}{4.33 \times 14.21}} = 0.001583 m^3/s$$

所以,产量 $Q = 86400 \times q = 136.7 \ m^3/d$

目前,最早转入SAGD的2口水平井平均单井产量为120 t/d。考虑到实际生产中受各种因素的影响,产量可能会低于理论预测值。因此,预测公式与实际数据非常吻合,可以用来预测直井与水平井组合SAGD的产量。研究结果表明,直井和水平井的距离对产量有较大影响。

二、蒸汽辅助重力泄油的适应性分析

从机理上看,SAGD技术是热传导和热对流相结合,以蒸汽作为热源,依靠凝析液的重力作用开采稠油,采收率可达60%~80%,是一种潜力很大的超稠油开采方式。加拿大石油公司根据SAGD研究和现场应用情况给出了适合这种方式开发的油藏条件(表8-1)。近年来,杨乃群等根据我国的实际情况对SAGD技术对地质条件及流体条件的适应性进行了相应的研究。

表8-1 加拿大石油公司SAGD筛选标准

性质指标	SAGD筛选标准
油层深度/m	<1000
连续油层厚度/m	>15
孔隙度/%	>20
水平渗透率/μm^2	>0.50
垂向渗透率/水平渗透率	>0.35
净总厚度比	>0.7
含油饱和度/%	>50
地层温度原油黏度/$mP \cdot s$	>10000

1. 蒸汽辅助重力泄油对地质条件的适应性

(1)对地层深度、地层温度、地层压力的适应性

地层深度不同,其温度、压力自然不同。根据辽河油田生产实际,选择地层深度为740m、1500m及2000m三种情况分别进行了模拟,相关参数和模拟结果见表8-2和表8-3。

表8-2 蒸汽辅助重力泄油在不同条件下的适应性模拟参数

区块	地层深度/m	地层温度/℃	地层压力/MPa	流动压力/MPa	注入压力/MPa
区块1	740	48	7.8	5.5	12
区块2	1500	76	15.0	13.0	20
区块3	2000	96	20.0	18.0	23

表8-3 不同地层深度蒸汽辅助重力泄油效果对比表

地层深度/m	井底蒸汽干度	累积注汽量/10^4t	累积产油量/10^4t	累积油汽比	累积采收率/%
740	0.7	37.8180	8.2609	0.218	71.9
1500	0.5	40.3968	8.1643	0.202	71.1
2000	0.4	41.9823	6.0439	0.144	52.6

从表8-3可以看出，随着地层深度的增加，由于井筒热损失加大，井底蒸汽干度降低，致使蒸汽腔的发育程度会随着深度的增加而变得越来越差，因而在累积注汽量增加的情况下，累积产油量、累积油汽比、累积采收率反而降低。从地层深度在1500m时的累积注汽量、累积采油量、累积油汽比和累积采收率来看，虽然后3项较740m时有所降低，但其累积油汽比略高于0.20，累积采收率也在70%以上，因此从经济效益上讲，其开采效果还是比较好的；当深度增加到2000m时，累积注汽量继续增加，而累积采油量、累积油汽比和累积采收率却都大幅度降低，其累积油汽比已降低了很多。这说明，深度达到2000m时，井底蒸汽干度过低，已不能达到蒸汽辅助重力泄油的要求，蒸汽腔发育不好，使开采效果变差，所以适合蒸汽辅助重力泄油的深度应在1500m范围以内。

(2) 对油层渗透率及非均质性的适应性

由于蒸汽辅助重力泄油是依靠重力作用驱替原油，因此受垂直方向渗透率的影响非常明显，从模拟的情况看，当垂直渗透率为水平方向渗透率的10%时，由于热连通的形成较为困难以及水平方向蒸汽的汽窜，使开发效果变得很差，累积油汽比很低（多在0.15以下），因而开采经济效益也较差。

针对油层中可能会存在夹层进行了模拟（表8-4），模拟结果表明，油层中夹层的体积大小对累积产油量的影响并不大，其原因是由于蒸汽和加热的原油及冷凝液可以绕过夹层流动。夹层体积增大时累积产油量有所减少，则是由于夹层的含油饱和度和渗透率减小所致。由此可以得出结论：夹层可能在某一个时期对蒸汽辅助重力泄油的效果有一定影响，但从整个蒸汽辅助重力泄油的过程来看，夹层不会对其累积产油量产生根本性的影响。

表8-4 夹层影响蒸汽辅助重力泄油效果的模拟结果

夹层体积/m^3	累积采油量/t
400	82488
1200	82444
10400（多夹层）	81594

(3) 对油层有效厚度、孔隙度和原始含油饱和度的适应性

为了研究油层有效厚度对蒸汽辅助重力泄油的影响，选择了油层有效厚度为47m、30m、25m、15m及10m五种情况进行模拟（表8-5）。模拟结果表明，随着油层有效厚度的减小，采出程度有所降低，总体降低幅度并不大；但油层有效厚度的减小使上（下）盖层的

热损失增大,因此累积油汽比降低显著。所以从经济效益方面考虑,为了减少热损失和提高采出程度,厚油层采用蒸汽辅助重力泄油比薄油层的开发效果要好。蒸汽辅助重力泄油要取得理想的开发效果及良好的经济效益,油层有效厚度应在15m以上。

表8-5 油层有效厚度影响蒸汽辅助重力泄油效果的模拟结果

油层有效厚度/m	累积油汽比	采出程度/%
47	0.218	71.9
30	0.193	71.0
25	0.162	70.1
15	0.138	68.2
10	0.107	65.4

为了研究不同孔隙度下蒸汽辅助重力泄油的开发效果,模拟了孔隙度为25%、20%、15%、10%等4种情况下的开采效果(表8-6),模拟结果表明:随着孔隙度的降低,采出程度变化很小,但由于热蒸汽在井筒周围岩层中的热损失增大,累积油汽比大幅度降低,因此要使蒸汽辅助重力泄油达到较好的开发效果,油层的孔隙度应在15%以上。

为了研究不同原始含油饱和度下的蒸汽辅助重力泄油的开发效果,模拟出了7种原始含油饱和度的开采效果(表8-7),模拟结果表明:随着原始含油饱和度的降低,累积油汽比和采出程度都有所降低。累积油汽比降低的原因,是由于在原始含油饱和度降低情况下,原始含水饱和度会相应增大,油藏的比热容也随之增大,从而使蒸汽过多地消耗在地层水的加热上。采出程度降低则是由于原始含油饱和度降低后,可动用原油减少。对于原油饱和度较低的油层,由于原油的原始储量低,不宜用蒸汽辅助重力泄油方式开采,当原始含油饱和度降低到35%时,累积油汽比过低,采油成本较高,采用蒸汽辅助重力泄油开采稠油就不能产生经济效益。因此,要想利用蒸汽辅助重力泄油获得理想的开采效果就要选择原始含油饱和度相对较高(40%以上)的油藏。

表8-6 孔隙度影响蒸汽辅助重力泄油效果的模拟结果

孔隙度/%	累积油汽比	采出程度/%
25	0.218	71.9
20	0.185	72.0
15	0.148	71.9
10	0.109	71.6

表8-7 不同原始含油饱和度下蒸汽辅助重力泄油开发效果对比表

原始含油饱和度/%	累积油汽比	采出程度/%
65	0.218	71.9
60	0.195	70.0
55	0.176	66.9
50	0.162	64.9
45	0.156	58.6
40	0.155	50.0
35	0.137	42.9

2. 蒸汽辅助重力泄油对流体条件的适应性

影响蒸汽辅助重力泄油的流体条件主要是原油的黏度。为了研究蒸汽辅助重力泄油在不同原油黏度下的开发效果，对一种常规稠油和两种超常规稠油进行了模拟（表8-8）。模拟结果表明：随着原油黏度的增加，蒸汽辅助重力泄油的开采效果逐渐变差，但从整体上来看开采效果还是较好的，因为这种高黏度的原油用其他常规方式是根本不可能开采出来的，而这么高的累积油汽比和采出程度在经济上也是可行的。

表8-8 不同原油黏度下蒸汽辅助重力泄油开发效果对比表

原油类型	原油黏度/($mPa \cdot s/47℃$)	累积注汽量/$10^4 t$	累积产油量/$10^4 t$	累积油汽比	采出程度/%
常规稠油	9892	34.4420	8.2916	0.241	72.2
超常规稠油1	122807	37.8180	8.2609	0.218	71.9
超常规稠油2	155012	39.2960	7.4423	0.188	64.8

三、蒸汽辅助重力泄油技术的类型

SAGD技术不断演变，按照钻井方式、到达目的层的方法、井的数量、直井和水平井的组合、井在油田中的位置以及注蒸汽的方法等几个方面进行分类，产生了不同的新类型。SAGD方法类型的选择是以油田描述、油田特征和精确的财政评价为基础的。

1. 竖井坑道式 SAGD

该方法是先挖掘竖直的坑道，然后在地下钻井，通过坑道壁，钻水平井直接钻穿地层打在目的层的下方，水平段钻穿含油砂岩（图8-3）。这种SAGD技术主要应用于浅层（埋深小于120m），黏度大于$500 \times 10^4 cP$（$1cP = mPa \cdot s$）的油藏。

2. 单井 SAGD

该类型只用一口水平井，同时用于注蒸汽和产油。蒸汽通过一根单独多孔的同心绕性油管注入水平井的末端，部分注入蒸汽和凝聚的热水通过环空循环到水平井的垂直部分。剩余的蒸汽在水平井末端上方扩展形成蒸汽腔，对原油起到加热作用，降低其黏度，并产生重力泄油作用使油流入环空中，随后通过另一根油管提到地面上（图8-4）。该技术应用于不能打两口水平井的薄油藏（10m）。单井SAGD技术的初期投入资本减少了一半。

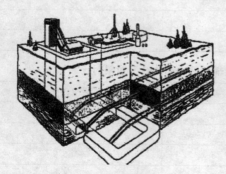

图8-3 竖井坑道式 SAGD

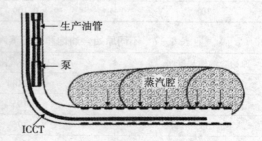

图8-4 单井 SAGD

3. 多泄油通道 SAGD

该类型使用多口井（3~9口），与一口中心的直井相连通，水平井用于注蒸汽，中心的直井用于采油(图8-5)。该技术是目前最新的技术,适用于薄油藏,已经成功应用于加拿大的 Joslyn Creek 油田。

4. 直井和水平井组合的 SAGD

该类型选择一口用于生产的水平井和用于注蒸汽的直井井组来完成。直井沿着水平井打,但是横向上要有一定的距离,即直井距水平井的距离约50m。这种结构用于开发厚度大于13.5m的厚油藏,原油的黏度小于35000cP,并含有气层。

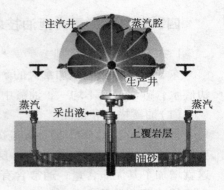

图8-5 多泄油通道 SAGD

5. 快速 SAGD

该方法是常规 SAGD 和蒸汽吞吐技术的结合,应用一半的井数和少于30%的蒸汽注入量采出等量的原油。该技术是对 SAGD 井对一侧或两侧的井进行蒸汽吞吐,从而加速蒸汽腔的侧向扩展。实施的原则是,一旦 SAGD 技术实施,就开始往辅助井中以更高的压力注入更多的蒸汽,以促进蒸汽腔尽快连通。

目前该技术处于试验阶段,并通过模拟实验逐步完善。实验结果表明该方法使热效率提高24%,产能提高35%。已计划在加拿大的 Cold Lake 实施。

6. 强化 SAGD

该技术需要至少两对井组,通过降低一组井的注入压力,使蒸汽从高压腔流向低压腔形成压力差,这种压力差会导致蒸汽逆冲从而增加辅助重力泄油的效果(图8-6)。

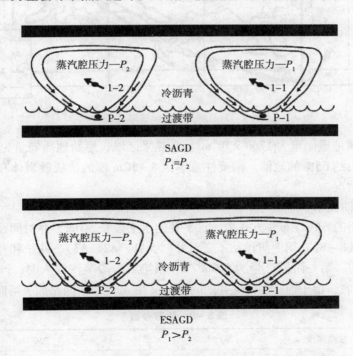

图8-6 强化 SAGD 过程

此技术为壳牌公司的专利,已经在加拿大的 Peace River 油田试验并取得了良好的效果,实践证明蒸汽逆冲的过程会提高20%的采收率。

四、蒸汽辅助重力泄油技术现场应用实例分析

1. 东 Senlac 油田实例

东 Senlac 油田位于加拿大的萨克斯万附近,于 1994 年开发。油藏天然条件复杂,存在边底水,砂岩厚度不均一,油藏中存在夹层过渡带。

(1)油藏描述和特征

东 Senlac 油田 Dina 层是覆盖在古生界不整合面上的主要河道砂层,其沉积环境为山谷充填形成的或河口湾沉积。Dina 层底部是由大量的砂体组成,河道沉积上部通常为细砂,这就增加了其泥质含量,通常含有砂岩和泥岩夹层("过渡带")。产油层等厚图见图 8-7,主要的油藏参数见表 8-9。

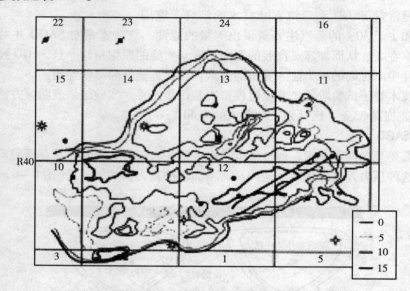

图 8-7 Dina 产油层等厚线(m)

油田原始石油地质储量为 $1760 \times 10^4 m^3$。在热采区域,原始地质储量为 $480 \times 10^4 m^3$。采用 SAGD 技术采出约 65% 的原油。需要注意本区 8~12m 厚的块状砂岩体和应用 SAGD 技术的极薄砂岩体的情况。

(2)SAGD 采油技术

东 Senlac 油田的 SAGD 布井方式为:水平井的水平段长 500m,井对间距为 3~7m,井组间距离为 135m(图 8-8)。第一阶段钻了三对井(为 A1、A2、A3),井长和井间距是通过油藏数值模拟来确定的。第一阶段产量为 $600 m^3/d$,当第二阶段蒸汽注入时,产量达到最高,为 $800 m^3/d$。1997 年底,由于前三对井完井的问题,又在 A2 和 A3 间添加了第四对井(A4)。

表 8-9 油藏参数

油藏深度/m	750
原始油藏温度/℃	29
原始油藏压力/MPa	5.2
总油层厚度/m	8~15
底水层厚度/m	0~15

油藏深度/m	750
渗透率/$10^{-3}\mu m^2$	5~10
孔隙度/%	33
密度/(kg/m³)	980
黏度(油藏条件下)/(mPa·s)	5000
含油饱和度/%	85

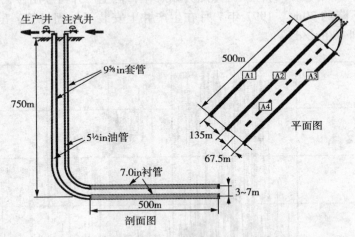

图8-8 东Senlac油田的SAGD井对结构

(3) 井的设计、钻井和完井

生产井位于产油层底部附近。钻注入井时利用制导系统，限定所有井的最大造斜速率为9°/30m，这使油管在安装时的弯曲最小并使测斜更加精确。

注入井和生产井用了178mm的衬套，A1、A2和A3井对的生产井和注入井都使用绕丝筛管防砂，生产油管最初安在生产井约740m深处。

通过注蒸汽把油驱到生产井环空中达到人工举升采油。在高温下，产出水在压力下降时迅速变为蒸汽扩散到油管中，导致提升气量的减少。

气举系统是此项目成功的关键，Gensim数值模拟试验使井筒瞬态模型与油藏模型相吻合，可模拟间歇性活动效果。在油层套管中必须要控制间歇性活动，否则将会对储层和生产工艺有直接影响。

(4) 双井的启用和监控

对两口水平井间的夹层进行预加热，使其达到一定的温度从而使原油可以由于自身重力流入生产井。一旦井间连通，井对可以只用SAGD技术生产：蒸汽连续注入上层的井，原油不断从下面的井内采出。

东部Senlac油田原油黏度相对较小(油藏条件下为5000mPa·s)，井对能很快地进行蒸汽吞吐而不用把冷凝气循环到地面。通过向油藏中注蒸汽启动一组井对，启动过程至少要两周的时间。开始启动后，就限制蒸汽的注入速度从而保持恒定压力。通过向油套环空中注入少量气体实现注入压力的监控。

通过捆绑在生产油管上的热电偶监控生产井井底温度，并且通过地面乳化液节流控制保持恒定的井底温度。工作温度比井底操作压力下的蒸汽温度低30~50℃，从而避免水平井中发生蒸汽突破。在重启阶段，要通过采油速度控制产量，通过气举注入压力监控井底流动压力。

(5)前三对井早期的经验和生产状况

1996年12月之前A1井对的最大采油速度为200m³/d，但由于油井出砂，采油速度出现异常下降，平均为80m³/d(图8-9)。通过防砂措施，到1997年1月，油井出砂得到控制，采油速度的下降停止。到1998年2月为止，由于减小了油井有效段的长度，A1井累计汽油比约3.25m³/m³。

A2井按预期完成，最大采油速度超过200m³/d，但是1996年6月注入井开始出砂(图8-10)。洗井后于1996年11月注入井重新开始工作，但生产井持续出砂，比A1井更严重，原油的产量每天下降约30m³。1997年7月在生产井上安装了加固衬管，出砂得到了控制，产油速度最高达到100m³/d。

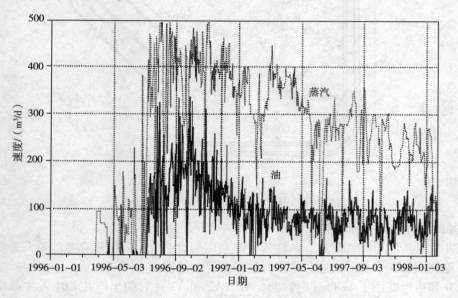

图8-9　A1井对的SAGD生产动态

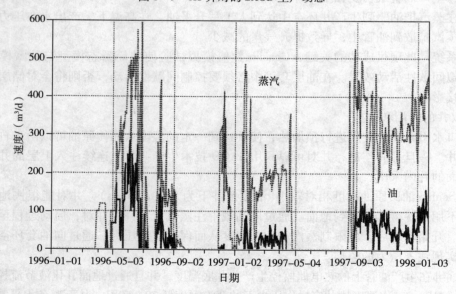

图8-10　A3井对的SAGD生产动态

A3 井一投产就受到了出砂的影响(图 8-11),后来实施了清砂和辅助蒸汽吞吐,但是仍然存在出砂问题。1997 年 6 月安装了加固衬管以进一步的防止油井出砂后,该井的产油速度最高达到 100m³/d。

本区采用 SAGD 技术开发,可以实现高产油速度和低汽油比。但存在问题是出砂,分析表明,可能是用于防砂的绕丝筛管出现问题引起的。

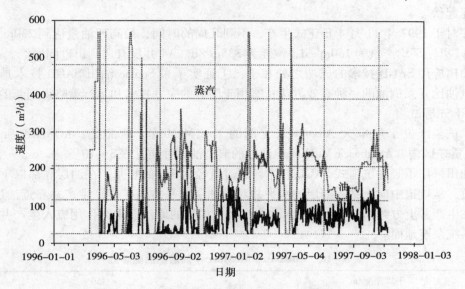

图 8-11 A3 井对的 SAGD 生产动态

(6)加密井的生产状况

1997 年中旬在 A2 和 A3 之间钻了一个加密井对(间距为 135m,图 8-8)。钻加密井对的另一个目的是测试一套新的防砂设备。通过油藏模拟确定了加密井对的轨迹距离 A2 和 A3 蒸汽腔超过 25m,并且加密位置和蒸汽腔之间没有蒸汽连通。

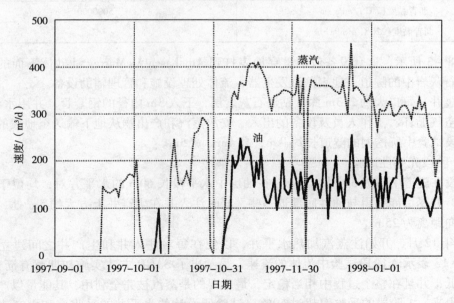

图 8-12 A4 井对的 SAGD 生产动态

109

A4 井于 1997 年 8 月开钻，同样利用 Sperry-Sun 研制的制导系统，注入井对应着生产井钻，水平段长 450m，于 1997 年 9 月中旬投入使用，11 月初开始出现连续油流。A4 注入井和生产井都是使用 7in(1in=0.0254m) 割缝衬管完井，油管为 4.5in。

由于前三组井的主要问题就是防砂，所以对于 A4 井的主要任务就是确保：①井下防砂装置在 A4 井工作时能够正常运行，②此井的运行比较平缓，以便避免井底温度、压力和流速的快速起伏。

该井对于 1997 年 11 月 4 日正式生产，不到几周的时间，最高产油量达到 $230m^3/d$。最初的 110d 里，平均产量为 $150m^3/d$，汽耗为 $335m^3/d$。A4 井没有遇到出砂问题。

该油田应用 SAGD 技术的成功之处在于：①证实了东 Senlac 油田 SAGD 技术是以高产量、低汽油比开采稠油的一种有效方法；②用于防砂的完井技术和运行策略得到新的发展。

2. UTF 先导试验

UTF 试验区位于加拿大 Alberta 东北部的 Fort McMurray 西北处，AOSTRA 所拥有的 Crown 租赁矿区内。Athabasca McMurray 油砂的典型油藏性质见表 8-10。

该油田采用了竖井坑道式 SAGD 技术，通过直径为 3m 的竖井，在油层底部以下的底板层打坑道，从坑道中向上钻入油层的水平井对沿油层水平方向扩展，生产井靠近油层底部，注入井在生产井上方约 5m 处。当注入井注汽时，加热的原油靠重力作用流入生产井，由地下集油系统泵至地面。

表 8-10 Athabasca McMurray 油层的油藏参数

平均深度/m	150
有效厚度/m	20
孔隙度/%	35
沥青饱和度/%	85
砂岩渗透率/$10^{-3}\mu m$	5000~12000
初始温度/℃	7
沥青黏度(7℃)/mPa·s	5000000
沥青黏度(220℃)/mPa·s	7

如图 8-3 所示，这套设备包括贯穿地表打到 Athabasca McMurray 油砂体下面的石灰岩的竖井、石灰岩中的隧道、地表蒸汽发生器、流体处理设施和管理辅助设备。

两口竖井，每口大约 213m 深，钻遇石灰岩层，下入 3m 内径的钢套管，并用水泥固结。竖井用于空气循环、工作人员及设备的出入、安放蒸汽和产出物从地下输送至地表的管线。

A 阶段试验中所挖掘的隧道长约 1km，高 4m，宽 5m。

(1) A 阶段先导性试验

A 阶段在隧道中钻成 3 个长 160m，在油层中水平段长 60m 的水平井对，均位于油层的下部。生产井尽可能钻得与油砂底部近一些，同时注入井在生产井上方大约 5m 处，两对井之间的侧向距离为 25m。

1987 年 12 月，开始注蒸汽加热水平井，以便在每对注入井和生产井之间建立流体交换。图 8-13 表示 A 阶段试验中流体的流速，显示出了 SAGD 方法实施初期就有沥青产出，汽油比较低，并且在整个过程中相当稳定，最重要的是蒸汽被完全利用，其能量以产出水的形式释放出来。A 阶段的采收率超过 60%，试验所设计的水平井的采收率和生产速度比同期其他项目中重油的采收率和生产速度高出 2~4 倍，而前者的汽油比比其他项目中最好的比率还低(表 8-11)。

表 8-11 工业性应用项目油藏和动态比较

油藏名称	产层厚度/m	孔隙度/%	最大渗透率/$10^{-3}\mu m$	含油饱和度/%	相对密度	采出程度/%	日产油/(m^3/d)	累计 SOR
Cold Lake	40	30	3000	75	1	20	8.6	2.9
Peace River	29	28	1500	77	1.007	45	6.5	4.5
Wolf Lake	26	31.5	2000	63	1	15	5.6	5.6
UTF	21	30	12000	85	1.014	60	30	2.8
Athabasca	42	30	12000	85	1.014	60	40	2.8

图 8-13 A 阶段各种流速

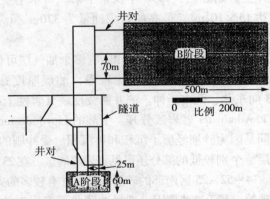

图 8-14 B 阶段隧道和井对位置及规模与 A 阶段相比

(2) B 阶段扩大试采规模

1990 年初开始 B 阶段试验，挖了 500m 长的附加隧道，钻成 3 对 600m 长的水平井，其中大约 500m 在油层内，3~7m 的间距。图 8-14 表示出了扩展隧道系统的位置、B 阶段井对和 A 阶段井对。

B 阶段水平井钻得非常成功，这说明从地下隧道内钻 600m 长的一对平行的水平井是可行的。3 个井对的最佳井距为 3~7m，尽管井的某些部分稍微偏离此目标，但产量并不受多大影响。

从 1991 年 12 月到 1992 年 5 月开始将蒸汽注入到 B 阶段的水平井对中去，以便在注入井间建立热交换，并证实产能。油井一直关闭着，直到 1993 年每天可处理 318m³ 沥青的地面设施开始运转为止。B 阶段井的早期生产动态很好，基本上与根据 A 阶段数据外推出的预测结果相吻合（图 8-15）。打在生产层的第一口井创造的最高沥青产量超过了 100m³/d，打

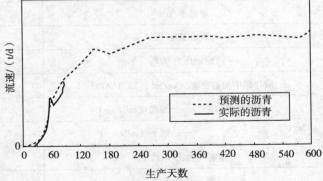

图 8-15 B 阶段设计的生产速度和实际的生产速度

在生产层的其他两口井产量与预测的相一致。

3. Tangleflags North 油田实例

（1）油田概况

Tangleflags North 油田位于 Lloydminster 城东北处，1977 年起开采重油。该油藏是一个厚层河道砂油层，储层物性好，试验区油层埋深 450m，油层厚度 27m，初始含油饱和度 80%，原始油层温度下脱气油黏度 13000mPa·s，含气原油黏度 4400mPa·s，溶解气油比 $11.1m^3/t$，油层底部有一水层。由于底水锥进的影响，常规直井冷采效果很差。20 世纪 80 年代中期在该油藏钻了 9 口垂直井，结果只有 3 口井还在继续生产，累积采出程度仅 0.62%。因此，该油藏生产中的主要问题是如何降低原油黏度和防止底水锥进。

虽然底水和气顶的存在会带来巨大困难，但考虑到 Lloydminster 储层特别厚、油藏特别好，采取了注蒸汽提高采收率的方法。1987 年秋钻了一口水平生产井，1988 年 6 月在一组直井上开始注汽，1990 年秋钻了第二口水平生产井，至 1991 年 5 月底，该试验区累积采油量达 $15\times10^4m^3$，最高的日采油量为 $370m^3/d$。

（2）地质和油藏描述

本区下白垩统的 Mannville 有多个油气层可供开采，Lloydminster 河道砂是该油藏的主力产油层。Lloydminster 河道砂比较厚，油层厚度达 29m，河道砂产层通过 Township52、Range25 W3 向东北、西南延伸。测井曲线反映其岩性上部变细，厚度有很大增加，可将其与区域性海相 Lloydminster 砂岩区分开。下部的 Lloydminster 砂层被这些河道砂冲蚀、替换，河道砂的厚度不同是因为砂坝经历了沉积和再沉积。受冲刷的底部砂子通常粗糙，上部岩性变细，顶部出现夹层，个别较低的部分还可见页岩碎屑区。在 23-52-25 W3M 的 NE/4，河流砂坝保存的砂层最厚。14-52-25 区南部的砂层比较薄并有较多的夹层，这些砂体很可能是受较强的潮汐影响沉积下来的。基于这些原因，选择油藏北部产层有效厚度最大、底水层最薄的地方作为先导试验区（表 8-12）。已测到的砂层渗透率最高值为 $10000\times10^{-3}\mu m^2$，平均值约为 $4000\times10^{-3}\mu m^2$，孔隙度 30%~35%。为了横穿解释的河坝层面，水平井方位确定为东西向。

表 8-12 Lloydminster 砂岩油藏及流体特性

深度/m	450
油层厚度/m	27
孔隙度/%	33
原油饱和度/%	80
渗透率/μm^2	4
原始温度/℃	19
原始压力/MPa	4.076
储存罐中油的密度/(kg/m^3)(13.1°API)	978.9
原油黏度(19℃)——地面/(mPa·s)	13000
——地下/(mPa·s)	4400
溶解气油比/(m^3/t)	11.1
原油体积系数	1.014

先导试验区是 530m×130m 的长方形，部署了一口 500m 长的水平井，整个规划区纯油层厚度 15m，由此估算，试验区原始石油地质储量为 $47.4×10^4 m^3$，规划区总储量为 $590×10^4 m^3$。

（3）SAGD 的方案设计

规划区的一次采油机理主要是溶解气驱和气顶膨胀。由于稠油与侵入的底水之间流度的巨大差异，导致早期含水率很高。1985 年末对 C9-23-52-25 井进行蒸汽吞吐试验，尽管注汽 $3860 m^3$ 后采出了 $850 m^3$ 原油，但在含水率达到 99% 后不得不终止生产。由于有大面积的底水和气顶的影响，不适宜用常规的蒸汽驱法，而采用 SAGD 方法，在油藏下部油水界面附近钻一口水平井，同时从油藏上部注蒸汽，原油就可能垂直向下流入水平井，而重力分异作用使蒸汽和天然气保留在油层上方，底水锥进会大大降低。因为加长的生产井段允许由一个相对小的生产压差获得较高的日产量，而且上部热流体的优先流动还会控制下部含水层中水的侵入。蒸汽与气顶窜通则有利于热量高速注入，蒸汽会迅速覆盖试验区。如果气体与蒸汽一同锥进进入水平井，可以通过调整压差和注入油层的蒸汽速度来控制解决。图 8-16 是开采工艺的示意图，这个方案设计包括 4 口注汽井，2 口观察井，一口水平生产井。

一次采油的生产情况和蒸汽吞吐试验的结果，常用来标定蒸汽驱油藏模拟器，以预测动态变化。

岩心驱替试验用来确定原始储层温度和蒸汽驱温度下的残余油饱和度和相对渗透率。模拟表明注汽 5 年后，在水平井垂直方向上的扫及情况远远好于大多数面积井网。这是因为试验区储层性能良好，粉砂质页岩夹层连续性差，使纵向渗流没有障碍。试验区经过 5 年生产采出量会达到 $23.5×10^4 m^3$，相当于原始石油地质储量的 50%。注汽井距水平井 50m，水平井长度 500m。为使井网均匀，两口新的注入井井距定为 287m，注汽井对交错是为了提高波及效率。

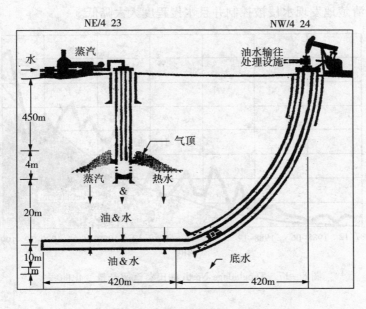

图 8-16 垂直蒸汽驱示意图

（4）钻井设计和地面设施

1987 年早期钻了 4 口直井作为试验区的注汽井和观察井，4 口井都使用耐高温套管并由加40%硅粉的G级水泥与加强连接的L-80导管固结在一起。所有的井都钻开Lloydminster砂层并下套管，在下层的Cummings Dina砂层完井。经过23d的钻井作业，C9CLO-23水平井于1987年10月完钻，水平井段423m。技术套管包括具有加强联接的273mm(10-3/4″)L-80套管，并与类似于注汽井的耐热水泥相固结，在水平井段有一段不用水泥固结的7″割缝衬管。

试验区的地面设施中有一台14.7MW(50MMBtu/h，1Btu=1055.056J)单程蒸汽发生器，位置靠近早先的蒸汽吞吐试验供水、供气装置，生产设施与水平井和污水处理井靠近。设计的最大液量为635m^3/d，大约相当于原油产量为225m^3/d。设备还包括容器除砂、流体循环、油水分离、蒸汽回收以及生产冷却等设施。

(5) 实施

水平井在1987年11月底泵抽投产，但一直到1988年6月设施安装完毕后才开始注汽。在一次采油阶段初期，含水很快从60%上升到90%以上，平均日产原油21m^3。1988年9月，热力影响使井口温度上升，采出液中氯化物含量明显下降，到年底含水下降至60%，日产油量超过40m^3。取得增产潜力后开始增加设备容量和有杆泵抽油能力，至1991年月平均日产液量达到1200m^3，随后又超过1500m^3。

经过两年的注汽取得了很好的开采效果后，1990年底在原注汽井网北面投钻第二口水平井。为保证对扩大的工程提供更多的蒸汽，又安装了第二台14.7MW(50MMBtu/h)的蒸汽发生器并与增加的两口注汽井相连。

图8-17汇总了该项目的原油生产情况。1991年4月平均最大日产油量为370m^3，至1991年5月底累积采油量达到15×$10^4$$m^3$。实施过程证实了当初的预想，即用较小的生产压差和由上而下的垂向汽驱相结合控制底水入侵。在有热力反应后，密切跟踪累积油水比和汽油比的变化，会清楚地发现水侵被控制并且水侵程度大大降低。

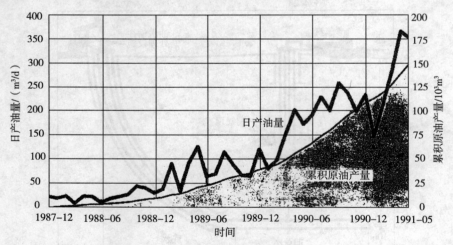

图8-17 Tangleflags North 油田蒸汽驱产量变化曲线

第九章 N_2 驱提高采收率技术

一、国内外 N_2 驱提高采收率技术的发展历程

自 20 世纪 70 年代中期以来,注 N_2 开发油气田由于其独特的优越性而得到迅速发展。80 年代以后,注 N_2 混相驱已成为注气开发的新技术、新趋势。1981 年以前,多采用注 N_2 推动 CO_2 混相段塞,而 1981 年以后尝试了直接注 N_2 的混相驱开采。在二次和三次采油中,注 N_2 具有特有的效应,特别是对一些注水效率不高、适宜注气的低渗透油藏、凝析气藏和陡构造油藏,注 N_2 解决了这些油气藏用常规注水解决不了的问题。

据美国《油气杂志》每两年公布的美国实施 EOR 项目数和增产油量统计,2008 年世界范围内的注氮项目有 7 项(表 9 – 1)。其中,美国 5 项,分别在 Elk Hills、Jay – little Escambia Creek、Hawkins(1987 和 1994 年分别开始)和 Yates 油田;墨西哥 1 项,在 Cantarell – Akal 油田;加拿大 1 项,在 Turney Valley。

表 9 – 1 2008 年世界范围内的注氮项目

油田	深度/m	温度/℃	相对密度	孔隙度/%	渗透率/$10^{-3}\mu m^2$	总产量/(m^3/d)	EOR 产量/(m^3/d)
Elk Hills	762	43	0.90	28	1500	3180	795
HawKins	1402	76	0.91	28	2800	1434	477
HawKins	1402	76	0.95	28	2800	239	159
Yates	335	28	0.88	17	175	6360	
Jay – little Escmbia Creek	4693	141	0.78	14	35		1701
Turney Valley			0.99				
Cantarell – Akal			0.93				

在世界范围内,油田注 N_2 的规模发展得相当迅速,从开始对小油田的日注 N_2 量 $5.66 \times 10^4 m^3$ 逐渐发展到如今对大型油田的日注 N_2 量高达 $(283.17 \sim 339.8) \times 10^4 m^3$。在发展初期,采取注 N_2 的油气藏的深度仅为 762~2133.6m,后来油藏深度已达 3048~4572m,注入压力高达 57.27MPa。

注氮提高采收率技术在我国还是一项较新的技术,自华北油田 1986 年首次引进国外注氮设备以来,从 1993 年开始,大庆、新疆、胜利、吉林、辽河和江汉也相继引进国外注氮设备。从调研情况来看,注氮提高采收率在我国的真正开展,还是最近几年的事情。这项技术在我国的应用尽管比较短,但发展速度却非常快。江汉油区注 N_2 先导试验及扩大试验取得成效,1999 年在周 8 井区(埋深 3050m)的周 8 – 1 井组开展先导试验。在此基础上,在马 36 井区 3 个井组进行了注 N_2 开采扩大试验,扩大试验取得了一定的效果:动液面上升,地层能量恢复;地层压力由 17.26MPa 上升到 19.19MPa,上升了 1.93MPa;部分油井开始见

效，注氮井组产量趋于上升。平均单井日产液量从 $25m^3/d$ 下降到 $21m^3/d$，平均单井日产油从 $4t/d$ 上升到 $6t/d$，含水从 84% 下降到 71%。中原油田也进行了 N_2 驱的矿场先导试验。先导试验选取低渗透深层油藏卫 42 块卫 42-14 井组进行 N_2 驱，该区块平均空气渗透率为 $3.5 \times 10^{-3} \mu m^2$，平均孔隙度为 13%，$N_2$ 驱先导试验表明，注气的启动压力达到 50MPa，随着注入量的增加压力上升，上升到一定程度维持稳定，稳定注气压力为 56MPa，日注 N_2 能力为 $21814.8m^3$，注气后 50 多天，油井产量明显上升，累计注液氮 $863.73m^3$，井组累计增油 646t，效果明显，注气设备在高压下正常工作，试验达到了预期目的。

二、适宜注 N_2 的油气藏条件

一般来说，注气油藏最关键的条件是要有好的盖层密封条件，保证注入气不致于窜漏。在此基础上，根据油藏的地质特征、流体组分和特性以及压力、温度等条件，选择不同的驱替机理，进而确定注入方式、注入层位和注入压力等。

1. 油层性质

岩石的孔渗饱特性决定储层的储油性能，控制剩余油的分布，决定剩余油的开采方式和最终采收率。

(1) 渗透率

对注 N_2 混相驱替来说，低渗透油藏可提供更充分的混相条件，高渗透油藏易导致高的流度比和早期气窜，使驱油效率低。因此注 N_2 非混相驱替，特别是气顶油藏重力驱通常适应于高渗透性、高闭合度的油藏，依靠油气的重力分异机理驱油来达到较高的采收率，通常要求垂向渗透率大于 $200 \times 10^{-3} \mu m^2$ 或更高。

(2) 层间非均质性

在层状非均质油藏中，注入气常优先进入高渗透层，导致当低渗层尚未被完全驱扫时，注入气已从高渗层突入生产井，因此层状非均质性使驱油效率降低。

对于小段塞的混相驱，进入高渗层的段塞将会远远大于进入低渗层的段塞，低渗层中的小段塞可能很快由横向和纵向分散作用破坏，从而使混相驱替在低渗层中收效甚微。

在垂向驱替中，层状非均质性将阻碍注入气向下运动，低渗层向上的屏障截流作用会造成注入气大量损失。

(3) 油层深度

由于浅油层难以经受高压，其地层压力一般难以达到混相压力，一般而言，仅有 3000m 以上的深油层适合采用 N_2 混相驱。

(4) 油层压力

当油层压力增高到一定程度即大于最低混相压力时才能达到混相驱替。一般情况下，注 N_2 要求油层压力高于 27MPa，否则为非混相驱替。当油层压力约为 40MPa 时，N_2 与 CH_4 的黏度相近。

(5) 饱和压力

油层饱和压力是确定 N_2 注入压力和选取混相或非混相方式的一个非常重要的参数。一般而言，若饱和压力大于最低混相压力，为将自由气饱和度限制在一定范围，应使注入压力等于饱和压力。若对油藏进行保持压力开发，应使注入压力高于油层饱和压力；若对凝析气藏进行注 N_2 保持压力开发则应选择注入压力使气藏保持在露点压力以上开发，从而使 N_2 与凝析油多次接触混相达到提高采收率的目的。

(6)油藏流体的饱和度

注N_2混相驱替时,若原油饱和度太低会导致混相驱过程中难以形成连续油带,因而通常要求原油饱和度大于20%,否则得不到预期的注气效果。对注N_2非混相驱替,原油饱和度应大于50%。

此外,含水饱和度对注N_2开采的效果影响也很大。含水饱和度越低越有利于注N_2提高采收率,一般要求含水饱和度应小于50%。

2. 原油性质

(1)原油黏度和相对密度

原油的相对密度高,表明含重质烃类较多,黏度一般较大,此时注N_2就易发生黏性指进,导致驱油效率低。因而,黏度低、相对密度低的原油最适于注N_2,重质油藏不宜注N_2开发。适合于在高压下注N_2的油藏,其原油的相对密度一般应小于0.8498,黏度应小于$10mPa \cdot s$。

(2)原油溶解度

含有一定溶解气的原油适于注N_2,而不含溶解气的原油注N_2效果相对较差。

(3)原油组分和性质

如果原油中含有相当量的中间烃则易形成N_2与原油的混相,因而要求注N_2混相驱的油藏原油必须富含中间烃组分。

(4)构造条件

不同的注N_2开采机理,适合不同的构造条件。若利用重力分异作用在油藏顶部注N_2,则要求油藏构造具有较陡的地层倾角,以利于油气分异;而对于在构造下倾部位注N_2,也要求构造有较大的地层倾角,通过重力分异使注入的N_2进入构造高部位而形成次生气顶,从而将残留在顶部的剩余油驱向位于下部的生产井。

综合以上筛选条件认为,注N_2适用于以下各种情况:低渗透油田保持压力二次采油;在深层高压或超高压低渗透轻质油藏注N_2混相驱替;气顶油藏注N_2重力稳定开采。

3. 适合N_2混相驱的油藏条件

①储层可是砂岩、灰岩、白云岩等;

②油层深度大于3000m、油藏压力高于27MPa的油藏;

③油藏含油饱和度大于25%;

④油层温度至少应高于38摄氏度,否则达不到混相驱条件;

⑤油藏原油必须富含中间烃组分,重质油藏不宜注N_2开采,在高压下注N_2的原油密度为$0.85g/cm^3$;

⑥油藏破裂压力大于注入压力;

⑦面积相对较小,垂向厚度很大的油藏。

以上筛选标准,应用时仍须进行充分的分析研究和实验,才能最终确定某油藏是否适合于混相驱;

三、影响注采效果的因素

1. 压力

2004年美国SPE文献上曾报道了在30m长的细管中进行的采收率和混相能力研究。该细管的内径为0.25in并且填满清洁的石英砂,石英砂粒径为44~125μm。该人造岩心的渗

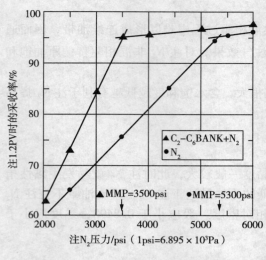

图 9-1 C2-C6 烃溶剂带对降低细管驱替试验中的 MMP 的影响

透率约为 $10\times10^{-3}\mu m^2$。图 9-1 中的每个数据点都是一次独立的试验。在该细管中进行了两组试验：通过在 2500、3500、4500、5250、5500 和 6000lb/in^2（lb/in^2 = 6894.757Pa）下注 N_2 进行驱替试验，估算最低混相压力（MMP）约为 5300lb/in^2；同样的压力下在 N_2 前先注 5% PV 的 C_2-C_6 烃溶剂带时，MMP 降低到了 3500lb/in^2。图 9-2 中的岩心驱替结果进一步说明了这一点。使用 1m 长的胶结砂岩岩心，渗透率为 $10\times10^{-3}\mu m^2$。当 5 次试验中在不同压力下只注 N_2 时，5000~6000lb/in^2 的注入压力下注入 1.2PV N_2 时获得了最高采收率；而在 N_2 前先注 5% PV C_2-C_6 烃溶剂带的试验中，在 3500lb/in^2 压力下即获得了最高采收率。

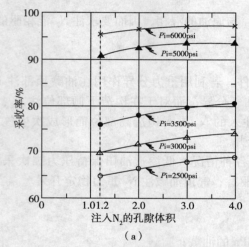

(a)

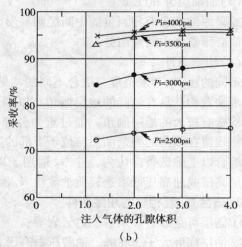

(b)

图 9-2 在不同压力下把 N_2(a) 和 5%PV C_2-C_6 + +N_2(b) 分别注入到 1m 长、渗透率为 $10\times10^{-3}\mu m^2$ 的均质岩心中的采收率

2. 混相情况

美国一原始原油地质储量为 $19\times10^8 m^3$ 的油田，进行两次矿场试验时发现：在第一次试验中，把 10% PV（根据可分配给这口井的泄油体积）N_2 注入了选定的井中，然后从该井中采油并且同时监测采出 N_2 和采油量。5 个星期后，注 5% PV（也是根据可分配给这口井的泄油体积）C_2-C_6 烃溶剂带并且随后注 5% PV N_2，再次监测采出 N_2 和采油量（图 9-3）。试验结果表明：与先注 C_2-C_6 烃溶剂带然后注 N_2 的试验相比，在只注 N_2 的试验中，采出的 N_2 浓度迅速增加；并且在先注 C_2-C_6 烃溶剂带后注 N_2 的试验中，采收率也比较高。这说明在混相条件下，注入的 N_2 从基岩中驱替出了原油。

3. 温度

据 Michael. D. R. 实验分析，温度对原油采收率及残余饱和度有较大影响。温度越高，油藏注 N_2 气采油采收率越高，残余油饱和度越低。

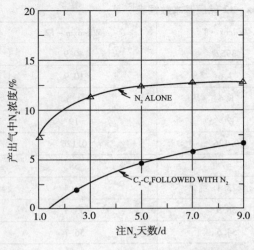 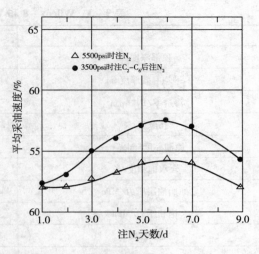

图9-3 在天然裂缝性储层中进行的单井注N_2采油矿场试验

4. 加N_2量

在136℃驱替压力分别为38MPa、42MPa、52MPa时,原油采出程度分别为52.61%、60.35%、69.07%。细管实验表明,在44~54MPa的地层压力下,随着N_2加入量的增加,油气比和泡点压力上升(表9-2),说明N_2很难与地层原油形成混相。

5. 注N_2气时机

据王海平等人通过实验室实验认为在N_2—水交替驱油时:

(1)在原始含油饱和度下,N_2—水交替驱采收率较高,采用小排量驱替效果更好,这是因为排量大容易引起气窜,导致波及系数降低,而小排量可避免气体的指进,使驱替前沿相对均匀。

(2)高含水后期再进行N_2—水交替驱,仍可提高采收率10%左右,与单纯的水驱相比,其采收率有较大幅度提高。

表9-2 氮/地层流体压力—组分实验数据表

加入氮量摩尔分数	饱和压力/MPa	体积系数	气油比/(m^3/t)
0.000	35.74	1.5261	173.4
0.032	39.85	1.5442	182.5
0.057	43.22	1.5527	151.0
0.087	47.22	1.5585	198.5
0.104	49.65	1.5623	205.8
0.124	52.86	1.5699	212.4
0.144	55.71	1.5738	221.6

四、典型实例剖析

1. Fordoche 油气田

Fordoche 油田位于美国路易斯安那州,为一深层异常高压油气藏(表9-3)。该油田共发现13个油气藏,原始地质储量为$1399×10^4 m^3$,其中Wilcox-8和Wilcox-12油藏的原始地质储量为$834.7×10^4 m^3$,约占该油田总储量的60%。

表 9-3 Wilcox-8 和 Wilcox-12 储层基本数据表

储层	Wilcox-8	Wilcoxm-12
顶部深度/m	3952	4089
平均有效厚度/m	7.6	10.9
渗透率/$10^{-3} \mu m^2$	8.4	4.5
孔隙度/%	20	19
原油黏度/mPa·s	0.126	0.126
含水饱和度/%	47	58
原始油层压力/MPa	73.1	74.5
饱和压力/MPa	38.9	33.3
温度/℃	54.5	56.7
原始地层体积系数/(m^3/m^3)	2.1439	2.3412

Wilcox 油藏的西北面以福多契断层"A"为界，此断层呈东—西走向，后又转为东南向。由小断层"B"构成一个地堑，断层"B"在 Wilcox-8 油层组是不封闭的，断距 6~10m。出油面积在北部受断层"A"的限制，而在两翼则受水接触面的限制。Wilcox-8 油层组的主要产油构造见图 9-4。

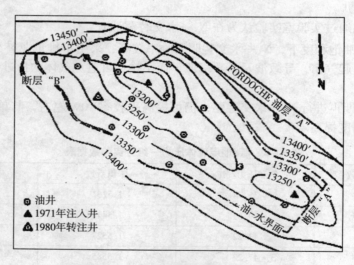

图 9-4 Wilcox-8 油层顶部构造图

在研究 Wilcox-8 和 Wilcox-12 的开发方案时，考虑到它们是异常高压挥发性油藏，地饱压差比较大，为了利用这部分天然能量，决定将 Wilcox-8 和 Wilcox-12 的开发分为两个阶段，即局部衰竭式开采阶段和保持压力开采阶段，井距为 800m。

(1) 钻井和完井方法

开发方案规定，油井井距为 800m。采用两层分采的方式，分采 Wilcox-8 和 Wilcox-12 层。到 1970 年 5 月，已经钻生产井 31 口，并在不同层位完井，其中油层 47 个，气层 7 个。在完井的 47 个油层中有 20 个属于 Wilcox-8 层，20 个属于 Wilcox-12 层。这些井都是异常高压井，井底压力范围在 73.14~74.5MPa。

(2) Wilcox-8 和 Wilcox-12 油藏的一次采油动态

1966~1970 年是 Wilcox-8 和 Wilcox-12 油藏局部衰竭式开采阶段。

Wilcox-8 和 Wilcox-12 都是异常高压油藏，并含有高挥发性烃类。

油藏的产能主要受油藏压力的影响。开始时，所有的井都是自喷生产，只要长期维持较高的油藏压力，产量是稳定的。但是，当油藏压力趋近于 41.4MPa 时，产量就迅速下降（图 9-5、图 9-6）。由于油井的采油指数低 0.0069~0.0115 m³/(d·kPa)，不保持较高的油层压力，油井就不能稳产。这是因为：

① 油藏压力下降 20.7MPa，就会使地层渗透率降低 7%~14%，地层孔隙度缩小 4%；

② 当一口井的含水率超过 1% 时，油的相对渗透率就剧烈下降；

③ 由于采油指数低，需要用高压差开采油井，从而引起油层中微粒搬运，常造成井底堵塞。

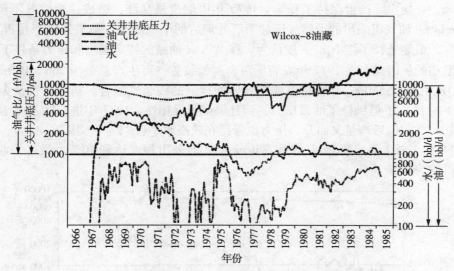

图 9-5 Wilcox-8 油藏的生产曲线图

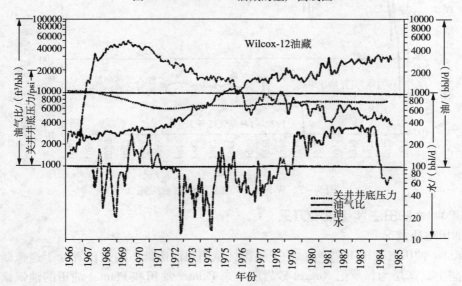

图 9-6 Wilcox-12 油藏的生产曲线图

由于产量迅速下降,建立了一个工程师工作小组,以研究油田生产上的各种问题,对这些问题提出经济有效的解决办法。该工作组经过研究提出了如下建议:

① Wilcox 层对水很敏感。岩心分析表明,水饱和度只增加 1%,则原油的相渗透率下降 8%,也就是说,当水产量仅增加 1%~2%,则油井采油指数将明显下降。

② 模型研究表明,天然气具有更有效的驱替机理。敏感度分析表明,即使 Wilcox-8 的垂直波及系数从 0.5 降到 0.29,Wilcox-12 的垂直波及系数从 0.5 降到 0.16,注气仍然是经济的。高压注干气可以造成混相。

③ 在构造顶部钻 3 口两层分注井。

④ Wilcox-8 和 Wilcox-12 的井底压力应超过 44.8MPa。

(3) 注气保持压力开采

根据研究小组建议,1971 年开始向 Wilcox-8 和 Wilcox-12 注甲烷,注气制止了产量的剧烈下降,并使实际产量保持了稳定。1975 年甲烷价格猛涨,造成注甲烷气不经济,于是采用 Fordoche 油气田采出的天然气经加工厂处理后的干气回注,结果造成产量再次下降。后又经研究,最终选择了注 N_2。一般认为,在 Wilcox 油藏的特定温度和压力条件下,N_2 和油是可以混相的。因此,在 1977 年安装了两套制氮装置,可生产总量为 $266 \times 10^4 m^3$ 的 N_2。N_2 的输出压力为 0.55MPa,以便使其能与气体处理厂的残余气混合。初期注气量为 70% 的甲烷,30% 的 N_2,不但维持了油藏压力,而且保证了混相性。1977 年进行注 N_2,注入压力为 58.36MPa。注 N_2 后产量又回升,压力也保持在较高水平(图 9-7、图 9-8)。

到 1985 年 1 月 1 日,Wilcox-8 和 Wilcox-12 的采出程度达到 40%,最终采收率为原始地质储量的 54.5%。

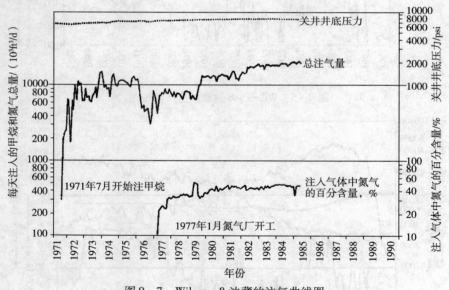

图 9-7 Wilcox-8 油藏的注气曲线图

2. 东 Painter 油田注 N_2 混相驱开采

(1) 油田地质情况

东 Painter 油田发现于 1979 年,位于美国怀俄明州西南部,构造位置处于逆掩断裂带中的一个背斜上,产层为侏罗纪 Nugget 砂岩层。东 Painter 油田和 Painter 油田的油气聚集在地势陡峻的两个相关双重倾状背斜圈闭中。

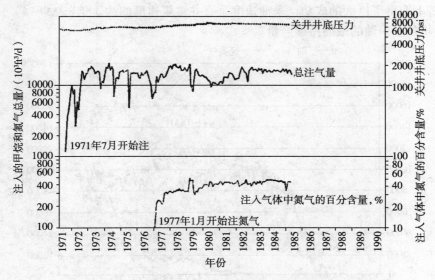

图 9-8 Wilcox-12 油藏的注气曲线图

(2) 地质构造

东 Painter 油田的地质构造是北-北东向—南-西南走向，圈闭至少 330m。油藏存在 210m 的气顶，90m 的含油条带，30m 的油水过渡带。构造东侧相对平缓，倾角为 35°，西侧陡峭，倾角超过 70°。由于 Absaroka 断层截断，Nugget 层下倾，这使东侧更加陡峭。

(3) 地层和岩性

Nugget 层是厚约 274m 的风成砂岩层，它是由多种岩相的沙堆和沙床组成的，基质是由细粒状石英掺杂少数长石的砂岩。Nugget 层的平均孔隙度 12.3%，平均渗透率 7.1×10^{-3} μm^2。产挥发性油，气油比 $353.7 m^3/m^3$，地层体积系数高达 $2.057\ m^3/m^3$，原油相对密度 0.7972。油层深度 3048m，温度 76.7℃，原始地层压力 28.43MPa。

(4) 开发情况

东 Painter 油田有略微不同的近临界流体，组分梯度随深度变化，没有明显的油气接触带。原始石油地质储量和原始天然气地质储量分别为 $2433 \times 10^4 m^3$ 和 $235.6 \times 10^8 m^3$。初期生产之后，该油田通过干烃气回注保持地层压力，1984 年采用干烃气中添加 N_2 混合回注，1991 年停止使用烃气回注而是只注 N_2 保持地层压力，大多数的注气是通过沿着油田背斜的双重注采井来完成的。

一直到 1995 年，东 Painter 油田的采油速度比较平稳，但是产液量趋于降低。对该油田进行了评价以此确定剩余的含油气远景，并降低作业费用，此项评价包括油藏模拟技术、改进注 N_2 的方法和水平井钻井技术，评价最终结果是发现更多的含油气远景，并且改善了油藏管理计划，该油田的最终回采率也得到提高。截至 2000 年，该油田 18 口井日产油 $1781m^3$，产气 $440 \times 10^4 m^3$，日注 N_2 量为 $420 \times 10^4 m^3$，已采出原始石油地质储量的约 32%，原始天然气地质储量的 28.4%。该油田的历史产量与注入速度见图 9-9、图 9-10。

(5) 水平井

1996 年秋末，东 Painter 油田开钻了第一口水平井 41-18AH，30 个月后该井持续产量为日产油 $223m^3$，日产气为 $1900 \times 10^4 ft^3$（32% 的 N_2）。1996 年到 1999 年期间新钻了 7 口水平井，此期间该油田增加探明储量 $457.92 \times 10^4 m^3$，最终注入 N_2 约 $11.33 \times 10^8 m^3$。水平井

钻井在经济上取得了巨大的成功,采油速度是直井常规速度的约3倍(表9-4),该油田取得了48个州陆上采油的最高持续产量。

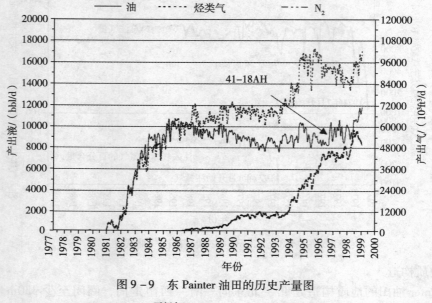

图9-9 东Painter油田的历史产量图

图9-10 东Painter油田的注入速度图

东Painter油田含油带厚度为67m。所有的水平井都钻遇Nugget层,Painter油田和东Painter油田的平缓倾斜角约30°~35°。厚度和倾角使水平井可钻遇水平方向的610m厚的含油层。Nugget层的几何形状和低渗透性以及由于注N_2压力的保持,使此油藏具有高产油能力,并且提高了油藏的采收率。

新钻井有两套基本设计方案。一是钻在背斜附近且井身垂直钻穿气,在Nugget层下部,井身在含油带处是水平的,并一直延伸到Nugget层顶部的构造边界。该设计有利于在Gannett层钻更少的井,也有利于利用构造岩心的褶皱曲率来控制井身轨迹从纵向到横向的变化。不利之处在于必须使Nugget层气顶远离含油带上的水平分支井。

表9-4 水平井生产数据统计

井名	产油量/ (m³/d)	产气量/ (10³ft³/d)	产水量/ (m³/d)	N₂含量/ %	累积产油量/ m³	累积产气量/ 10³ft³
41-18AH	517	19100	30	32.50	223021	8902950
12-8AH	189	17370	3.5	34.80	116201	5861450
14-8AH	335	16985	4.2	6.90	66437	1862700
32-5AH	317	17070	0.16	25.50	34606	861250
21-18AH	44	10080	0.5	72.95	17911	2833000
33-1DH	1.26	560	107	73.60	3387	755000
34-31BH	35	7100	69	56.50	3260	260000

第二种基本设计是在构造一侧附近钻直井，钻至 Nugget 层顶部变为水平段，水平轨迹延伸至 Ankareh 层。这种设计不利于 Gannett 层，但优势是不用钻开气顶同时省了套管柱。东 Painter 油田的已探明储量得到提高，实施了油藏模型和经营分析。利用注 N_2 和水平井延长了油田寿命，采收率也得到提高。

3. 坎塔雷尔油田

(1) 油田概况

坎塔雷尔油田是墨西哥最大的油田，也是世界上第六大油田。由 Akal, Chac Kulz 以及 Nohuch 四个相邻油田组成，其中 Akal 是最主要的一个油田，坎塔雷尔 90% 的原油产量来自 Akal 油田。该油田位于墨西哥湾的坎佩切湾尤卡坦半岛南岸海上，水深从南至北为 35~40m。

坎塔雷尔原始石油地质储量为 $55.7 \times 10^8 \text{m}^3$，已探明烃储量约为 $21.5 \times 10^8 \text{m}^3$，占墨西哥石油总储量的 26%，原油的相对密度为 0.9402~0.9281，为 Maya 类原油。

油田生产始于 1979 年 6 月，到 1981 年 4 月，40 口井的高峰产油量达 $18.5 \times 10^4 \text{m}^3$，并稳定到 1996 年初，在此期间新钻开发井 139 口，并采取了气举和降低回压措施。1996 年坎塔雷尔油田伴生气产量约为 $1220 \times 10^4 \text{m}^3/\text{d}$ (图 9-11)。

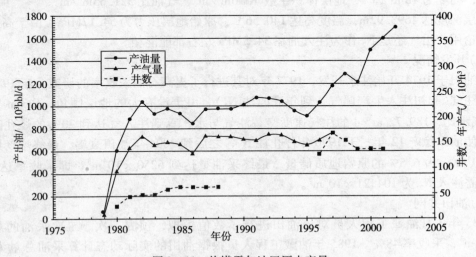

图 9-11 坎塔雷尔油田历史产量

该油田由几个断层隔开的区块组成，是一个大的西北—东南向背斜结构，有效油气层是：侏罗系启莫里支阶、白垩系下统、白垩系中统以及白垩系上统基岩，白垩纪—古新世上统以及来自古新世上统和始新世中统的碳酸盐岩。

(2) 保持压力方案

随着油层压力的下降，坎塔雷尔油田的产油量呈递减状态。当油层压力从 26.5MPa 降低为 11MPa 时，单井产油能力也由最初的 4770 m³/d 降至 1113m³/d。压力下降是采液的结果，甚至在油田南部边缘出现了天然水侵。由于压力持续下降至低饱和压力的程度，因此油藏出现了一次气顶。

油层压力下降使油井产量下降了 3/4，但最主要的是南部边缘水侵导致驱替效率下降，约 19% 的油将封闭在油层内比气体膨胀所导致油封量要多，为此制定了注 N_2 保持压力的综合方案，最大程度提高油田产量。

Akal 具备有效重力驱油开采的有利条件，即断裂范围大、渗透率高、油层丰厚、构造起伏大及二次气顶。此外，气顶、流体膨胀和水侵也为 Akal 油田创造了有利条件。

(3) 钻井计划

在坎塔雷尔油田的开发计划中，1997~2005 年钻 205 口油井和 8 口注 N_2 井。为了实现这一目标，在现有钻井平台上又扩建了 6 座平台，还有 10 座新钻井平台正在建造过程中。

坎塔雷尔项目是一项世界上最大的注 N_2 项目，现运行良好，生产水平已提高 40%，新钻 66 口井。

4. Jay/Lee 油田交替注 N_2、注水混相驱开发

(1) 地质情况

该油田于 1970 年由 Exxon 公司发现，位于美国 Florida 州与 Alabama 州交界处，共有 Smack-over 碳酸盐岩和 NorPhlet 砂岩两个油藏。主要产层为上侏罗统 Smackover 碳酸盐岩层，为多层次油藏，但各层间相互连通，总厚度高达 106.68m。它是一东南倾的鼻状构造，由于岩相突变，形成上倾方向的圈闭。油层内不存在自由气，属低饱和油藏，含油面积 58.34km²，原始石油地质储量 $1.32 \times 10^8 m^3$。整个储层平均厚度约 30m，含油厚度 28.96m，储层平均孔隙度 14%，渗透率 $20 \times 10^{-3} \mu m^2$，含水饱和度 12.7%。原油的品质好，密度为 0.7753，黏度为 18mPa·s，地层体积系数 $1.76m^3/m^3$，气油比 $321.65m^3/m^3$。

油层深度达 4693.92m，温度高达 140.56℃，原始地层压力为 54.17MPa。由于高温、高压，无论用产出气还是 N_2 作为注入剂在 34.5MPa 左右都能混相。

(2) 开发情况

该油田于 1974 开始注水开发，1977 年对其进行了提高石油采收率的研究，于 1981 年 1 月开始注气(起初注入生产尾气，到年底改注 N_2)。由于没有大的地层倾角，Exxon 公司以 3∶1 的气水比，189.72 m³/d 的注气速度交替注气与水，直到注入气达到 20% 的烃孔隙体积为止。使油田稳产 12 年，于 1996 年停止注 N_2，之后到 2004 年油田衰竭，最终增产原油约 $747 \times 10^4 m^3$，占 6.5% 的原始地质储量，最终采油量达到 $6250 \times 10^4 m^3$，即采收率达 54%，据估计需注入 N_2 为 $104.21 \times 10^8 m^3$。

(3) 油田井网

1983 年 3 月油藏工程人员对该油田进行了数值模拟，预测一次、二次采油的总量为 $55 \times 10^6 m^3$，采收率 48%。1985 年油藏工程人员根据油田的实际动态计算采油总量为 $59 \times 10^6 m^3$(采收率 51%)，要比预测的采油总量高得多。1981~1982 年间，油田产量递减的趋势明显变缓，全油田的产油量超过原来的预测值。该油田的操作经验证明了在高温、高压下，注 N_2 混相驱效果明显。

第十章 CO_2驱提高采收率技术

一、CO_2驱机理及发展概况

1. 国外 CO_2 驱应用概况

从技术和经济（如果适当控制操作费用）的角度来看，CO_2驱是有前途的 EOR 方法。据美国 2006 年《油气杂志》统计，目前世界范围内正在实施的 CO_2 驱项目有 91 个，其中美国 82 个，加拿大 8 个，土耳其 1 个。从 CO_2 驱项目应用情况看，这种方法主要用于低渗透油藏和注水后期油藏提高采收率（表 10-1）。

美国是 CO_2 驱发展最快国家。自 20 世纪 80 年代以来，美国的 CO_2 驱项目不断增加，规模不断扩大（图 10-1、图 10-2），其增加的原油产量逐年上升。已成为继蒸汽驱之后的第二大提高采收率技术。

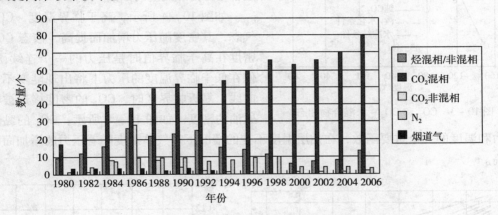

图 10-1 美国气驱数量

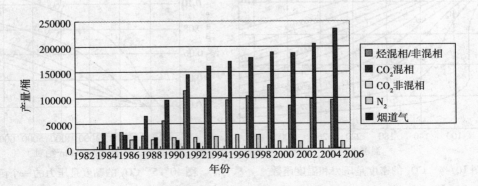

图 10-2 美国气驱产量

除了自然的 CO_2 气源外，来自电厂的烟道气对环境有害，这种温室气体也是现成的 CO_2 源。Encana 公司的 CO_2 Weyburn 混相驱是加拿大主要的 CO_2 驱项目，增产油量超过 6500 桶/

日,它是从北达科他 Beulah 的 Dakota 气化合成厂购买的 CO_2,被认为是世界上最大的减少 CO_2 排放的联合实施项目。

但是从这种 CO_2 源中提取用于 EOR 的 CO_2 将增加项目费用。而且,为了减少纯 CO_2 用量和购买气体费用,通常需要回注采出 CO_2 并且尽可能不提纯。

2. CO_2 性质及相态特征

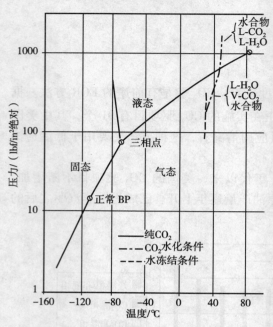

图 10-3 CO_2 和 CO_2 -水混合物相态

CO_2 通常以气体的形式存在,在 31℃ 的临界温度条件下,大多数油层不能形成液态驱,即 CO_2 的临界温度使得大多数油藏不允许有液态的 CO_2 存在。CO_2 是一种比较浓的气体,其密度比常温条件下的空气重 5%(CO_2 相对密度为 1.5 左右),且具有很低的压缩系数。图 10-3 为 CO_2 相态平衡图。当 CO_2 处于 -56.6℃、0.122MPa 条件时,固、液、气三态同时存在,即三相点。当 CO_2 处于 31℃、7.39MPa 条件下,气液相同时存在,即临界点。CO_2 的密度和黏度都是压力和温度的函数。

如图 10-4 所示,高于临界温度,CO_2 呈气态,其密度随压力增加而提高,液态 CO_2 的密度在高于临界值时是压力的一个连续函数,但在低于临界温度的压力下将出现陡变不连续曲线,靠近临界区时,CO_2 的密度接近被驱替原油的密度。如图 10-5 所示:CO_2 的黏度也是压力和温度的一个重要函数,在油层温度不变的情况下,气体黏度随着压力的增加而明显的提高。

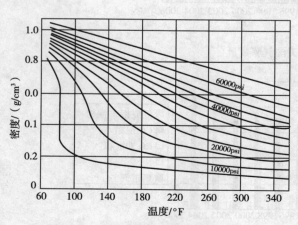

图 10-4 CO_2 的密度是压力和温度函数
(Holm 和 Jossendal,1982;Vukalovich 和 Altunin,1968)

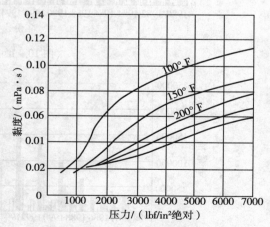

图 10-5 CO_2 的黏度是压力的一个函数
(Goodrich,1980)

3. CO_2 驱油机理

CO_2 的相对分子质量为 44,不具有水分子的固有特性,所以在较高的油藏温度和压力下，它不是以低黏度的液体溶于油中，就是以高黏度的气体溶于油中，并且随着压力的升高溶解量增大。原油中溶有注入的 CO_2，原油性质会发生变化，甚至油藏性质也得到改进，这就是 CO_2 提高原油采收率的关键。CO_2 在开采轻油和重油的机理上存在差异。对于轻油，CO_2 驱替主要是混相或近混相驱，而重油则主要是非混相驱或近混相驱。CO_2 溶解于原油中，主要通过以下作用提高开发效果。

①分子扩散作用。非混相 CO_2 驱油机理，主要建立在 CO_2 溶于油，引起油特性改变的基础上，为了使油最大限度的降低黏度和增加体积，要有足够的时间使 CO_2 饱和原油，一般情况下 CO_2 是通过分子的缓慢扩散作用溶于原油的，因此，必须有足够的时间，使 CO_2 分子充分扩散到原油中。

②降低原油黏度。CO_2 溶于原油后，在同一温度下，压力升高，CO_2 溶解度升高，原油黏度随之降低（但超过饱和压力时黏度上升），改善了原油与水的流度比，提高了原油流动能力。

③使原油体积膨胀，增加了液体的内动能。

④混相效应。CO_2 与原油混相后，不仅能萃取和汽化原油中的轻质烃，而且还能形成 CO_2 和轻质烃混合油带。油带移动是最有效的驱油过程，采收率可达 90% 以上。

⑤降低界面张力。CO_2 驱油的主要作用是使原油中轻质烃萃取和汽化，大量的烃与 CO_2 混合，大大降低了油水界面张力，也降低了残余油饱和度，从而提高了原油采收率。

⑥具有溶解气驱的作用。大量的 CO_2 溶于原油，具有溶解气驱的作用，提高了驱油效果。

⑦提高渗透率。碳酸化的原油和水，不仅改善了原油和水的流度比，而且还有利于抑制黏土膨胀。CO_2 溶于水后显弱酸性，能与油藏的碳酸盐反应，使注入井周围的渗透率提高。

二、CO_2 驱开发方式

CO_2 驱开发油藏的方式可以分为以下几种：

1. 单一 CO_2 吞吐

CO_2 吞吐类似于蒸汽吞吐：向油藏中注入 CO_2，关井一段时间，在浸泡期间，CO_2 溶解到原油中，使原油体积增大，黏度降低，然后开井生产直达到高的 CO_2—油比为止。不断重复这一注采过程就是 CO_2 吞吐。

根据对国外 34 个矿场试验结果的分析，CO_2 吞吐技术不但适合于轻质油油藏，而且比较适合开采中等黏度的稠油油藏。对稠油油藏来说，不适合用热采法开采的稠油油藏约有一半以上，如油藏油层厚度薄，或埋深大，或地层渗透率太低，或含油饱和度较低，亦或孔隙度较低，可以考虑使用 CO_2 吞吐技术。

从统计结果看，适合 CO_2 吞吐的油藏范围为黏度为 $0.5 \sim 3000 cP$，孔隙度 $11\% \sim 32\%$，深度为 $1150 \sim 12870 ft (35 \sim 3900 m)$ 油层厚度为 $6 \sim 220 ft (2 \sim 67 m)$，渗透率为 $(10 \sim 2500) \times 10^{-3} \mu m^2$，每桶油 CO_2 的用量为轻质油 $0.3 \sim 10 kft^3$、重油 $5 \sim 22 kft^3$。

根据多层砂岩 Forest 油藏的 16 口井矿场资料表明，单一周期产量为 $0 \sim 12000 bbl$，一些井生产时间可达 6 个月至几年，平均单井产油 $6300 bbl$，最高达 $31000 bbl$（表 10-2）。

表10-1 世界CO₂驱概况(2006-03)

油田	开始时间	面积/acre	生产井数	注入井数	岩性	孔隙度/%	渗透率/$10^{-3} \mu m^2$	深度/ft	黏度	温度/°F	以前生产方式	EOR产量/(bbl/d)	项目评价	项目范围
Adair San Anders Unit	11/97	1100	19	18	Dolo.	15	8	4852	1	98	水驱	900	有希望	先导试验
Seminole 单元-主产层	7/83	15699	408	160	Dolo.	12	1.3-123	5300	1	104	水驱	22700	成功	油田
Seminole 单元-RoZ 阶段1	7/96	500	15	10	Dolo.	12	1.3-123	5500	1	104	无	1400	有希望	先导试验
Seminole 单元-RoZ 阶段1	4/04	480	16	9	Dolo.	12	1.3-123	5500	1	104	无	1800	有希望	先导试验
Patrik Drew Monell	9/03	2000	38	27	S	20	30	5000	0.6	120	水驱	2500	成功	油藏可能扩展
Salt Creek	1/04	1900	98	83	S	18	75	1900	0.6	105	水驱	3900	成功	油藏可能扩展
Salt Creek	10/05	5	4	1	S	17	30	1150	0.6	99	水驱		有希望	先导试验
Sussex	12/04	25	4	1	S	10	16	9000	2	200	水驱	580	有希望	先导试验
Slaughter	5/85	569	24	11	Dolo.	12.5	6	4900	1	110	水驱	4000	成功	租区
Slaughter	6/89	8559	228	154	Dolo.	10	3	5000	2	107	水驱	11600	成功	租区
Rangely Weber Sand	10/86	18000	378	262	S	12	10	6000	2	160	水驱	2000	成功	油田
Mabee	1/92	3600	220	85	Dolo.	9	4	4700	2	104	水驱	4747	成功	可能扩展
Slaughter Sundown	1/94	5500	155	144	Dolo.	11	6	4950	1	105	水驱	2950	成功	租区
Vacuum	7/97	1084	48	24	Dolo.	12	22	4550	1	101	水驱	250	成功	租区
South Cowden	2/81	4900	43	22	Dolo.	11.7	11	4500	1	101	一次采油	5200	成功	油田
Vacuum	2/81	4900	192	103	Dolo.	11.7	11	4500	1	101	一次采油	45	成功	油田
Dover 36	1997	200	1	2	LS/Dolo	7	5	5500	0.8	110	一次采油	50	TETT	油藏
Dover 33	1996	120	2	1	LS/Dolo	7	10	5400	0.8	108	一次采油	76	成功	油藏
Dover 35	2004	80	2	2	LS/Dolo	7	5	5400	0.8	108	一次采油	3100	成功	油藏
Little Creek	1985	6200	28	41	S	23	90	10750		250	水驱	6500	成功	油田
West Mallalieu	1986	8240	31	27	S	26	75	10550		248	一次采油	1150	成功	油田
McComb	11/03	12600	25	10	S	26	90	10900		250	一次采油	45	有希望	可能扩展
Smithdale	3/05	4100	1	2	S	23	90	1100		250	一次采油		TETT	可能扩展

续表

油田	开始时间	面积/acre	生产井数	注入井数	岩性	孔隙度/%	渗透率/$10^{-3}\mu m^2$	深度/ft	黏度	温度/°F	以前生产方式	EOR产量/(bbL/d)	项目评价	项目范围
Bookhaven	1/05	10800	20	7	S	25.12	60	10300		250	一次采油/GJ/水驱	700	有希望	可能扩展
East Mallalieu	12/03		3	2	S		75	10550		248	一次采油/水驱	250	有希望	可能扩展
East Penwell(SA)单元	5/96	540	34	13	Dolo.	10	4	4000	2	86	一次采油	100	有希望	油藏
Greater Aneth Area	2/85	13440	143	120	LS	14	5	5600	1	125	一次采油	3000	成功	租区
Means(Scan Andres)	11/83	8500	484	284	Dolo.	9	20	4300	6	97	水驱	8700	成功	油田
Hanford	7/86	1120	23	26	Dolo.	10.5	4	5500	1	104	一次采油	400	成功	租区
Hanford East	3/97	340	7	4	Dolo.	10	4	5500	1	104	水驱	30	成功	租区
Sho–Vel–Tum	9/82	1100	60	40	S	16	70	6200	3	115	水驱	1250	成功	油田
Camrick	4/01	2320	14	10	S	15	63	7260	2	152	水驱	800	成功	阶段1(1/3油田范围)
Twofreds	1/74	4392	32	9	S	19.5	32	4900	2	105	水驱	170	成功	油田
SACROC	1/72	49900	354	414	LS	4	19	6700	1	135	一次采油/水驱	29300	成功	油田
Lost Soldier	5/89	1345	33	39	S	9.9	31	5000	1	178	水驱	4545	成功	油田
Lost Soldier	5/89	790	16	17	S/LS–Dolo	10.3	4	5400	1	181	水驱	1661	成功	油田
Lost Soldier	6/96	120	11	7	S	7	10	7000			水驱	1015	成功	油田
Wertz	10/86	1400	12	22	S	10	20	6000	1	163	水驱	2986	成功	油田
Wertz	9/00	810	12	18	S/LS–Dolo	10	5	6400	1	170	水驱	1033	成功	油田
Northeast Purdy	9/82	3400	85	49	S	13	44	9400	1	148	水驱	1800	成功	油田
Bradley 单元	2/97	700	29	12	S	14	50	9400	1	150	水驱	600	有希望	油田可能扩展
Hall–Gurney	12/03	10	2	3	LS	25	85	2900	3	99	水驱	3.3	评论为时尚早	先导试验
East Fordd	7/95	1953	8	4	S	23	30	2680	1	82	一次采油	128	令人失望	油田

续表

油田	开始时间	面积/acre	生产井数	注入井数	岩性	孔隙度/%	渗透率/$10^{-3}\mu m^2$	深度/ft	黏度	温度/°F	以前生产方式	EOR产量/(bbl/d)	项目评价	项目范围
Anton IriSh	4/97	2853	94	75	Dolo.	7	5	5800	3	109	一次采油,水驱	5400	成功	可能扩展
Wasson Bennett Ranch 单元	6/95	830	90	65	Dolo.	10	7	5200	1.2	105	水驱	2930	成功	可能扩展
Cedar Lake	8/94	2870	159	88	Dolo.	14	5	4800	2.3	102	水驱	2810	成功	租区
Mid Cross–Devonian 单元	7/97	1326	12	4	Tripol	18	2	5400	0.4	104	一次采油,注气	300	令人失望	油田
N. Cross–Devonian 单元	4/72	1155	26	14	Tripol	22	5	5300	0.4	104	一次采油,水驱	935	成功	油田
North Cowden Demo.	2/95	200	10	3	Dolo.	10	2~5	4200	1.5	91	水驱	130	成功	先导试验
S. Cross–Devonian 单元	6/88	2090	64	28	Tripol	21	4	5200	0.6	104	一次采油,注气	3750	成功	油田
Central Mallet 单元	1984	6412	182	133	Dolo./LS	11	2	4900	1.8	105	水驱	2530	成功	油田
Slaughter Estate 单元	12/84	5700	194	150	Dolo./LS	12	5	4950	1.8	105	水驱	2740	成功	油田
Alex Slaughter Estate	8/00	246	21	14	Dolo./LS	10	5	4950	1.8	105	水驱	480	成功	油田
Frazier 单元	12/84	1600	67	52	Dolo./LS	10	4	4950	1.8	105	水驱	1125	成功	油田
Wasson Denver 单元	4/83	27848	883	537	Dolo.	12	8	5200	1.2	105	水驱	28990	成功	油田
Wasson ODC 单元	11/84	7800	290	165	Dolo./LS	10	5	5100	1.3	110	水驱	8440	成功	油田
Cogdell	10/01	2204	77	37	LS	13	6	6800	0.7	130	水驱	5010	成功	可能扩展
T–Star (Slaughter consolidated)	7/99	1000	58	21	Dolo.	7	2	7850	1.9	134	一次采油/水驱	1745	成功	可能扩展
北 Hobbs	3/03	800	111	41	Dolo.	15	13	4200	0.9	102	水驱	6800	成功	可能扩展
Levelland	9/04	955	53	30	Dolo.	12	2	4900	1.4	108	水驱	230	TETT	可能扩展
loge Smith	9/05	1235	51	25	Dolo.	11	4	5040	1.5	105	水驱	0	TETT	可能扩展
Wasson Willard 单元	1/86	8000	269	203	Dolo.	10	1.5	5100	2	105	水驱	4050	成功	可能扩展
北 Dollarhide	11/97	1280	26	20	Tripol	22	5	8000	0.5	123	水驱	890	成功	油田

续表

油田	开始时间	面积/acre	生产井数	注入井数	岩性	孔隙度/%	渗透率/$10^{-3}\mu m^2$	深度/ft	黏度	温度/°F	以前生产方式	EOR产量/(bbl/d)	项目评价	项目范围
南 Welch	9/93	1160	89	68	Dolo.	11	4	4900	2.3	98	水驱	795	成功	可能扩展
西 Wekch	10/97	240	24	6	Dolo.	10	3	4900	2.3	98	水驱	0	令人失望	先导试验
El Mar	4/94	6000	13	39	S	21.8	24	4500	1.1	97	一次采油/水驱	190	令人失望	可能不扩展
Salt Creek	10/93	12000	176	130	LS	20	12	6300	1	125	水驱	6800	成功	租区
Sharon Ridge	2/99	1400	45	10	LS	10	150	6600	1	125	水驱	1260	有希望	可能扩展
GMK South	1982	1143	30	27	Dolo.	10	3	5400	3	101	水驱	295	成功	租区
Slaughter(HT Boyd Lease)	8/01	1240	32	24	Dolo.	10	4	5000		108	水驱	650	成功	租区
Dollarhide(泥盆)单元	5/85	6183	83	66	Dolo./Tri-politic chert	13.5	9	8000	0	122	一次采油/水驱	1970	成功	油田
Dollarhide(Clearfork 'AB')单元	11/95	160	21	4	Dolo.	11.5	4	6500	1	113	一次采油/水驱	124	有希望	可能扩展
Reinecke	1/98	700	32	8	LS/Dolo	10.4	170	6700	0.4	139	水驱	830	有希望	可能扩展
Greater Aneth	10/98	1200	12	10	LS	12	18.3	5700	1.5	129	水驱	400	有希望	先导试验
Hansford Marmaton	6/80	2010	5	6	S	18.1	48	6500	2	142	一次采油	102	成功	油田
Postle	11/95	11000	110	100	SS	16	30	6200	1	147	水驱	5000	成功	可能扩展
Goldsmith	12/96	330	16	9	Dolo.	11.6	32	4200			水驱		TETT	先导试验
Cordona Lake	12/85	2084	44	23	Tripol	22	4	5500	1	101	水驱	400	有希望	租区
Wasson(Cornell 单元)	7/85	1923	92	53	Dolo.	8.6	2	4500	1	106	水驱	850	成功	租区
Wasson(Mahoney)	10/85	640	33	17	Dolo.	13	6	5100	1	110	水驱	1400	成功	租区
Sho-Vel-Tum	11/98	98	6	1	S	20	270	5400	45	105	一次采油	98	有希望	油藏
Yates	3/04	26000	478	116	Dolo.	17	175	1400	6	82	注气	2600	有希望	油田
Zama-Keg-River	6/04	3840	12	12	Dolo.	8	10-100	4900	0.6-1.5	160-176	一次采油	1000	有希望	可能扩展
Enchant	9/04		3	1	Dolo.		10-50	4600	2.2	95	水驱		TETT	先导试验
Midale	10/05	30483	43	5	Dolo,LS	16.3	7.5	4600	3	149	水驱		有希望	油田

续表

油田	开始时间	面积/acre	生产井数	注入井数	岩性	孔隙度/%	渗透率/$10^{-3}\mu m^2$	深度/ft	黏度	温度/°F	以前生产方式	EOR产量/(bbl/d)	项目评价	项目范围
Swan Hills	10/04		5	1	LS	8.5	54	8300	0.4	225				先导试验
Jofrre	1/84	6625	33	15	S	13	500	4900	1.14	133	水驱	700	成功	油田
Pembina	3/05	80	6	2	S	16	20	5300	1	128	水驱		TETT	先导试验
Weyburn单元	9/00	9900	215	85	LS/Dolo	15	10	4655	3	140	水驱	6500	有希望	租区,可能扩展
Bati Raman	3/86	12890	212	69	LS	18	58	4265	592	129		7000	成功	油田

注: ①S—砂岩, Dolo—白云岩, LS—石灰岩, Tripol—硬石膏白云岩; ②1 acre = 4046.86m², 1ft = 0.3048m, 1bbl = 0.159m³。

表10-2 多层砂岩 Forest 油藏的16口井矿场资料

油井	NOS/ft	CYCLE1 SLUG/MMcf	CYCLE1 OIL/bbl	CYCLE2 SLUG/MMcf	CYCLE2 OIL/bbl	CYCLE3 SLUG/MMcf	CYCLE3 OIL/bbl	CYCLE4 SLUG/MMcf	CYCLE4 OIL/bbl	CYCLE5 SLUG/MMcf	CYCLE5 OIL/bbl	CUMMULATIVE PROD/bbl	CUMMULATIVE INJ/MMcf	CO_2/OIL Ratio Mcf/bbl	OIL RATE PRE CO_2/(bbl/d)	OIL RATE POST CO_2/(bbl/d)	Stim Ratio
FR 410	213	63.9	8029	95.1	4084							12113	159	13	3	24	8
FR 617	99	26.4	0	77.6	834	11.4	2773					3607	115.4	32	3	13	4
FR 764	94	490	3186	41.8	2565	7.7	10332	18.5	14969			31052	558	18	1	60	60
FR 818	66	4.5	216	30.5	395	84	1842					2453	119	49	7	10	1
FR 863	73	13.7	452	49.9	1331	64.4	11992	42.4	1894			15669	170.4	11	1	20	20
FR 875	210	12.4	2142									2142	12.4	6	1	2	2
FR 900	179	17.8	4956	30	4715	24.4	3358					13027	72.2	6	4	20	5
FR 1083	55	11	0	42.6	634	19.1	50					684	72.7	106	1	4	4
FR 1121	309	31.8	0	16.9	0	189.5	0	79.6	0	61.5	682	682	379.3	556	9	9	1
FR 1428	200	87	10085	53.5	7781							17866	140.5	8	15	15	1
FR 1553	220	56.1	1818									1818	56.1	31	5	5	1

2. 蒸汽吞吐后转 CO_2 吞吐

蒸汽吞吐后转 CO_2 吞吐，可适合于高轮次的蒸汽吞吐，中深层稠油、特稠及超稠油、水敏性等不同类型的油藏。

对于蒸汽吞吐后期的稠油油藏，由于高轮次的蒸汽吞吐，原油发生严重的乳化，黏度大幅度上升。当注入 CO_2 进行吞吐时，CO_2 溶解于原油和水中，一方面使发生严重乳化的原油破乳，大幅度降低黏度，改善近井地带原油的流动性；另一方面，溶解在油和水中的 CO_2 脱出，能形成泡沫油，进一步降低了油的黏度，并增加了弹性驱能量。同时，相对渗透率的改善也使蒸汽吞吐后期转 CO_2 吞吐对提高开发效果十分有利。

2001 年首次在辽河油田的高 3624 块、冷 42 块进行了深层稠油 CO_2 吞吐采油先导试验，取得了一定的试验效果。到 2003 年底，分别在吞吐后期油藏、中深层稠油、特稠及超稠油等不同类型的油藏中共进行了 60 多个井次的 CO_2 吞吐试验，成功率在 90% 以上。

根据现场应用实际资料，选择 CO_2 吞吐时机的原则为：①蒸汽吞吐油汽比小于 0.3 的油井；②注蒸汽压力高，难以正常注汽的油井；③蒸汽吞吐效果差而关停的油井。采用两种注入方式：一种为蒸汽吞吐周期末注入 CO_2；另一种是注蒸汽前注入 CO_2。

辽河锦 45-25-193 井为其中的一口典型井，油藏埋深为 1044.50~1125.80 m，油层厚度为 26.4m，含油饱和度为 53%，平均孔隙度为 28.3%，渗透率为 $2720 \times 10^{-3} \mu m^2$，原始油藏温度为 51℃，原油黏度为 110 mPa·s。该井 1998 年 3 月投产，到 2002 年，已生产 6 个周期，累积产油量为 5795t，累积产水量为 8359t，油汽比为 0.4。CO_2 吞吐前产油量为 2t/d，产液量为 4m³/d，蒸汽吞吐已到经济极限。该井 2002 年 4 月在第 6 轮蒸汽吞吐周期末实施了 CO_2 吞吐采油技术，注入 94t CO_2，焖井 7d。CO_2 吞吐生产初期最高产液量为 32 t/d，产油量为 16t/d，动液面由采取措施前的 -915m 上升到 -876m，日产液为措施前的 2 倍，日产液量、产油量均创该井投产以来的最高记录。至 CO_2 吞吐采油周期结束，生产 220d，相当于一轮蒸汽吞吐生产，累积产油为 1612t，换油率为 17.2t/t，累积产水为 1127t，提高回采水率 54%（见图 10-6）。

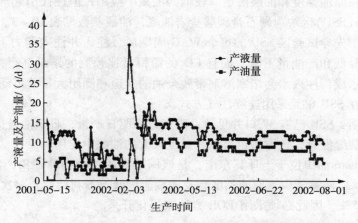

图 10-6 锦 45-25-193 井蒸汽吞吐与 CO_2 吞吐采油生产动态曲线

该井 2003 年 1 月进行第七轮蒸汽吞吐，注入蒸汽 2334t，比第六轮减少 170t。按锦 45 块蒸汽吞吐周期产量和油汽比的递减规律，第七周期的周期产量预计为 750t，油汽比为 0.363。至 2003 年 10 月，第七轮蒸汽吞吐已生产 280d，累积产油量为 2009t，产液量为 3709t，油汽比已达 0.851，周期产量和油汽比有明显的提高。与第六轮蒸汽吞吐比较，已增产原油1073t，提高油汽比0.481，CO_2吞吐采油量和第七轮目前的累积产油量已达到3650t，为前6轮蒸汽吞吐产量的70%，注CO_2改善蒸汽吞吐效果十分明显(见图10-7)。

从CO_2改善蒸汽吞吐效果现场试验结果看，总体上达到了延长生产周期，提高周期回采水率及提高油井驱动能量的目的，CO_2改善蒸汽吞吐效果也十分明显。另外，对于蒸汽吞吐已到极限的井，通过CO_2吞吐处理后，继续蒸汽吞吐，其效果也好于CO_2吞吐处理前。

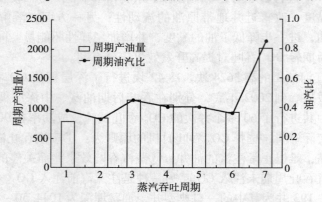

图10-7 锦45-25-193井CO_2吞吐改善蒸汽吞吐效果

而CO_2吞吐方式改蒸汽善吞吐效果不十分明显的主要原因有以下几方面：① 油井累积采油已较多，井筒附近油层含油饱和度比较低，物质基础较差；②原油黏度较高的井，延长生产天数少；③低渗透、低孔隙油层CO_2吞吐采油效果差。

3. 连续注CO_2法(CGI)

从一开始就连续注CO_2，直到达到所需的CO_2段塞为止，然后注气井改为注水井，当水油比高于$20m^3/m^3$时则停止。根据现场经验，也可以连续注CO_2直到生产气油比高达$4500m^3/m^3$为止。

该方法一般在原油黏度和油层渗透率较低的油藏中应用，但往往引起气过早突破。例如 Sundown Slaughter(SSU)区块为硬石膏碳酸盐岩油藏，油藏参数见表10-3。Amoco公司提供的资料表明，由于先导试验区SSU的每个WAG周期后，注入井注入能力下降38%～57%，将引起储层压力降低和产油量下降，而且CO_2的滞留量比预测的结果高得多，WAG可能通过干扰溶剂带的形成，注入水会堵塞溶剂带残余油的通道和圈闭大量的可动油，对最终的采收率不利，因此在SSU单元采用连续注气方式。

实际资料表明，SSU已有37口井见效，高于原水驱日产量，日采油量达到700bbl/d。

当油层中微裂缝发育，该方法也可以在黏度较大的油藏中应用。

例如Bati Raman油田位于土耳其东南，是该国最大的一个稠油油田，1961年发现。由于原油相对密度大，溶解气少，原油黏度高及油藏能量低等不利特性，一次采收率低，估计最终采收率为1.5%，因此必须采用EOR方法来强化开采。

表10-3 Sundown Slaughter 单元油藏参数

Working Interest	97.6%
Producing Area	8684 acre
Rdck Type	Anhydritic Dolomite
Primary Producing Mechanism	Solution Gas Drive

续表

Working Interest	97.6%
Ooip	440 Mmstbo
Number Of Producing Wells	283
Number Of Injection Wells	191
Reservoir Temperature	107°F
Initial Pressure	1750psi
Saturation Pressure	1500psi
Original Oil Gravity	33°API
Average Depth To Top Of Pay	4945 ft
Average Gross Pay Thickness	100 ft
Average Net Pay Thickness	87 ft
Average Porosity	12%
Average Initial Water Saturation	23%
Average Horizontal Permeability	$5 \times 10^{-3} \mu m^2$
Average Vertical Permeability	$1 \times 10^{-3} \mu m^2$

该油田产层属白垩系 Garzan 灰岩，原油黏度达 592mPa·s，埋深 1311m，层厚 48.8m，孔隙度 18%，渗透率 $58 \times 10^{-3} \mu m^2$，原油相对密度 0.9792。从 1968 年起曾进行过蒸汽吞吐、蒸汽驱、注空气、水驱等先导试验，效果不佳。由于距该油田 89km 处有一 CO_2 气藏，经室内研究、模拟并考虑到经济因素，决定采用非混相 CO_2 吞吐来开采这一油田。

首先在 $485.6 \times 10^4 m^2$ 的示范区中，对五点井网中的 33 口井实行注采作业。1986 年底，向 17 口井（根据油藏非均质性选择的）注气后，有些井的井口压力立刻上升，而其他井的压力则稳定在 4.8~5.5MPa 之间。在 BR103，108，115，116，117，118，150，156 和 214 井上进行了 CO_2 吞吐，对其他井仍然注气以使井底压力达到 12.755MPa 为止，每口井每天平均注气 $56634m^3$。浸泡三周之后，开井生产。每口井的注入量为 $0.85 \times 10^6 \sim 9.9 \times 10^6 m^3$。吞吐井的典型动态是在同时产出油气之后，1~5d 的气体回采量为 $28317m^3/d$。自喷期为一周，产量为 $16 m^3/d$，之后泵抽产量为 $8 \sim 9.6 m^3/d$，几周后下降并稳定在 $4 \sim 4.8 m^3/d$，自喷期和泵抽期的气油比分别为 $1800m^3/m^3$ 和 $540m^3/m^3$。

注入 2~3 个月后，示范区的生产井显现出注气的效果。在一年的时间里，两个集油站的产油量从 $31.8m^3/d$ 增加到 $159.0m^3/d$ 和 $270.3 m^3/d$。注气 3~6 个月后，发生气窜，但气油比未增加。在 5 年的气驱作业中，所有井的产油量峰值均是气窜时达到的，之后就稳定下来。在整个作业期间，两个集油站的平均气油比仍为 $57m^3/m^3$ 和 $113m^3/m^3$。

在第一年的试验中就发现 CO_2 驱比 CO_2 吞吐的采油效果好，因此决定采用 CO_2 驱，并将先导试验区东边的区域扩大为应用区。新钻了 6 口 CO_2 注入井，与此同时，为适应气驱的需要，改进了完井方式，将封隔器钻穿，泵吸入口位于炮眼之下，每口井在产层部位全部射孔以便更有效地开采。第三年该区气驱增产的油量达 $954 m^3/d$，而产气量增加不明显。注气量保持在 $(0.57 \sim 0.7) \times 10^6 m^3$。由于开采效果很好，规模又扩大了，到 1990 年 7 月，应用区中共有 1104 口生产井和 32 口注入井，产油量达到 $1669 m^3/d$。并仍在增加，注气量为 $1.1 \times 10^6 m^3/d$，气体回采量为 $0.4 \times 10^6 m^3/d$。1991 年年中开始注回采气。经过 5 年的注

CO_2 开采，Bati Raman 油田应用区的开采效果非常好，目前正在整个油田推广应用此法，直保持较高的产量(图10-8)。

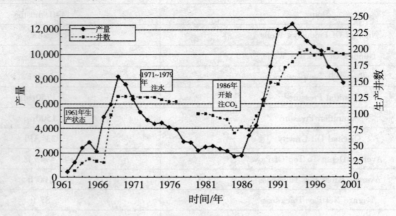

图 10-8 Bati 油田生产曲线

4. 水气交替注入法(WAG)

为了提高 CO_2 驱的效果，多数 CO_2 驱采用水气交替注入方式。水气交替注入法也是 CO_2 驱应用最为广泛的方法，效果最为显著。例如美国洛矶山脉地区最大的油田科罗拉多州 Rangely Weber 砂岩油藏。

产层宾夕法尼亚系—二叠系 Weber 地层是由一系列风成砂岩、河成粉砂岩和泥岩交互组成，埋藏深度为 1676~1981m。油藏有 6 个主要产油层，被 5 个平面延伸范围广的泥岩层分开。每个产油层内有许多小的泥岩层段，其连续性不等。形成圈闭的背斜是不对称的，南翼倾斜15°~30°，北翼倾斜6°。油藏有原始气顶，最大厚度为40m。总油藏含油高度为250m。油藏平均总厚度为160m。

东北至西南走向的主断层在该油田的东半部延伸约 4.8km。该断层在 Weber 地层的断距达 15m，局部地影响着水和 CO_2 的注入。除油田主断层外，出现了其他局部天然裂缝区域，天然裂缝造成了水和 CO_2 方向性突破趋势。

表 10-4 为储层和流体特性。该油藏地质储量达 $3\times10^8 m^3$，平均有效厚度为58m，平均孔隙度为12%。渗透率范围在 $(0.1\sim200)\times10^{-3}\mu m^2$ 之间，有效砂岩的平均渗透率为 $8\times10^{-3}\mu m^2$。从东西向和从南向北，渗透率逐渐增高，储层有效厚度增加。垂向与横向渗透率之比在 0.25~0.5 之间。

表 10-4 Rangely Weber 砂岩油藏单元的储层和流体特性资料

地 层	Weber 砂岩
油藏单元面积/acre	19153
原始原油地质储量/bbl	1.879×10^9
平均深度/ft	6400
平均总厚度/ft	526
平均有效厚度/ft	189
平均有效孔隙度/%	12
平均有效渗透率/$10^{-3}\mu m^2$	8
原始平均油气比/(标准 ft³/标准 bbl)	272

续表

地　　层	Weber 砂岩
平均原始含水饱和度/%	35.85
油藏温度/°F	160
原始压力/psi	2750
目前油藏压力/psi	3600
最小混相压力/psi	2600
原油相对密度/API°	34.2
原油黏度/cP	1.7
单井控制面积/acre	20
有效采油井(据1993年12月)	372
有效注入井(据1993年12月)	301

该油田发现于1933年，1944年投入开发。1950年回注烃气保持压力。1956年采油量最高达 8.2×10^4 bbl/d(1.3×10^4 m³/d)。1958年开始边缘注水，同时继续回注烃气。1969年，开始全油田水驱采油。1962年开始在气—油界面以上注水形成屏障，防止原油向气顶运移。1963年钻加密井，单井控制面积由为 0.352 km² 减小为 0.176 km²，大规模钻加密井一直继续到20世纪80年代中期。获得边际效果后，暂停了1983年开始实施的单井控制面积为 0.088 km² 的钻加密井方案。在Weber地层共钻了898口井。油藏一次采油和二次采油的累计采油量为 7.89×10^8 bbl(1.25×10^8 m³)，占原始地质储量的42%。其中，一次采油采出原油 3.32×10^8 bbl(5.3×10^7 m³)，占原始地质储量的21.0%。预计最终累积三次采油采油量为 1.29×10^8 bbl(2.0×10^7 m³)，占原始地质储量的6.8%。

20世纪70年代末进行了 CO_2 混相驱设计，研究表明，注入一烃类孔隙体积为30%的 CO_2 段塞，并且水气交替注入比为1:1能够获得最佳经济采收率，估计为原始原油地质储量的7%~10%。

1984年通过 7950 m³/d 的注水给油藏增压。把油藏压力从 18.6 MPa 增加到最小混相压力 20.0 MPa 之上。1986年10月开始注 CO_2。许多因素使原来项目设计的时间和实际注气之间发生了变化。其中最大的变化之一是由于原油价格下跌，使原来 CO_2 的购买量从 2×10^8 ft³/d (5.7×10^6 m³/d) 减少到 7×10^7 ft³/d (2.0×10^6 m³/d)。项目开始实施后，采出的气量比预计的大，通过产出气的回注，使原来估计的 CO_2 购买量能够从 6.7×10^{11} ft³(1.9×10^{10} m³) 减少到 3.13×10^{11} ft³(8.9×10^9 m³)。注入的 CO_2 段塞体积平均占烃类孔隙体积的40%。

1986年10月开始向油田中部地区的17口井注 CO_2，到年底已有3口井转为水气交替注入。

注 CO_2 驱早期见效的特征为采油量大幅度增加并伴随着早期气突破。图10-9为 CO_2 驱项目的历史动态。到1993年12月，已累计注入 CO_2 4.68×10^{11} ft³(1.3×10^{10} m³)，增加采油量 2.75×10^7 bbl(4.4×10^6 m³)，约占原始地质储量的1.5%。

随着项目的实施，油藏压力逐步上升(图10-10)，自喷井数显著增多，从1990年的不到20口增加到1994年的80多口。预计最终增加的采油量可超过 10×10^7 bbl(1.6×10^7 m³)。该油藏单元剩余可采储量的50%以上是由 CO_2 驱项目采出的。

CO_2 与水注入比是非常重要的参数，最好根据室内试验确定。美国矿场应用时的气水比多为1:1。在生产中，为控制产气量，逐渐将气水比调整到1:2或1:3。再继续增大气水比,

水容易突破 CO_2 段塞，或延长见效时间。如例如美国 Kelly Snyder 油田萨克洛克开发区是取得 CO_2 驱油效果显著的地区。开始阶段的气水比为 2:1，当 CO_2 累积注入量达 0.016PV 时，发生气窜。此后将气水比调整为 1:1，气窜得到了一定程度的控制，为进一步控制气窜，气水比调整到 1:2，最后达到 1:3。

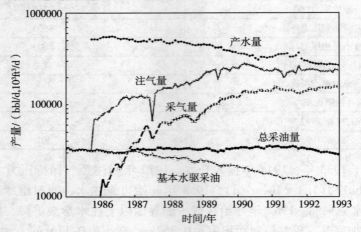

图 10-9 Rangely Weber 砂岩油藏开发曲线

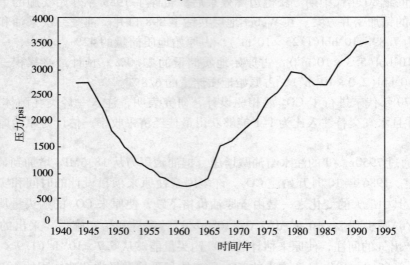

图 10-10 油藏压力与时间曲线

水气交替注入时的气水比值太大容易产生气窜，气水比值太小容易造成水突破 CO_2 段塞。有些油田，为了提高油藏压力，在用 CO_2 驱之前，就先注水。多数试验是在注入 CO_2 后再注水，以驱动段塞推进。

5. 长段塞 + 水气交替 (DUWAG)

该方法是 WAG 的改进方法，集 WAG 和 CGI 的优点，在连续注入一个大的 CO_2 段塞后，改为 WAG 法。

例如位于美国西得萨斯 Wasson 油田的 Denver unit 油藏参数见（表 10-5），该油藏发现于 1936 年，1964 年开始边外注水，于 1983 年 5 月在南 ⅡA 区开始注水气交替 CO_2，1984 年在北 Ⅱ 区连续注气（图 10-11），是当时世界上最大的 CO_2 项目。通过两个区的的动态对比发现每种方法的优缺点。

表 10-5 WASSON(SANANDRES)油田油藏参数

Reservoir Structure	背斜
Original Drive Mechanism	递减
Avg. Depth	5200 ft
Avg. Porosity	12%
Avg. Permeability	$5 \times 10^{-3} \mu m^2$
Reservoir Temperature	105°F
Avg. Net Pay thickness	137ft
Oil grarity	33°API
Initial B. H. Pressure	1805 psi
Bubble Point Pressure	1805 psi
Original Formation Volurme Factor	1.312 rb/STB

与水驱相比北Ⅱ区连续注气区的效果在早期非常明显(图10-12)，含水下降，许多井自喷，日产油不断增加，4年内增加到8000桶，但随着时间增加，CO_2产量持续上升，一些井发生气窜，被迫关井，日产油下降。而南ⅡA区每半年交替注入水和气段塞，计划注气达到40% HCPV后改水驱，但该区在早期尽管只是在注水阶段注入能力差，但为了达到设计的注入速度，不得不提高压力，超过地层破裂压力。从产量看与水驱相比效果不明显(图10-13)，为了降低注入压力不得不改反九点法为行列井网，水气交替周期延长到1年，预计长期效果理想。

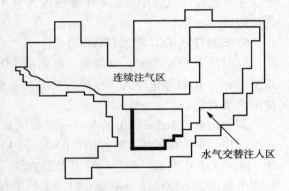

图 10-11 Wasson 油田 CO_2 驱项目分布

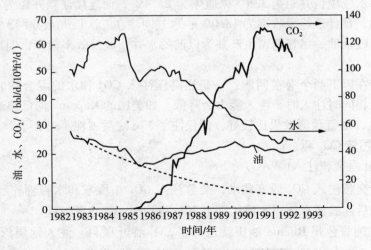

图 10-12 北Ⅱ区连续注气区的效果

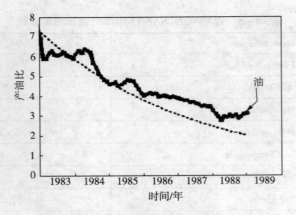

图 10-13 南ⅡA区 WAG 的效果

经过数值模拟研究认为，两种方法结合起来效果较好，提出了先注6年气，然后按1∶1交替注入水气的方案。

在将连续注气区中央的4个井组改为WAG法，出现了CO_2产量和含水下降，日油上升的趋势。

6. 同时注入 CO_2 和水（SWAG）

同时注入 CO_2 和水，直到完成所需的 CO_2 注入总量为止，然后连续注水，直到水油比高于$20m^3/m^3$即停止注入。这种方法只需在注水管线上加一混气装置，就可以实现，操作简单，节省设备。

例如加拿大Joffer油田的Viking油藏试验过该方法，该油藏为低滨面砂岩地层油藏，有一小气顶，平均渗透率$190×10^{-3}\mu m^2$，深1500m，长38km，宽2~4km，地质储量为$93×10^6$bbl，1953年发现投产，1957年线性水驱，截至1999年产油$39.7×10^6$bbl。到20世纪60年代中期达到水驱经济极限废弃时，采收率仅达到20.8%。1983年开始开展CO_2试验，在油田中部开展了反五点交替注气（WAG）、反九点连续注气（CGI）和反九点水气同注（SGI）三种矿场试验，均获成功。

其中注交替水气项目井距为32ft，采收率为21.4%；而连续注气井距为64ft，试验区饱和度接近残余油，预计最终采收率为18.0%；水气同注在二次反九点井网，井距为64ft，试验区饱和度接近残余油，尽管两口生产井为以前的水井，波及效率较高，但预计最终采收率仍达14.0%。

由于往往存在以下两个潜在问题：一是当高压注入CO_2和水的混合物时，注入井腐蚀严重；二是当两相同时注入时，注入能力会降低。如美国的Kuparuk河低渗透砂岩油藏非混相SWAG试验区，尽管预测效果比较好，但仅注了17d之后就注不进去了。

7. CO_2 吞吐后转 CO_2 驱

（1）CO_2 吞吐后交替注入（WAG）

先吞吐后转交替注入CO_2段塞和水，交替注入CO_2小段塞和水直到完成所需的CO_2注入总量为止，此后连续注水，当水油比高于$20m^3/m^3$时，终止此过程。

1969年，在阿肯色州Ritchie油田就进行了CO_2吞吐项目。注入地层深792m，孔隙度31%，渗透率$2.714\mu m^2$，油藏面积$89×10^4m^2$，有3口注入井，13口生产井，在油藏温度52℃下的原油相对密度为0.9593，黏度为195mPa·s。每天向3口井注84950~113270m^3的

CO_2，共注了78d，采出的 CO_2 重新循环以注入生产井。注 CO_2 的结果是使产油量从每天 $10m^3$ 增加到 $21m^3$。1970 年开始进行边缘注水，使产油量进一步增加到 $64m^3/d$。在逐渐减少到 $8m^3/d$ 之前，这一产量保持了一年。到 1978 年关井时，该法增加的采收率比一次采收率高 12.5%。1978 年该油田转为交替注入 CO_2 和水的方式又重新开始生产。

(2) CO_2 吞吐后转连续注 CO_2

例如 IkiztePe 油田位于土耳其东南，含 $127 \times 10^6 bbl$ 低比重高黏原油，深度为 1350m。产层为白垩系 Sinan 石灰岩，偶尔有白云岩或不规则溶洞和裂缝，平均孔隙度为 15%~23%，平均渗透率约为 $(50~400) \times 10^{-3} \mu m^2$，由于低油流动度，压力下降迅速，含水率高，累积油产量 $88 \times 10^3 bbl$，油藏中有一个约 10ft 的薄气层，但不能阻止压力的迅速下降。

日本国家石油公司(JNOC)和土耳其石油公司(TPAC)与日本 EOR 研究协会(JEORA)合作在 Ikiztepe 油田进行非混相 CO_2 现场试验，以下是在注非混相 CO_2 中要考虑的一些重要因素。①相邻的 Camurlu 油田有无天然 CO_2 储量；②Camurlu CO_2 气与油藏油的溶解度是否与膨胀测试获得的一样；③由该溶解度带来的原油黏度降低。

选择一个 $200m \times 200m$ 反五点井网配置做试验场。通过中央井 CI 注 CO_2，通过角上的井：CP1、CP2、CP3 和 CP4 生产，还钻了一口观察井。CO_2 以阶段性地采集样品，并装配井底压力监测仪器。

开始注 CO_2 前，在 1993 年 5~10 月，通过注入井 CI 进行了三个 CO_2 吞吐循环。在这一阶段注入气 $6.86 \times 10^6 ft^3$，采出油 912 bbl。开始连续注 CO_2 时，注入压力限制在 $2500 lb/in^2$。CI 的注入速度到 1995 年 3 月从 $0.9 \times 10^3 ft^3/[d \cdot (lb/in^2)]$ 增加到 $3.8 \times 10^3 ft^3/[d \cdot (lb/in^2)]$，说明由于油藏内气体饱和度的上升，渗透率提高了[从 $(0.2~0.3) \times 10^{-3} \mu m^2$ 增至 $(4~5) \times 10^{-3} \mu m^2$]。至 1995 年 3 月该项目结束时 CO_2 注入速度保持在 $(0.8~0.9) \times 10^6 ft^3/d$，在连续注 CO_2 过程中，共注入 $339.42 \times 10^6 ft^3$ 气，产出油 17284 bbl。注入的 CO_2 与增加的油产量之比为 19.6。

为了更好地了解注非混相 CO_2 中的驱替和采油机理，用一个三维多相、多组分模拟器模拟该动态历史。历史拟合及以后的模拟表明好的 CO_2 油藏溶解性是提高原油采收率的最重要因素。如果试验在现有条件下继续，直至到达井的气油比极限 $GOR = 16 \times 10^3 ft^3/bbl$ 时，纯度 90% 的 CO_2 的采收率为 8.6%。

如果用烃类气代替 CO_2，注入气体到达生产井时间比真实试验动态早得多，烃类气与油的溶解度低得多，在降低原油黏度和膨胀方面不如 CO_2 有效。注烃类气的采收率预计为 3.5%。试验场动态评价表明，CO_2 在油藏油中的高溶解度是提高采收率的最重要因素。

此外 1991 年 8 月 Marathon 石油公司在怀俄明州西北部 Park 县的 Halfmoon 油田，对两个产层进行了注 CO_2 开采稠油的先导试验。

Phosphoria 产层是二叠系灰岩/白云岩，埋深 1037m，层厚 12.2m 左右，平均孔隙度 14%，平均渗透率 $17 \times 10^{-3} \mu m^2$；另一产层是 Tensleep，该产层属宾夕法尼亚系砂岩，埋深 1098m，层厚约 30m，平均孔隙度 15%，平均渗透率 $95 \times 10^{-3} \mu m^2$。两个产层中的原油相对密度均为 0.9529，60℃ 时的黏度为 $118 mPa \cdot s$。在 Tensleep 和 Phosphoria 这两个层段分别进行了 CO_2 吞吐试验，结果表明产油量均有增加，且在产油量增加的同时，产水量明显减少，但增产油量的持续时间都很短。

在 Tensleep 层还进行了 CO_2 非混相驱试验，选用的是 Morrison(简称 M)20 井。1991 年 12 月 11 日开始向 M20 井注 CO_2，到 1992 年 5 月 31 日共注了 $1.97 \times 10^6 m^3$ 的 CO_2，平均注

入速度为 1.2×10^4 m³/d。注入剖面表明在 Tensleep 上部 70% 的层段垂向波及情况良好。注 CO_2 几周后，在其中一口补偿井 M12 中大量见气，3月1日、2日、3日测得的产油量分别为 2.32m³/d、0.954m³/d 和 0 m³/d，产气量均为 5.66×10^3 m³/d。M12 关井一周以便让压力恢复起来，并让 CO_2 饱和井筒附近的原油。3月14、15两日，产油量分别增加到 2.7m³/d 和 2.54 m³/d，产气量稍有减少，但没过几天产油量又降到 0.318 m³/d。由于产气量太大，设备处理不了，于是关闭了 M12 井。该井关井前，注入到 M20 井中的 CO_2，有五分之一都循环到 M12 井中了，产油量增加不多，但产水量却大大减少了。在 Weadick 2A 井中确实发现每天增产了 2.385m³ 油，同时产气量也增加了 849 m³/d，产水量没有变化。从 M20 井注 CO_2 开始的生产曲线上看，CO_2 吞吐转 CO_2 驱对现场开采没有不利影响，而且，即使在由于气体突破而关闭 M12 井和由于油价较低而关闭 M24 井的情况下，现场产油量每天仍然平均增加 2.38m³。

（3）吞吐转连续注气再转交替注入（WAG）

对于一般稠油藏可先吞吐后转连续注气再转交替注入 CO_2 和水段塞法（WAG）。

例如，1981年 Champlin 石油公司在加州的 Wymington 油田进行的非混相 CO_2 驱先导试验。Wymington 油田发现于 1936 年，是美国陆地油气储量最丰富的油田之一。Wilmington 油田由 19 个不同性质的砂体组成，分为七个油层组，深度从 2300～4800ft（700～1460m）。

目标层 Tar 层产层埋深 762m（图 10-14），层厚 12m，孔隙度为 24%，渗透率为 0.459μm²；在油藏温度 50℃时，原油相对密度为 0.9725，黏度为 283mPa·s；一次采油及随后的水驱采油的采收率为 30%。

试验区占地 17×10^4 m²，有 4 口注入井，3 口生产井（图 10-15）。CO_2 项目开始之初的含油饱和度为 51%。首先对单井进行了四次吞吐增产试验，1981 年 3 月 21 日开始注入液态 CO_2，采用水气交替注入方式。两口井注入 CO_2，同时另外两口井注水。

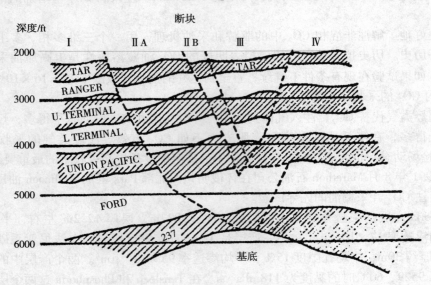

图 10-14 Wilmington 油田油层剖面图

开始注的 CO_2 是液态的，随着采出气的再循环，液态 CO_2 的用量逐渐减少，之后全部注气态 CO_2。为了最大限度地提高扫油效率，采用了 WAG 法，改变 WAG 比以便控制气体突破。原油产量从注 CO_2 前的 4.5m³/d 增加到 1983 年的 32m³/d（最大）。原油产量增加的同时，产水量明显降低，1983年4月，含水从98%降到84%（图10-16）。尽管向先导试验区以外泄漏了大量的CO_2，但试验仍是成功的。1984年开始向邻区扩大试验规模，面积$63 \times 10^4 m^2$，每天产油量增加$60 m^3$。

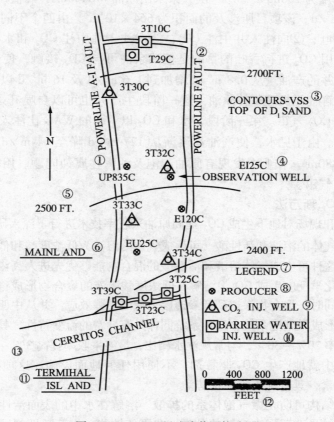

图10-15 CO_2驱试验井网构造图

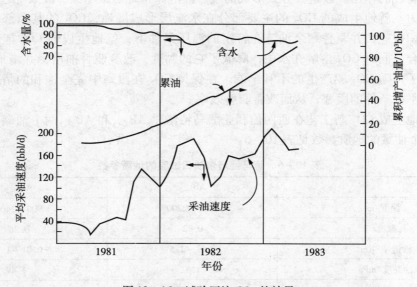

图10-16 试验区注CO_2的效果

又如1976年Phillips石油公司在阿肯色州的Lick Creek油田开始进行非混相CO_2驱项目。产层埋深686m，孔隙度为33%，渗透率为$1.184\mu m^2$。在油藏温度48℃下，原油相对密度为0.9529，黏度为160mPa·s。一次开采采出原油715440m^3，峰值产量为302m^3/d，随后逐渐递减到37 m^3/d。该项目所涉及的面积为$664\times10^4 m^2$，由四个不同阶段组成：①所有井均用CO_2进行吞吐；②向注入井中注CO_2；③向注入井中注CO_2和水；④向注入井中注水。在第一阶段，用CO_2进行吞吐的目的是使残余油可与CO_2接触，使生产井通过自喷开采。这一阶段某些井的产油量从0.8 m^3/d增加到1.6 m^3/d及16 m^3/d以上。第二阶段增加了油层压力，由溶解气驱机理驱替原油。这一阶段生产井也可以自喷开采，产油量增加了，但同时也观察到了CO_2气窜。第三阶段，水和CO_2以1:1的WAG比注入，采用气举方式生产，产油速率稳定。由于见水，使产油量逐渐从127 m^3/d降至64 m^3/d。据估计由注CO_2增产的油量为254380m^3。作业中发现有原油起泡及油管柱腐蚀问题。用非离子聚合物处理注入井可减少CO_2气窜。

8. 地下生成CO_2新方法

前苏联在室内和现场对地下生成CO_2提高原油采收率技术进行了深入研究。实施时，连续向地层注入可生成气体的溶液和活性酸。可生成气体的溶液为低浓度酸和低浓度表面活性剂及聚合物的混合液。这种可生成气体溶液和活性酸的混合物能够优先进入高渗透层。在高渗透层中，两者产生放热化学反应生成CO_2。溶解在低浓度酸溶液的聚合物形成稳定的泡沫屏障，堵塞高渗透层，与此同时，聚合物渗透到低渗透层表现出黏弹效应，并从中驱替出原油。另一方面，由于放热反应形成微气泡系统，这种系统同样具有异常的流变特性。具有这种流变特性的系统能提高水驱效率20%~30%，与常规注水相比，最终采收率提高3%~5%。

显然，在地层中就地产生CO_2驱替剂，不使用任何地面设施。这项技术排除了任何对环境不利的影响因素，具有优先推广优势。

聚合物的网络结构可防止微气泡体系的扩散。溶解在水中的表面活性剂在流动时使孔隙空间性能变化，其结果改善了水溶液的黏弹、非平衡性能。表面活性剂同时也具有降低油井和地面设备腐蚀的作用。以这种方式形成的气-液泡沫系统对跟随气-液系统之后的注入水形成附加阻力。就地生成的CO_2的主要部分在水淹层形成屏障，CO_2的其余部分溶解在油中，产生体积效应，并驱替剩余油。在特定的温压条件下，就地生成的CO_2能够与原油以任意比例混合，同时CO_2溶解在水中，降低了它的黏度，改变驱替前沿，并增加驱替效率。这样就消除了伴随CO_2驱产生的不利影响。在保持CO_2在段塞中完全饱和的情况下，就形成单相、非平衡条件的段塞，从而改善驱替效率。

这项就地生成CO_2新工艺在西西伯利亚萨马特洛尔AB_{1-3}和AB_{2-3}两个油藏进行了现场实验。这两个油藏的地质参数见表10-6。

表10-6 萨马特洛尔油田试验的地质参数

	AB_{1-3}	AB_{2-3}
深度/m	1800~2200	900~2400
孔隙度/%	0.22	0.25
渗透率/μm^3	0.01~1.5	0.01~1.5
原油黏度/mPa·s	1.3	1.4
原油密度/(kg/m^3)	830~855	810~860

首先在3口注水井中进行了实验。碳酸钠和盐酸混合物按计算量分几个循环注入到地层。在最后一部分混合物注入井后关井反应24h，然后使水井投注，在周围油井测量油水产量。

在油田试验3个月后，周围油井的总油产量平均增加2倍，有些油井产量增加更多。同时，这些油井产水量保持稳定或者降低。

采用Ashakhverdier研制的标准方法来估计CO_2提高采收率项目的效率。这种标准方法是基于Kolmogrov-Erofeev的参数方程，该方程涵盖油田整个生产期，可以解释不同阶段油饱和地层的动态条件。

根据油田的实践也已发现，对整个油藏及试验区产量下降曲线在一定的时间阶段呈现非对称逻辑模式。图10-17为西西伯利亚萨马特洛尔油田（8单元，AB_{1-3}层）采油曲线图。

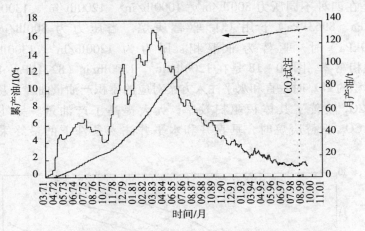

图10-17 萨马特洛尔油田AB_{1-3}油藏的产油动态曲线

从上述试验区内从1999年4月开始的8个月内共产出98953t原油，其中因使用该项CO_2技术而采出2700t以上的原油。这项技术也在其他地区进行了试验，试验规模包括13口注入井和周边90口产油井。试验中由于采用这项注CO_2技术，多采原油120000t。

三、提高CO_2驱驱油效率技术

CO_2驱除了有利于驱油因素外，同时还存在一系列不利因素：①温压条件变化导致CO_2浓度降低，随后出现蜡和沥青质从原油中沉淀析出；②由于油层非均质性，可产生油井CO_2气窜；③油井和油田设备腐蚀；④CO_2输送问题；⑤工艺成本费用高；⑥在油田附近缺乏CO_2气源或者供应量不足；⑦由于渗透率低，注入能力不足。从油藏工程角度，可有以下方法解决。

1. 提高油藏的注入能力

当油藏的渗透率较低，注入能力达不到设计的要求，而提高注入压力会超过地层破裂压力，往往可以通过增加注入井点或通过水平井提高注入能力。

（1）增加注入井数

例如美国西得萨斯Wasson油田的Denver unit油藏ⅡA区计划每半年交替注入水和气段塞，注气达到40% HCPV后改水驱。但该区在早期注水阶段注入能力差，但为了达到设计的注入速度，不得不提高压力，超过地层破裂压力，导致流体少注25%。为了降低注入压力

不得不改反九点法为行列井网，由注气井33增加到60口。同时水气交替周期延长到1年。

(2) 应用水平井

1992年Lim M. T.等人对水平井CO_2驱进行了模拟研究。应用组分状态方程模拟软件对比了水平井和竖直井几种组合和各种油藏条件下CO_2驱的动态。研究所用油藏和流体性质来自西得克萨斯碳酸盐油藏。先用层状油层研究水气交替比的影响，用同一油藏情况和水平注入井－垂直生产井的组合研究了垂直渗透率、水平注入井长度和位置的影响。最后又应用受岩心数据约束的随机渗透率场进行三相流动模拟。结果表明，应用水平井CO_2驱会显著缩短项目所需时间，提高经济效益，并且在水气交替比为1:1左右时比连续驱替的效果更好。

怀俄明大学J. R. Ammer等人用一个三维高压物理模型进行了水平井和垂直井CO_2混相驱实验。实验是在四种不同压力800lb/in^2、1000lb/in^2、1200lb/in^2、1300lb/in^2（5516kPa、6859kPa、8274kPa、8963kPa）下用CO_2驱替庚烷，当压力为800lb/in^{2}和1000lb/in^2（5516kPa、6859kPa）时，驱替为非混相。压力为1200lb/in^2、1300lb/in^2（8274kPa、8963kPa）时为混相驱替。图10－18是在1200lb/in^2、1300lb/in^2（8274kPa、8963kPa）压力下注入2倍孔隙体积的CO_2时垂直和水平注入方案对应的累积产油量曲线。从曲线中可看出，通过水平井注CO_2改善了其体积驱扫效率，大大提高了产油量。另外，在1300lb/in^2（8963kPa）下用CO_2驱替庚烷时，垂直井和水平井注入条件下的最终采收率分别31%和40%。

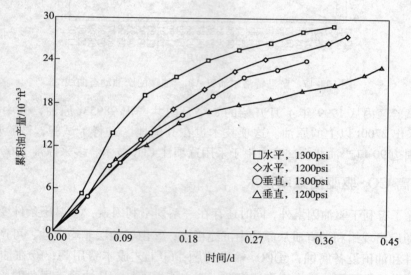

图10－18 垂直井和水平井注入条件下的累积产油量曲线

1997年，土耳其的研究人员利用三维模型对CO_2非混相驱替重油进行研究。其三维物理模型尺寸为30cm×30cm×6cm，充填18°API重油、盐水和压碎灰岩，共进行20次试验。采用4种不同的非混相CO_2和水驱油方法开采重油，即连续注CO_2、注水、同时注入CO_2和水以及水－气交替注入。采用的三种布井方式为：①垂直注—采井；②垂直注入—水平生产井；③水平注—采井。基础试验仅采用水和CO_2，确定水—气交替注入和同时注入水和CO_2的最佳注入速度。在注气速度相同的条件下，水平注—采井采收率差。在注气速度较低条件下，垂直注—采井效果最好。采用水平生产井匹配垂直注入井进行同时注水和CO_2试验,获得较高的采收率,为原始石油地质储量的20.61%。水气交替注入实验的水和CO_2段塞体积比为1:3~1:10,对于气—水比为1:7的水—气交替注入试验,垂直注—采井采收率最高,为原始石油地质储量的21.04%。

应用水平井进行CO_2驱提高采收率已在美国得克萨斯、犹他州的一些油田成功地完成了大量的矿场试验。

美国得克萨斯的北Central levelland单元针对注入能力差的原因,为即将进行的CO_2驱项目,已钻3口水平井,其中两口为注入井,以提高注入能力,使注入能力提高300%。

2. 应用智能井技术改善CO_2驱效果

智能井技术就是不需要井下作业,通过井下传感器遥控井下注入量或采液量,改善CO_2驱波及体积,提高二氧化碳驱效果,提高采收率。主要包括流量控制仪,直通隔离分割器,控制-连接动力电缆以及井下传感器、地表数据采集与控制。

对于高度非均质的油藏气窜问题严重。智能井技术主要通过生产井智能完井技术实现多层高度非均质的油藏单层的压降和流量控制,注入智能完井技术可实现层间的CO_2分布,限制气窜、贼层和增加波及层面积。通过关闭其他层,实现目标层段的增产和清洗作业。减少常规作业的成本和时间。实现单层压力和产量的测试。

2005年在美国西德克萨斯的SACROC单元的一个井网中开展先导实验,包括3口生产井和2口CO_2注气井。其中4口井(3口生产井和1口CO_2注气井)通过3个层节流装置,分割4个层,另外1口CO_2注气井通过2个层节流装置,分割3个层(图10-19)。

通过智能井的层段控制阀关闭气窜层,酸化其他层段(图10-20),实现增加产量,降低CO_2的产量。

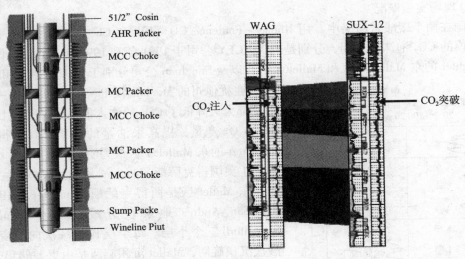

图10-19 3层智能井完井图　　图10-20 SU X-12和对应注入井横剖面

3. 应用CO_2泡沫驱提高开发效果

(1)在CO_2驱中添加泡沫的作用

泡沫CO_2驱中的好处可以包括:①通过减少单位采油量的CO_2注入量,提高CO_2利用效率;②减少产气量及与此有关的处理费;③通过提高CO_2注入压力而改善波及效率来增加采油量;④加速石油开采,由于使用泡沫往往能提高井底的注入能力,迫使增加的CO_2流到早先未波及的油层范围,可以直接增加产油量。假如受气体处理设备限制导致生产井关

井或减少 CO_2 注入量，也可以间接增加油产量。

增加 CO_2 的平均注入速度，CO_2 泡沫能加快石油的开采。目前，许多 CO_2 驱工作者，借助水气交替的注入方案控制气窜。这样，每年注水时间多达 6~8 个月。在控制气窜方面，泡沫可以比单独的水更有效，因此允许更长的 CO_2 注入周期。加速 CO_2 注入必然转化为加快石油开采。通过改善波及效率，泡沫还可以改善驱替的经济条件，并允许超出 CO_2 驱预定的体积继续注 CO_2 和三次采油。

泡沫的好处可以由剖面调整或流度控制，或者二者兼有而得到。优先降低较高渗透层流量的井眼附近的泡沫起了调剖剂的作用。在这种情况下，层内垂向流动的某些障碍对改善波及效率是必要的。如果打算用泡沫使某个油层注入 CO_2 的速度增加，则井底压力也必然增高。井眼附近的泡沫也许未必改善注入剖面；泡沫可能优先阻塞较致安的储层，从而使注入剖面更坏。

(2) 目标层和井的选择标准

适合泡沫处理的目标层是：①多个或很薄的贼层；②储层内与目的层垂向上分不开的贼层；③可能影响井组产油量的贼层；④用常规方法不能处理的贼层。

同时泡沫处理的目标层需要具备：①异常高的产气量和油气比；②注入井的井口压力低；③容易识别的高渗透率贼层；④并非处理井才有典型窜流问题。

(3) 注入工艺

一种方法是活性剂与 CO_2 气体同时注入，这种方法操作困难。除此之外，主要有活性剂与 CO_2 气体交替注入(SAG)的方法：将稀的含水活性剂和 CO_2 多次交替注入，其优点是泡沫的作用更均匀，保证活性剂与 CO_2 流入相同的油层，一般周期比较大的更能降低注入能力。

(4) 现场实施概况

美国在两个碳酸岩储层中，用 Rhone - Poulence CD - 128 和 Chevron 活性剂，进行了 4 次大规模的 CO_2 泡沫驱应用，分别是 HOCKCEY 公司于 1991 年和 1992 年 3 月在美国得克萨斯 Slaughter 的东 Mallel31 区和 Mallet68 区，以及 Sun Juan 公司分别于 1992 年 4 月和 1993 年 12 月在犹他州的 Mcelmo 溪 P - 19 区和溪 R - 21 区实施。都大大降低了 CO_2 的注入能力，部分项目见到了降低 CO_2 产量，提高采油量的效果，其中得克萨斯 Slaughter 的东 Mallel31 区最为明显。

①美国得克萨斯 Slaughter 地质开发概况：

东 Mallet 区是西得克萨斯 Slaughter 油田的一部分。San Andres 地层被分成 Mallet，Slaughter 和 Slaughterll 三个小层。每个层代表一次向上变浅的碳酸盐沉积旋回，Mallet 沉积旋回是由更差储集岩组成，Slaughterl 和 Slaughterll 则是由于沉淀、盆地的充填，下沉以及海洋能量的涨落生成的纯净沉积物。一种高能海洋环境的典型沉积物，例如支撑颗粒的团粒(粒状灰岩)压在潮上硬石膏上面。随着继续沉降，泥粒灰岩和粒泥状灰岩就堆积在这个粒状石灰岩上面，从 31 井附近一口井取岩心测定，孔隙度为 1.1% ~ 18.2%，渗透率为 $(0.01 ~ 28) \times 10^{-3} \mu m^2$。Slaughter

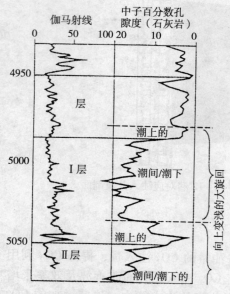

图 10-21 Mallet 区典型测井曲线

层的平均孔隙度为 8.8%，平均渗透率 $3.62 \times 10^{-3} \mu m^2$，其典型测井图示于图 10-21。

东 Mallet 区 1940 年投入开发，面积 2480acre，共有 72 口井。1944 年一次开采（溶解气驱）产油量最高达 3000bbl/d，1964 年开始行列水驱，1984～1986 年聚合物驱强采。1964～1989 年加密钻井 60 口。1944～1964 年累积采油 1100×10^4 bbl，1964～1989 年累积采油 2000 万 bbl。

1989 年开始 CO_2 驱时，实际有 82 口生产井及 41 口注入井，构成平均 20acre 井距的鸡笼式井网。该区当时产油约 2000bbl/d，产水 15000bbl/d，产气 50×10^8 ft^3/d。当时的注入速度为 15000bbl/d 水和 2000×10^4 ft^3/d CO_2。设计的 CO_2 注入量等于 35% 的含烃孔隙体积（HCPV）。

②实施后注入井的反应。

31 井的注入速度和井口压力如图 10-22。在注泡沫的周期内，井口压力数据被平均或修正，为的是不泄漏 SAG 程序的细节（那些反映在压力反应中）。这样，代表了总的影响和趋势。注泡沫期间的 CO_2 最大注入量为 28×10^4 m^3/d。

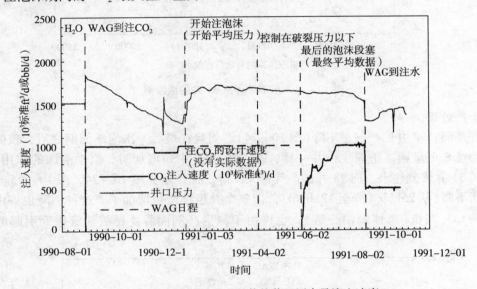

图 10-22 东 Mallet 区 31 井的井口压力及注入速度

为了确定泡沫在降低 CO_2 注入能力上的相对效率，通过绘制 CO_2 注入量和井口压力增长值的累积日乘积与活性剂注入量的关系曲线来确定活性剂的利用率（图 10-23）。这种分析的基础是注入能力为活性剂用量的函数，而且在注入压力和速度较高时，泡沫消失的越快（根据观测），图 10-23 表明，在 31 井每注 1×10^6 ft^3 的 CO_2，井口压力平均增加 1psi，需要有效活性剂 0.58lb，因此，在注入量平均为 75×10^4 ft^3/d CO_2 时，保持井口平均压力提高 1psi，每个月需要有效活性剂 5000lb。

根据试验的中途观察确定，在每个 SAG 周期之后，都超过了地层破裂压力。1991 年 4 月，把最大的压力调控到这个值以下，在此之后泡沫的作用似乎延续更长了。总共注了活性剂 16200kg 之后，CO_2 的注入能力继续受影响达 11 个星期。在最后一个活性剂段塞之后的 6 个星期里，在最大的压力下把 CO_2 的注入速度逐渐提高。在注入量达到 23.8 万 m^3/d 时（设计值），压力开始下降。大于 3 周以后，压力下降更快。两个星期之后，该井转为注水。

这次处理之前，27 号和 28 号注入井（分别对应 97 号和 98 号生产井）有 6 个月按标准的 WAG 周期工作。处理期间，这些井继续注水。

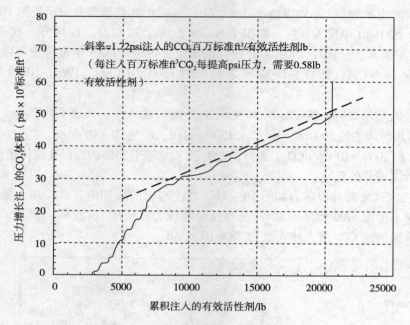

图 10-23 东 Mallet 区 31 井的活性剂

③生产效果。

处理期间，98 井的产气量下降（图 10-24），而且在最后一次泡沫周期之后，较低的产气量还持续 8 个星期。正像注入井一样，98 井在 8 月中旬增加时，似乎泡沫的作用减弱。此后不久 31 井恢复注水，而 98 井的产气量又下降。油产量见图 10-24，图 10-25。98 井产量有所下降（从 25bbl/d 降至 12bbl/d），但整个井组油产量增加了。这种下降也许由于流向该井的 CO_2 减少（与伴随油一道），也许由于测生产剖面需要释放油管错而引起的泵效问题。

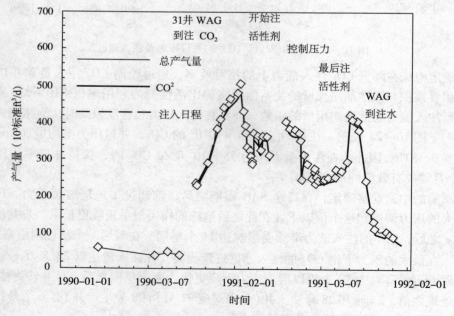

图 10-24 东 Mallet 区 98 井的产气量

用两种方法分析了井组的产油量变化。图10-25表示拟合不同驱替阶段开采数据的指数递减曲线。1989年5月以前的水驱期间,产油量急剧下降。递减的第二个阶段被认为是,对开始注CO_2直到开始泡沫处理的初步反应。大概是因为注CO_2的原因,这里的产油量开始增加并且递减曲线变平,拟合了开始注泡沫之后的第三段曲线。根据WAG和泡沫递减曲线之差,产油量增加31%。要说明的是,WAG和注泡沫的时间都很短,这种分析准确性不一定很高。

第二种分析方法见图10-26,它是按井组累积产油量随时间的变化关系作出来的。从斜率变化表明,开始泡沫处理之后,产油量增加22%(2.16t/d)。产油量增加也许可以归因于相对于注泡沫周期来说是更持久的注CO_2,或者是泡沫使CO_2改道流到油层的致密区,或两种因素都有。重要的是,无论产油量增加是改善波及的直接结果还是仅仅由于注CO_2的阶段延长,但是如果不用泡沫控制产气量,由于气窜就不可能继续注CO_2。

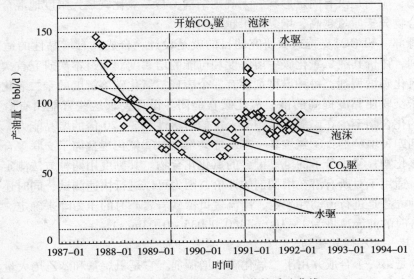

图10-25 东Mallet区318井的采油曲线

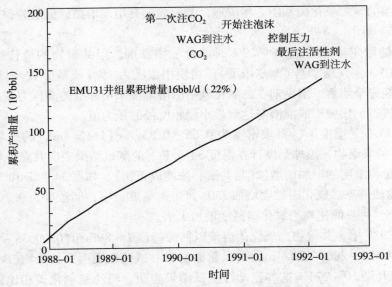

图10-26 东Mallet区31井组的累计产油量

④注采剖面。

注泡沫之前(1990年10月25日和12月14日)两个剖面表明,射孔井段上部6m的流量分别占总流量的43%和16%。在1500~1500.6 m这个井段包括可疑的高渗透率孔道。在泡沫处理期间得到的三次剖面中,没有一次表明有气进入顶部6m的井段。应当注意的是由于套管外面可能窜槽,注入剖面测井图也许没有真实地表明进入不同油层的流体分布状况。在98井做的生产剖面测井也表明,在泡沫处理期间有一个很薄层中的产气量下降了。

4. 使用二氧化碳增黏剂

由于二氧化碳与原油的黏度比大,容易发生指进,选择合适的二氧化碳增稠剂是一个有效解决的方法,但要求增稠剂价格便宜、安全在油藏条件下性能稳定。近二十年来,为了研究而进行了大量的尝试和努力。Heller等人首次研究了这一课题,他们认为对于溶入二氧化碳中的聚合物,应当是没有固定形状,无规则结构,与二氧化碳最大限度地混合扩散。另一个结论是聚合物分子质量越高,增黏效果越好。

美国能源部(USDOE)支持这项研究的目的就是设计、合成具有增黏性的适合于浓缩二氧化碳增稠剂,评价其在二氧化碳中溶解度和可能的增黏度。通过本次研究首次成功地设计并合成了二氧化碳增稠剂。每种增稠剂都有一个表现二氧化碳溶解度的亲二氧化碳官能团和一个促进分子交联使黏度提高的憎二氧化碳官能团。设计要求这些官能团有恰当的平衡比例,使产生的化合物至少在二氧化碳中有一定的可溶性和2~20倍的增黏能力。

研究得到四种增稠剂:①氟烷基—苯乙烯共聚物;②氟化远螯离子交联聚合物;③半氟化三烷基酸氟化物;④小分子的氢键键合的氯化化合物。其黏度用两种方法测定。第一种是滚球黏度计,适用于对所有潜在增稠剂的评价,因为可以进行快速测试,同时还可进行相态测定。第二种方法是进行流动性测定,用流过贝蕾砂岩岩心时的压力降来确定。稠化的二氧化碳流过岩心时的前缘速度为$1\sim100\text{in/d}(0.00035\sim0.03\text{m/s})$。

(1)氟烷基—苯乙烯共聚物

该共聚物是第一个合成并用于二氧化碳的增稠剂。它是氟烷基和苯乙烯大量混合的随机共聚物,相对分子质量大约在50000。在室温条件是白色,略像蜡的固体。氟烷基链末端有大量的用于增溶的亲二氧化碳基团。相应地,苯乙烯上有用来增黏、促进芳香基团分子间交联的憎二氧化碳基团。

尽管苯乙烯摩尔浓度在20%~29%时能合成增黏剂,但共聚物的最佳组成是苯乙烯29%(摩尔浓度)+强烷基71%(摩尔浓度)。当使用浓度为1%(质量分数)时就有效、而不需要助溶剂就能完全溶解。增稠剂在二氧化碳中的溶解度采用标准的高压力相态测定仪在有小窗的小室中进行。比较形成溶液与达到最小温相所需的压力值。

在34.9~43.7°F温度下,要求密度为$0.65\sim0.85\text{g/cc}(1\text{cc}=1\text{mL})$的二氧化碳能溶解0.25%~2.0%的共聚物。滚球黏度计在温度34.9°F下的测试结果表明共聚合物辅助的二氧化碳黏度随共聚物浓度的增加而增加(与共聚物浓度成正比)。如在34.8°F和34MPa下浓度为5%的共聚物使液态二氧化碳黏度增加250(剪切速率20s^{-1});而浓度为0.2%的共聚物在剪切速率3000S^{-1}时只能比纯二氧化碳黏度增加1倍。

在温度34.9°F下,共聚物二氧化碳溶液以前缘速度$1\sim80\text{in/d}(0.00035\sim0.028\text{m/s})$速度流经渗透率为$(80\sim200)\times10^{-3}\mu\text{m}^2$的贝蕾砂岩岩心试验也说明,共聚物(PolyFAST)是一种有效的增黏剂(图10-27)。这些流动性测试结果表明,与纯二氧化碳相比,当前缘速度为$(1\text{in/d})0.00035\text{m/s}$,浓度为0.5%的共聚物,(苯乙烯29%+氟烷基71%)可使二氧化碳黏度增加2倍。而浓度为1%和1.5%的共聚物使二氧化碳黏度分别增加8倍和19倍。共聚物浓度越低、注入速度越高则黏度增幅越小。

如果降低苯乙烯的使用比例，化合物在二氧化在二碳中更易溶解，但增黏能力减弱。苯乙烯比例较高时，二氧化碳的溶解度和增黏能力均减弱。显然，增加的苯乙烯量增强了芳香基因分子内的相互作用，这些芳香基控制着增黏行为。总之，当压力增加而剪切速率减少时，溶液黏度随共聚物浓度增加而增加。

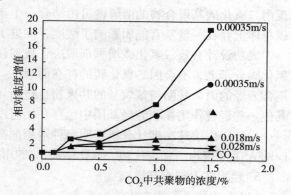

图 10-27 聚合物—二氧化碳混合液流经贝蕾岩心时相对黏度增幅随聚合物浓度的变化

（2）其他增黏剂

另两个直链二氧化碳增稠剂是半氟化三烷基酯氟化物和氟化远螯离子交联聚合物。在不使用助溶剂时也在浓稠的液态二氧化碳中至少可溶解一定的百分比。用滚球黏度计在34.8°F下测定溶液黏度，当增稠剂浓度在2%~4%时，液态二氧化碳黏度增加2~3倍。

尽管这两种增稠剂都有效，但黏度的增幅比预计的要小得多。结果表明，由于设计的化合物中增溶的亲二氧化碳基团与增黏的增二氧化碳交联基团按恰当比例混合而成，所以使二氧化碳增黏变为可能。然而，这种化合物却不如29%苯乙烯+71%的氟烷基共聚物有效。

据推论，半氟化三烷基酸氟化物不会使溶液黏度提高多少，因为氟化的烷基链破坏了交联作用，这种作用会形成增黏的、弱交联的线性聚合物。用远螯离子交联聚合物来增加黏度也比预计的小，这是因为二氧化碳可溶离子交联聚合物的相对分子质量较低，这类化合物窘境在于相对分子质量越高就越不易溶于二氧化碳，因此黏度增幅较小。

（3）二度尿素塑料和尿素塑料

评价氟化的冬氨酸酯二度尿素和尿素的溶解度和增黏能力，在温度低于212°F，压力小于48.3MPa条件下，所有样品均溶于超临界状态的二氧化碳中。氟醚基取代的二度尿素塑料和尿素塑料比氟烷基聚代的塑料更易溶解于二氧化碳。氟醚基链越长会极大地减少了连接于尿素官能团上的浓度，导致增黏作用减弱。尿素塑料比对应的二度尿素塑料极性小，但在二氧化碳中的溶解性更好。苯基的存在使尿素塑料的溶解性降低，说明芳烃官能团是憎二氧化碳的。这些结果表明这一类化合物不会使二氧化碳黏度增加到共聚物的程度。比较二度尿素塑料和尿素塑料溶解度一般是氟醚基末端二度尿素塑料＞尿素塑料＞氟烷基尿素塑料＞氟烷基二度尿素塑料和氟烷基尾连尿素塑料系列。烷基的亲二氧化碳能力如下：3,5-(CF3)—苯基＞乙烷基甲基丙烯酸酯＞已基＞p-CF3—苯基，p-F—苯基和苯基。对应的尿素塑料在二氧化碳中的溶解度也有相同的趋势：3,5-(CF3)—苯基尿素塑料＞乙烷基甲基丙烯酸酯尿素塑料＞已基尿素塑料。在常温及压力低于34.5MPa下这些化合物均可溶于二氧化碳，当使用浓度小于6%时，可使溶液黏度增加1.1%~1.6%。以上研究结果表明，这类化合物对二氧化碳增黏性不会达到苯乙烯—氟烷基共聚物的程度。

（4）有机动物胶

另一类合成的化合物是有机小分子，它能在较低浓度下交联各种溶剂，包括二氧化碳、三氯甲烷、含氟化合物等。凝胶形态依赖于有机动物胶的浓度和分子结构。可以确信，这一结构由氢键连在一起,但是长烷基链的疏水作用与凝胶结构无关。

为了弄清并改善这些共聚物增稠剂的性能,研究了间隔长度的影响及芳烃环的数量。发现憎二氧化碳基聚合物的溶解度可由结合一个亲二氧化碳的氟烷基单体而得到。在憎二氧化碳单体上存在一羰基官能团影响了酸度,促进了溶解性的增强。

成功设计有效二氧化碳增稠剂取决于找到合适的聚合物官能团,这种官能团可结合在二氧化碳分子上,不会因二氧化碳的存在而紊乱。这些化合物能够形成稳定的超分子结构。对不含芳烃的丙烯酸酯与氟烷基的共聚物也进行了研究,以验证芳香环结合强度。结果表明,其他一些键合作用在非芳烃基团中也存在,但没有数据,很难下结论。

尽管采用滚球黏度计分析证明每种增稠剂都使二氧化碳黏度有很大增加,但最有效的是 PolyFAST 共聚物,黏度比纯二氧化碳高出 250 倍以上。

5. 混相注入剂增产措施

(1)混相注入剂增产措施的概念

Victor 水力层段(包括 2B 层、2C 层、3 号层和 4A 层的一部分),一般约为 150 ft,如果可能,会有很少的延伸页岩或其他垂向渗透率屏障。鉴于储层底部全部水淹了。虽然生产井一般是在储层顶部附近完井的,但在整个剖面上注了混相注入剂。水气交替注入是受重力强烈控制的,混相注入剂迅速垂向分离。很薄、极高渗透层控制着储层中的水平流动,这通常出现在 Victor 层段的上半部。混相注入剂驱扫注入井附近的油,而大部分储层未波及到。

通过对 3-18A 井进行取心,确定了 Victor 层段的实际混相注入剂波及效率,并且在以前的一篇论文中全面地提供了这一资料。Victor 层段水气交替驱的历史拟合、全组分油藏模拟示出一个很有限的地区,在该地区内,EOR 油实际是可动的。虽然整个层段对注入是敞开的,但溶剂没有接触该层段底部 100ft 的地方。模拟研究表明,通过应用一个优化的水气交替注入工艺,能够提高采油量。在这一优化的水气交替注入工艺中,将大的混相注入剂段塞注入 Victor 层段底部 20~30ft 处。为了以后的水气交替注入循环,将整个层段射孔。

就是在采用优化的水气交替注入工艺的情况下,大部分层段没有受到混相注入剂的影响。这一未受影响的地区就是混相注入剂增产处理的目标。在垂向混相注入剂增产处理工艺中,通过向 Victor 层段顶部的射孔孔眼挤水泥,暂时将生产井转成注入井,然后在储层基底附近进行射孔。以高注入量(约为 $4000\times10^4ft^3/d$)注入大的混相注入剂段塞(10×10^8~$40\times10^8ft^3$)。在溶剂段塞之后,进行短期注水,注水保证安全的操作并且将混相注入剂驱入较深的储层。底部射孔孔眼被砂或桥塞所覆盖,在 Victor 层段的顶部,将井作为生产井重新进行完井。

在侧向混相注入剂增产处理工艺中,从生产井或注入井中,沿储层基底钻水平侧向井。沿侧向井将混相注入剂连续注入几个层段(混相注入),以便使未波及到的地区内的油流动。因为重力分离是主要的,所以通过最高注入量分别注入每个混相注入剂泡,而不是沿井的整个长度同时注混相注入剂,混相注入剂能够驱扫大得多的储层体积。这就产生了多点源,每个点源具有高黏滞力—重力比,而不是具有低黏滞力—重力比的单线源。每个混相注入剂段塞约为 $30\times10^8ft^3$,并且尽快将段塞注入(一般约为 $3000ft^3/d$)。在每个溶剂段塞之后,短期注入追踪水。完成每个层段的注入后,放置桥塞并且对下一个层段进行射孔。然后将该侧向井恢复正常的开采或注入运转。图 10-28 说明了垂向和侧向混相注入剂增产处理工艺。

(2)3-36 井垂向混相注入剂增产处理

用一个二维可变宽度模型进行的模拟表明,以 300bbl/d~1000bbl/d 的初始采油量,一口垂向混相注入剂增产处理井能够增加采出 $20 \times 10^4 \sim 40 \times 10^4$ bbl 油。根据这个鼓舞人心的模拟结果，1996 年 8 月，在 3-36 井进行了垂向混相注入剂增产处理。将大约 15×10^8 ft^3 混相注入剂注入了 Victor 层段的下部。由于延误和操作问题而耽误了几个月后，放置了一个膨胀式桥塞，以便封隔混相注入剂增产处理射孔孔眼，并且在 Victor 层段的顶部，对该井重新完井。

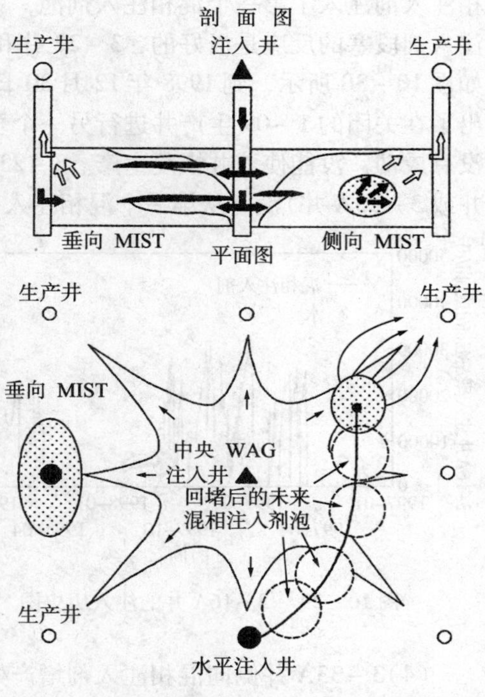

预测的从 3-36 井增加采出的油量约为 500bbl/d，但实际从该井增加采出的油量仅仅为 150bbl/d。总液量异常地低，并且该井几乎恢复到没有一点溶剂。酸化增产措施稍微提高了总液量，但没有大幅度增加采油量。3-36 井混相注入剂增产处理后来的流线分析表明，3-36 井要通过混相注入剂增产处理工艺采出大量的油是困难的。大部分流动油被驱向高产生产井。

虽然 3-36 井垂向混相注入剂增产处理没有达到预期效果，但是从该项试验中得出了三个重要结论：

①储层中溶剂垂向运移慢。这对于混相注入剂波及效率具有重要的意义。混相注入剂的迅速垂向运移表明，混相注入剂增产处理工艺的潜力很小。慢的垂向运移能够使混相注入剂接触大量的残余油。

②近井损害机理导致混相注入剂增产处理生产井的采液量低。混相注入剂的高二氧化碳含量（20%）和近井地区大的压力变动（从注入时的 4500lb/in^2 下降到开采时的 1500lb/in^2）很可能是近井区域内碳酸盐结垢溶解和以后再次沉淀的原因。这种结垢可能太深，不能有效地进行酸化，但小型水力压裂处理应该对这种结垢有效。

③垂向混相注入剂增产处理的增产效果将很可能扩展到几口井，根据二维模型的增产效果，混相注入剂增产处理井的增产效果被减弱了。为了进行混相注入剂增产处理动态预测，需要进行平面建模，以便获得多井效果。

(3) 3-16A 井侧向混相注入剂增产处理

3-16A 井是一口有严重机械问题的老水气交替注入井，严重的机械问题妨碍了向 Victor 层段的注入。设计在该井进行混相注入剂增产处理试验的目的是，通过获得高溶剂效率证明侧向混相注入剂增产处理工艺的商业潜力，优化该工艺。

1997 年 4 月，用挠性管侧钻了 3-16A 井。大约钻了 2330ft 长的水平井段，并且用直径 $2\frac{7}{8}$in 水泥衬管对该井进行了完井。对井眼轨迹进行了设计，以便平衡来自 2 口高产生产井（3-22 井和 3-25A 井）之间的第一个注入点的受效。井眼轨迹在关闭的 1-09A 生产井附近终止。这一小井距提供了垂向混相注入剂增产处理工艺的另一个可能的试验。

1997 年 4 月 21 日，开始向 3-16A 井注入混相注入剂。最初射孔层段为 100ft。不幸的是，射孔器没能收回，而留在了井中。这一限制导致注入量不稳定，所以又对 40 ft 层段进行了射孔，并且泵入了酸化增产液。尽管有这些操作，到 11 月 2 日，总共将 30×10^8 ft^3 混

图 10-28　垂向混相注入剂增产处理和侧向混相注入剂增产处理的概念

相注入剂注入了第一个混相注入剂泡,就在这时向该井后续注水(图10-29)。第一个混相注入剂段塞的反应是极好的,3-22井和3-25A井增加的采油量都保持在1000bbl/d以上。如图10-30所示,到1998年12月30日,累积增加的EOR油量几乎为$80×10^4$bbl。预先提出了在关闭的1-09生产井进行另一个垂向混相注入剂增产处理采油试验。但要求套管修理没有成功,没能使该井恢复生产。3-23井(在Victor层段,该井的产量低得多,不是3-22井或3-25A井)没有从第一个混相注入剂泡受效。该井从第二个混相注入剂泡受效显著。

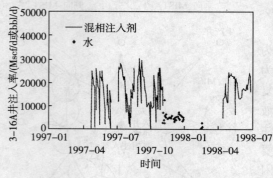

图10-29　3-16A井的注入历史图

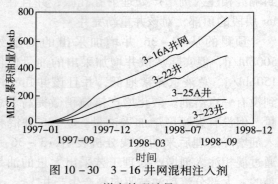

图10-30　3-16井网混相注入剂
增产处理油量

(4)3-33A井侧向混相注入剂增产处理

3-33A井是一口老边部生产井,1993年已将该井转成水气交替注入井。该井出现了管后大量窜槽,需要进行修井。该井进行混相注入剂增产处理试验的目的与在3-16A井进行混相注入剂增产处理试验的目的相同。但是,不同于3-16A井,3-33A井位于一地区的内水气交替注入井网内,已向该井网注入了大量的溶剂。

1997年4月,用挠性管对3-33A井进行了侧钻。钻了大约2350ft长的水平井段,用直径$2\frac{7}{8}$in水泥衬管将该井完井。在3-32A井、9-03井和9-26井,见到了预期的增产效果。在这些井中,9-03井具有来自Victor层段的最高采油量,预料该井受到混相注入剂增产处理的效果最大。不幸的是,膨胀式桥塞在Zulu和Victor层之间的封隔器的尾管内卡住了,这妨碍了该井从Victor层段采油。打捞或磨铣这个桥塞的多次尝试都失败了。最后,于1997年11月23日对尾管进行射孔,从而实现了9-03井从Victor层段的采油。

1997年5月24日,开始向3-33A井注入混相注入剂。到10月23日,总共将$44×10^8$ft³ 混相注入剂注入第一个混相注入剂泡,就在这时,向该井后续注水。第一个混相注入剂段塞的反应是好的,3-32A井和9-26井增加的采油量保持在300~500bbl/d。到1998年9月30日,累积增加的EOR油量大约为$30×10^4$bbl。虽然9-03井仅从第一个混相注入剂泡获得中等增产效果,但该井从第二个混相注入剂泡获得很大的增产效果。

四、CO_2驱监测新技术

1. 试井和取样方法监测

国外Hansford Marmaton对一般井每季度试井一次。所有生产井的气样一年至少采集并分析两次,监测项目动态。

Hansford Marmaton油田位于美国得克萨斯Panhandle最北部。自1980年6月开始注CO_2以来,生产效果一直极好。至1988年已经注入了13734MMscf($389×10^6$m³)购买的CO_2和

20238MMscf($573×10^6m^3$)的采出气。油藏压力超过1500psi(10342kPa),接近最小混相压力。产油量从30bbl/d已经增长到超过600bbl/d($4.8～95.4m^3/d$),累积产油量是$1.14×10^6$bbl($0.18×10^6m^3$)(图10-31)。占开始注入CO_2时现有地下原油储量的10%,相当于一次采油量的70%。

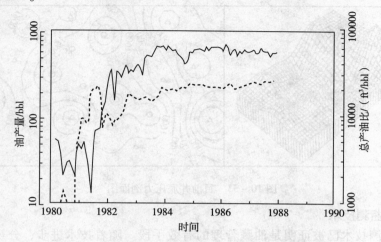

图10-31 Hansford Marmaton油田CO_2驱动态曲线

用试井方法监测项目动态。对易出问题的井每月测试3或4次,其他井每季度测试一次。所有生产井的气样一年至少采集并分析两次。

当CO_2的浓度高时,特别是当气体接近它的临界点时,气体组分的小变化会引起压缩系数的明显变化。因此,每月进行一次回注气的组分分析以便精密测量回注气体积。每天对注入压力和温度的监测确保了对单井注入体积的精密测量。

流管模型用来对每个井网和部分井网分配生产和配注。每口井的注入需求是根据分配生产量和配注量而确定的。每当单井动态发生大变化时要进行流管模拟。根据每一单一井网和部分井网注入的CO_2可动孔隙体积,连续地监测注入/采出比和响应,可较早地发现问题。

CO_2开采过程的效率直接与驱替压力有关。因此,全油田油井的井底压力每季度监测一次。图10-32显示了CO_2 EOR方案开始时油藏内的压力分布。目前尽管平均井底压力低于1550psi(10687kPa),但几口注入井周围驱替前缘的压力则高于最小混相压力,图10-33显示了目前井底压力剖面。

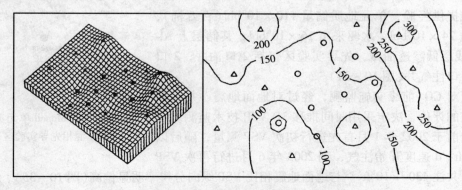

图10-32 CO_2 EOR方案开始时的压力剖面

监测油藏压力有助于验正由流管模型得出的注入要求是否精确。当井底压力发生变化与根据流管模型分配生产和配注预测的压力不一致时，对模型进行微调以更接近油藏的实际情况。微调流管模型确保了对注入需求的精密确定。

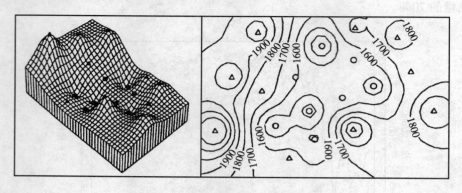

图 10-33 目前井底压力剖面图

2.4D 地震监测技术

4D 地震监测技术已被证明是油藏管理的有效手段。随着技术进步，分辨率越来越高。美国 Hall-Gurney 油田 1931 年开始生产，20 世纪 50~60 年代实施水驱。70~80 年代达到经济极限，为此对浅(900m)薄 C 层(3.6~6m)碳酸岩油藏开展混相 CO_2 驱。

2003 年 11 月进行了基线测量，分别于 2004 年 1 月、2004 年 4 月和 2004 年 6 月间隔 2 月进行了测量。

在监测中，通过重复地震采集和处理，对以往时间推移信号通过平衡噪音和残差会消除，在解释中，使用基于振幅包络属性，对时间推移信号敏感的并行渐进间隔技术(PPB)。利用地震成像与生产和油藏模拟对比实现有效探测流体变化引起的异常。

通过 4D 地震监测，发现 CO_2 驱受岩相发育模式和线形构造的影响，呈羽状向周围扩展。监测表明与油藏模拟预测的有所不同，随时间推移，气向 12 井扩展，主要是存在高渗通道，而 13 井见效差，则是垂直于该通道。

3.3DVSP 时间推移监测技术

利用 VSP 纵横向的较高分辨率的图像可实现对 CO_2 前缘监测，2001 年，Anadarko 石油公司在美国 Wyoming 的 Patrick Draw 油田的 Monell 单元实施 CO_2 混相先导实验为全油田实施提供经验，单元地质储量 110×10^6 bbl(百万桶)，一次采油 24×10^6 bbl，水驱采出 16×10^6 bbl，其储层上 Almond 为浅层低渗透油藏，先导实验区包括 2 口油井，2 口水井和 1 口注气井(图 10-34)。

为了对 CO_2 前缘实施监测，经过对地面地震、井眼和井间地震的评价，决定采用时间推移 3D VSP 技术监测。在注气开始前于 2002 年 1 月首先进行初次 VSP 测量，随后以 $0.8 \times 10^6 ft^3/d$ 速度开始注气，到 2003 年 6 月进行再次 VSP 监测时，共注 $430 \times 10^6 ft^3$。与地面地震相比 VSP 纵向分辨率明显偏高(图 10-35)，可观察到出注入井附近目的层两次监测反射幅度的变化(图 10-36)。

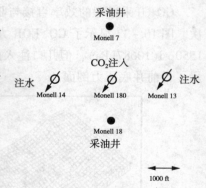

图 10-34 Monell 单元实施 CO_2 混相先导实验区

两次监测目的层 RMS 振幅平面图(图 10-37)和从两次监测的 CROSS-EQUALIED VOLUME 提取的振幅图(图 10-38),可以清楚地解释出 CO_2 的前缘,CO_2 基本上沿径向推移,介于 700~900ft,向上顷方向突进,没有发生气窜,这与油井的产量吻合较好(Monell17 和 Monell1 分别由 10bbl/d 增加到 80bbl/d 和 25bbl/d)。

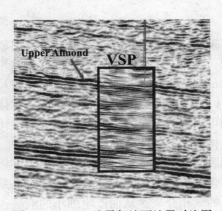 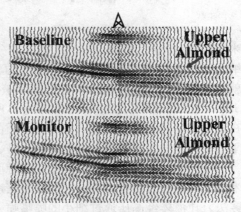

图 10-35 3D 地震与地面地震对比图　　图 10-36 油藏段基线(上)与监测(下)3D 地震图

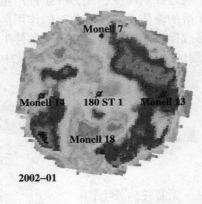 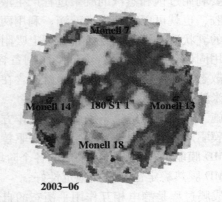

图 10-37 两次监测目的层 RMS 振幅平面图

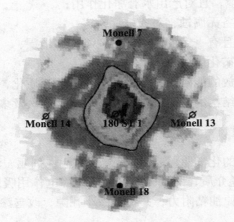

图 10-38 从两次监测的 CROSS-EQUALIED VOLUME 提取的振幅图
(亮区为井间覆盖)

第十一章 纳米液驱油技术

纳米液驱油(分子沉积膜,简称 MD 膜或分子膜驱油技术)是一种新兴的化学膜剂驱油技术。纳米液是由两种互不相溶的液体形成的乳状液,其中有均匀分散的直径为几十纳米的液滴,就是零维的纳米液体,或者称为纳米液滴(Nanodroplet,ND)。由于纳米液滴的尺寸范围在 10~100nm,相当于胶体粒子的尺寸,所以在以液体粒子作为分散相的胶体分散体系中都存在着纳米液滴。其存在方式按分散介质的不同可以分为三种:一是气溶胶,即液体粒子分散于气相介质中,如云雾;二是微乳状液,即液体粒子分散于不互溶的液体介质中;三是凝胶,即液体粒子分散于固体介质中,如琼脂糖凝胶。

纳米液滴的配制方法主要有分散法或凝聚法制备含纳米液滴的气溶胶。分散法主要采用液体喷雾法,让液体经高压通过细小的喷嘴喷入低压的气相介质,从而产生细小的液滴;凝聚法主要利用过饱和蒸汽的凝聚过程产生液体粒子,通过控制温度、压力等条件产生单分散的气溶胶,也就可以得到纳米液滴;利用两种互不相溶的液体,通过乳化剂的作用形成含纳米液滴的乳状液,乳化剂在两相界面上吸附或富集形成保护膜,使液滴在一定条件下稳定存在;利用固体(干凝胶)吸收液体膨胀制备含纳米液滴的凝胶;也可以利用从溶液中析出呈胶体分散态的固体物质,纳米液滴就包含在固体质点形成的连续网状结构中。

纳米液驱油技术的特点主要表面在:
①施工成本低,施工工序简单,操作方便;
②膜驱剂在岩石表面呈单层膜,故驱替浓度低,驱油效率高;
③MD 膜驱油适用于目前采油的各个阶段;
④MD 膜热稳定性和长期稳定性好;
⑤成膜过程是静电相互作用平衡态的自组装过程,无需任何外力;
⑥膜驱剂溶液的黏度跟水相近,无需提压注水;
⑦MD 膜驱剂不污染环境,且对产出水有净化作用;
⑧膜驱剂呈中性,对设备无腐蚀,对人体无伤害;
⑨膜驱无需任何添加剂且有一定的防膨作用,不损害地层;
⑩膜驱几乎不受地层水矿化度的限制;
⑪膜驱剂的成膜作用释放的能量使原油中的重质组分轻质化,具有自生气作用;
⑫膜驱也可以根据地层结构的变化特点,分成一次、二次及多次膜驱。

一、纳米液驱油机理

纳米液驱油有别于传统的化学驱(聚合物驱、表面活性剂驱、活性水驱和复合驱等驱油方法),它是以水溶液为传递介质,纳米膜剂分子依靠静电作用吸附在油藏的各种界面上并放出热量形成能量场,降低原油粘附力,并疏通微小孔隙,改善渗透性能,从而提高驱油效率和原油采收率。

1. 静电作用成单层膜,释放热量

油砂颗粒表面带负电,纳米膜剂分子在水溶液中带正电,因此当油砂表面吸附膜剂分子

后，必将中和油砂颗粒的一部分负电荷，使其ζ电位降低，在油砂颗粒表面形成单分子层超薄膜(图11-1)。纳米膜剂在油藏体系运移过程中，既能与岩石界面自发形成单分子层超薄膜释放热量，又能与原油界面自发生成单分子层膜释放热量，从而形成"能量场"，降低原油黏度和提高水驱效果。

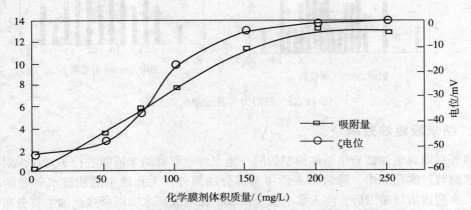

图11-1 油砂颗粒的吸附量和电位与化学膜剂体积质量关系

2. 稳定黏土作用

纳米膜剂能够压缩黏土层间距，具有防止黏土膨胀的作用，且使用浓度越高，效果越好，之后长时间清水冲洗，无变化，即抑制黏土膨胀过程具有不可逆性。现场主要表现为：永久疏通微小孔隙，改善渗透性能，增加排液量(图11-2)。

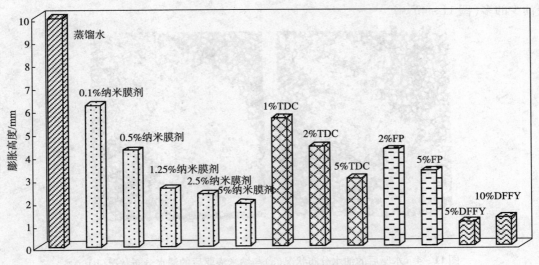

图11-2 常温常压黏土膨胀试验图

3. 降低原油在岩石表面的黏附力

原子力显微镜结果表明，膜剂分子逐步形成单分子层吸附在岩石表面后，降低了岩石与原油之间的黏附力，使得岩石与原油之间的相互作用减弱，原油更易剥离岩石表面(图11-3)。

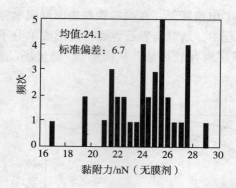 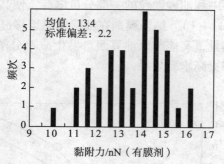

图 11-3　黏附力与吸附频次的关系

二、纳米液驱油效率

冯涛等在微观驱油试验中驱油模型的同一地点对水驱和纳米液驱进行了对比。对比结果表明，水驱替过的孔隙中，除岩石表面留有部分油膜外，大孔道中的油被水驱替的较为彻底。注入水到达出口端以后，注入水的波及面积仍在增大。水驱以后残余油主要分布在注入水未能波及到的小孔隙群及与小孔隙相连的较大孔隙中还有部分残余油分布在小孔隙当中（即绕流所形成的残余油）的孔隙角隅中和岩石表面上。水驱以后开展纳米液驱，大部分纳米液溶液沿着水驱时的主孔道流动，在纳米液溶液流经水驱后留有残余油的岩石表面以后，残余油有一部分被乳化并剥落形成小油滴，当它通过比它本身直径小的喉道时，它可以自动的变形拉长通过喉道；当它遇到另一油块时，也可以乳化另一块，使它形成小油滴。纳米液驱后的残余油主要分布在纳米液未能波及到的区域，使得纳米液驱后的残余油比水驱后的残余油少的多（图 11-4）。

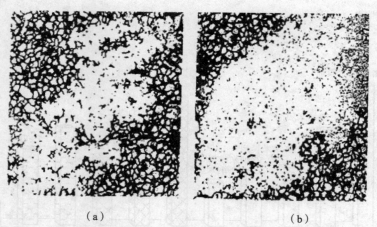

图 11-4　水驱后的油水分布状况（a）与纳米液驱后的油水分布状况（b）

大庆、辽河、长庆、新疆、大港油田都做过物模实验，物模实验表明，膜剂驱油一般可提高驱油效率 10% 以上，且相同水驱效率的注入倍数降低，水相相对渗透率明显下降和产液速度有较大上升。现场表现为：通过"降低含水率"和"增加产液量"两种方式达到生产油井增产的目的。长庆安塞油田实验表明（表 11-1、表 11-2），水驱后再纳米膜液驱油，提高驱油效率 10% 左右。如果一开始就加纳米膜剂，效果更好。另外，核磁共振图像分析也说明了纳米膜剂驱的效果和不同注入时机的不同效果（图 11-5、图 11-6）。

表 11-1　水驱至 98% 后挤入 10PV 不同浓度膜驱剂的驱油效率变化

岩心编号	试验方法	孔隙度/%	渗透率/$10^{-3}\mu m^2$	水驱驱油效率/%	纳米液驱驱油效率增幅/%	最终驱油效率/%
延36(5)	1000mg/L	12.64	24.28	65.39	8.15	73.54
延36(3)	2000mg/L	12.70	24.40	70.90	12.12	69.10

表 11-2　水驱至 98% 后挤入 2000mg/L 不同 PV 膜驱剂的驱油效率变化

岩心编号	试验方法	水驱驱油效率/%	MD膜驱驱油效率增幅/%	最终驱油效率/%	孔隙度/%	渗透率/m/$10^{-3}\mu m^2$
延36(6)	0.6PV	68.51	5.56	74.07	13.87	28.97
延36(4)	2PV	70.22	16.83	87.05	13.27	21.52
延36(3)	10PV	70.90	12.12	69.10	12.70	24.40

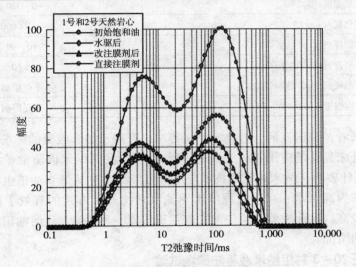

图 11-5　低渗模型不同情况下孔隙利用率

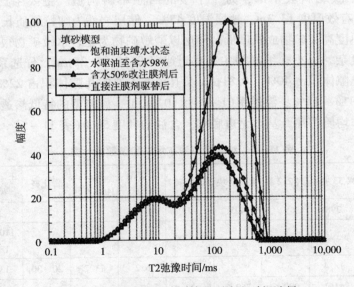

图 11-6　低渗模型不同情况下注入时机选择

三、纳米液驱油矿场试验

张维申指出,纳米液驱油技术是一种普适性的可大规模推广的石油开采技术,应用范围广。因为表面电荷和释放能量的大小是膜驱效果的关键,表面电荷的多少和释放能量的大小决定膜剂注入量的多少,而且对其他油藏条件如温度、渗透率和矿化度的限制较少(表11-3)。

表11-3 纳米 MD 膜驱油的适用条件(张维申,2008)

项目	参数
地下原油黏度/mPa·s 50℃	<500
岩性	砂岩
剩余油饱和度/%	>25
综合含水/%	<98
地层温度/℃	0~320
矿化度/(mg/L)	<100000
孔隙度/%	10~40
油层渗透率/$10^{-3}\mu m^2$	>10
水的硬度(有钾盐和镁盐)	不受限制
井网密度/(km²/井)	不受限制

从文献调研来看,我国辽河、吉林、长庆等油田开展了纳米液驱油矿场试验,且取得了较好的效果,国外未见矿场应用的相关报道。近10年内我国纳米液驱油矿场实例的初步统计见表11-4。统计表明,纳米液驱油技术应用范围广泛,在特低渗油田也能取得很好的效果,纳米液驱油作为高含水、高采出程度水驱油藏转换开采方式的有效手段,驱油效果显著,投入产出比较高。在此主要介绍一下安塞油田王20-8井组、辽河油田兴42块、兴209块膜驱矿场试验的情况。

1. 安塞油田王20-8井组纳米液驱油矿场试验

安塞油田处于陕北斜坡中部,为一平缓的西倾单斜构造。主要生产层埋深1100~1300m,油层平均有效厚度13.3m,地层温度45℃。储层岩性为细粒硬质长石砂岩,颗粒分选较好,构造成熟度高,矿物成熟度低。储层以酸敏矿物为主,水敏矿物很少。受强烈成岩作用,孔隙结构复杂,以小孔细喉为主,喉道半径0.15~0.35μm,分选系数2.4,0.1μm以下喉道连通的孔隙体积占40%,0.81μm以上喉道连通的孔隙体积占22%。油层物性差,平均有效孔隙度11%~15%,渗透率$(1~3)×10^{-3}\mu m^2$,属典型的特低渗透岩性储层,纵向上表现出较强的非均质特性,基本无边底水,含油饱和度56%(表11-5)。

表11-4 纳米液驱油矿场试验参数统计表

	兴53井组	兴212块	兴209块	SB29-37	吉林前41区	延长J46-1井	青化砭	王20-8井组	欢2-14-16
原油地质储量/10^4t	798		405	773					354
埋深/m				~3000				1100~1300	2143~2628
平均厚度/m	18.4			32.4	6.2	13.7	20-30	13.3	19.9
渗透率/$10^{-3}\mu m^2$	4161	990.6	769.5	29	7	6	17	1-3	27.47

续表

	兴53井组	兴212块	兴209块	SB29-37	吉林前41区	延长J46-1井	青化砭	王20-8井组	欢2-14-16
孔隙度/%	22.2	21.2	25.15	14.45	12.7	20	13.7	11~15	19.7
储层温度/℃				110				45	
剩余油饱和度/%					41	53.5		56	
原油黏度/mPa·s	11.4 50℃	12.5 60℃	22.04 50℃	31 50℃					
原油密度/(g/cm³)	0.878	0.8901	0.8745	0.8627					
矿化度/(mg/L)	5680~5880		4427.7	6432					
膜驱前采出程度/%		42.51		6.17	11.6 (2001)				38.3
膜驱前平均含水/%	92.4		94.2	82	95	58.8		74	55.4
注入时间	1998.5~10	1999.5~12	2000.5	2001.9~10	2002.9~2003.3	2003.12~2004.3	2004	2005.11~2006.4	2006.5~10
MD膜剂/t	40	72	175	1.5	15			25	45.62
注入井	1		4	1	3				7
生产井	5	5	13	3	5	1	-40	6	11
注入方式	段塞式	连续		连续	一次性	吞吐	吞吐	吞吐	段塞式
投入资金/万元	70			3.7	37.1	9.2	6.6/井		
累增油/t	7092	2348	968.1	157t	469.9t	370.9t	82.9t/井	409t	3543t
吨膜增产原油/t	172			105	31.3	>120		16.36	
增加利润万元单价/(元/t)	366.1 (723)			11.4 (723)	84.582 (1800)	55.64 (1500)	8.23/井 (993)		
投入产出比	1:5.23	1:1		1:3.1	1:2.28	~1:6	1:1.25		

表11-5 安塞油田王20-8井组地质特征

主要生产层埋深/m	1100~1300	分选系数	2.4
油层平均有效厚度/m	13.3m	喉道半径/μm	0.15~0.35
平均有效孔隙度/%	11~15	地层温度/℃	45
储层岩性	细粒硬质长石砂岩	渗透率/$10^{-3}\mu m^2$	1~3
孔隙	孔隙结构复杂,小孔细喉	含油饱和度/%	56

(1)纳米膜分子驱油剂室内模拟试验

①纳米膜分子驱油剂性能测试。

油水界面张力:利用旋转滴法考察了纳米膜分子驱油剂和表面活性剂(ORS-41溶液)与安塞油水界面张力和溶液体积质量之间的关系(图11-7)。纳米膜分子驱油剂随着体积质量的增大,其原油界面张力先略微降低后基本保持为一恒定值,约22.22 mN/m,仍为高界面张力体系;而ORS-41溶液的原油界面张力初期就降低很快,当体积质量约为2000mg/L时,才保持为一恒定值,约为1.62mN/m,这说明纳米膜分子驱剂虽然在油水界面存在一定的吸附富集现象,改变了界面间的组成,但仍为表面非活性分子。

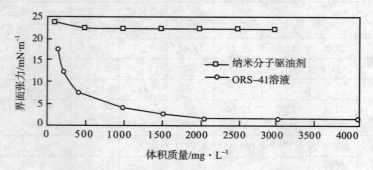

图 11-7 两剂与原油界面张力和体积质量之间的关系

驱油剂溶液的黏度性质:在30℃时,以蒸馏水和安塞油田王窑注入水为溶剂配制了系列纳米膜分子驱剂,用于分析溶液体积质量与黏度的关系。随着纳米膜分子驱剂体积质量的增加,各纳米膜分子驱油剂溶液体系的黏度基本没有变化(由纯水的 0.065mPa·s 变为 18110mg/L 时的 0.067mPa·s);由此可见,纳米膜分子驱剂的加入不改变油水的流度比,纳米膜分子驱油技术的驱油机理与聚合物驱不同。

②原油破乳实验。

在45℃下以阴离子表面活性剂 ORS-41 为乳化剂,用不同体积质量的纳米膜分子驱油剂对其进行破乳实验,其实验结果见图 11-8 和表 11-6。由图 11-8 可知,体积质量为 1mg/L 的纳米膜分子驱油剂对稳定的乳状液不起作用,无破乳作用;从纳米膜分子驱油剂体积质量为 7mg/L 开始逐步递增,当体积质量达到 72mg/L 时,破乳作用明显,出水率接近 90%。由表 11-6 可知,在 21.6min 时,115mg/L 的纳米膜分子驱油剂溶液破乳的出水率达到 88.6%,60min 时,出水率达到 100%,即完全破乳。

表 11-6 115mg/L 纳米膜分子驱油剂的破乳出水率与时间关系

时间/min	21.6	30.55	41.08	55.67	60
出水率/%	88.6	91.4	94.3	97.1—100	100

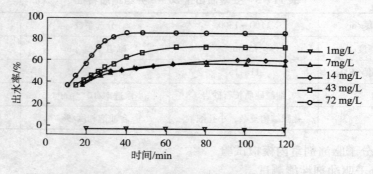

图 11-8 纳米膜分子驱油剂破乳出水率与时间的关系

③配伍性实验。

分别配制 2000mg/L 的 8608 活性剂、ORS-41 表面活性剂、纳米膜分子驱油剂和 Mis-68 活性剂四种样品,将样品试剂与注入水及原油均按 1:2 体积分别混合,放置在45℃的水浴中12h、48h,观察试剂与注入水及原油配伍性情况,结果见表 11-7。从中可看出,

ORS-41与地层流体混合后出现浑浊现象,因此,安塞油藏不适合用ORS-41表面活性剂驱,8608与原油混合后产生乳化现象,不利于原油混合物的脱水和分离,也不适合该油藏使用;纳米膜分子驱油剂和Mis-68驱油剂与地层流体配伍性良好。

表11-7 配伍性试验结果

样品名称	8608活性剂		ORS-41表面活性剂		纳米膜驱油剂		Mis-68活性剂	
时间/h	12	48	12	48	12	48	12	48
与地层水混合	澄清	澄清	白色乳状液	白色乳状液	澄清	澄清	澄清	澄清
与原油混合	乳化	乳化	乳化	乳化	分层界面清晰	分层界面清晰	分层界面清晰	分层界面清晰

④产液速度上升较大。

为检验地层水驱与纳米膜剂驱油速度的快慢,对59-201-81岩心进行了驱替实验,从中可看出,岩心地层水驱的最大产液速度为0.15mL/min,后改用纳米膜剂驱油,产液速度保持在0.25mL/min,与水驱油过程产液速度相比,提高了10%(图11-9)。

(2)现场试验及效果

2005年11月至2006年4月选择王20-8井组进行纳米膜剂驱油矿场试验,其施工参数见表11-8。该井组有8口油井,有6口井注入纳米膜驱油剂后产量有所上升(表11-9)。措施前平均单井日产液4.24m³,日产油0.78t,含水74.0%,措施后平均单井日产液4.95m³,日产油1.31t,含水68.6%;目前平均单井日产液4.11m³,日产油0.92t,含水72.0%,累积12月底共增油409t。从井组效果来看,日产液和日产油略有上升,整体含水变化基本平稳;从单井效果来看,含水有不同程度的下降。王21-8是井组中见效较为明显的一口井,措施后含水下降,产油量上升,目前日产液4.0m³,日产油量2.476t,含水26.5%。

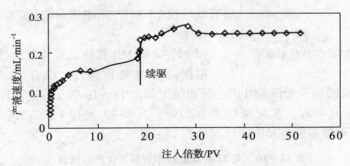

图11-9 岩心地层水驱与纳米膜剂驱的产液速度随注入倍数变化曲线

表11-8 安塞油田王20-8井组纳米膜驱油试验参数

段塞	注入日期	天数/d	纳米膜剂/t	注入水/m³	注入浓度/%
A	2005-11-16~2005-12-13	29	6.0	580	1.0
B		26	10.4	520	2.0
C		36	8.6	720	1.2
合计/平均		91	25	1820	1.4

表11-9 安塞油田王20-8井组对应见效油井生产情况统计

井号	措施前动态				措施后动态				目前动态				12月底累计增油/t
	日产液/t	日产油/t	含水/%	动液面/m	日产液/t	日产油/t	含水/%	动液面/m	日产液/t	日产油/t	含水/%	动液面/m	
W19-7	4.72	0.87	78.1	1040	3.82	1.05	67.0	749	4.8	0.85	78.9	618	10
W20-9	2.74	0.31	86.4	1173	3.10	0.35	86.5	994	2.9	0.4	83.5	878	25
W21-8	2.73	1.53	33.1	1227	2.72	1.80	21.7	1213	4.0	2.47	26.5	1051	206
W20-7	2.51	0.59	72.2	1056	4.45	2.77	26.1	906	2.86	0.75	68.9	741	46
W19-9	4.64	0.47	87.9	1005	4.84	0.74	82.0	1070	3.45	0.45	84.5		106
W20-91	8.10	0.92	86.4	439	10.7	1.12	87.8	534	6.65	0.59	89.5	213	16
平均	4.24	0.78	74.0	990	4.95	1.31	61.9	911	4.11	0.92	72.0	700	409

纳米分子膜驱油具有使用浓度低，投资少，工艺简单，减小时间长等特点，有望成为具有发展前景的"改进水驱"提高原油采收率新技术。

2. 辽河油田兴42块MD膜驱试验

兴42块位于辽河断陷盆地西部凹陷兴隆台构造带中部，是兴隆台油田主力断块之一，东西长4.2km，南北长1.2km，闭合高度150m，圈闭面积4.5km²。储层为下第三系沙河街组二段兴隆台油层，为扇三角洲河流相沉积，有河道砂体、分流间砂体、砂坝砂体等，横向上相带变化大，纵向上相带相互叠加，非均质性严重。孔隙结构以中高大中孔不均匀型为主，平均孔隙度22.2%。空气渗透率4161mD。原油属低凝析油，地层条件下原油相对密度0.765，黏度2.4mPa·s，体积系数1.343；地面条件下原油密度0.878g/cm³，50℃时黏度11.4mPa·s，凝固点11℃。地层水矿化度5680~5880mg/L，属重碳酸钠型。该块含油面积3.95km²，油层有效厚度18.4m，原油地质储量798×10⁴t，可采储量42×10⁴t。

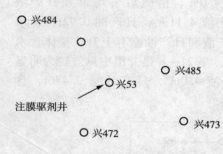

图11-10 兴53井组井位示意图

（1）兴42块MD膜驱试验井组选择

根据兴42块地质条件，结合MD膜驱要求，选择兴53井组作为MD膜驱先导试验井组，分布情况如图11-10所示。注MD膜驱剂前，兴53井为注水井，日注水49m³，实际采收率为52%；兴484、兴检1-5、兴845、兴472和兴473井为采油井，动静态资料及生产情况见表11-10。

表11-10 兴53井组动静态资料及生产数据表*

井号	井段/m	层位	层数（小层号）	厚度/m	井距**/m	日产油/t	日产水/t	含水率/%
兴484	1976.6~1981.2	S1下(7)	1(20)	4.6	400	7.0	131.9	95.0
兴检1-5	1983.4~2000.2	S1下(6,7)	3(15-17)	6.6	150	0.6	33.9	98.3
兴485	1982.2~1985.0	S1下(6)	1(20)	2.8	250	8.8	35.2	80.0
兴472	1982.2~1993.0	S1下(6)	3(22-24)	8.4	250	4.4	91.5	95.4
兴473	1987.6~2011.6	S1下(6,7)	4(13-15,18)	7.6	370	1.3	29.3	95.8
合计(平均)						22.1	321.8	92.4

*生产数据为1998年1~4月井口平均数据。**与注入井兴53井之间的距离。

(2) 兴53井组MD膜驱剂注入简况

MD膜驱剂对注水水质要求不高，从而对现场地面注入条件适应范围广。注入工艺是在注水管线上接一比例增压泵和一个水箱，在注入压力和注入水量不变的条件下完成整个注入过程。

现场从1998年5月10日开始注工业膜驱剂（曾用产品代号MD-A100，有效成分含量25%），到6月12日历时33d，共注MD-1浓度3000mg/L的膜驱剂溶液1500m³，注入工业膜驱剂20t。之后关闭注入井10d，油井正常生产。开井后继续注水，而剩余的20t工业膜驱剂从7月30日开始不定期间歇注入，到10月中旬注完，注入时间为40d。共注入MD-1浓度2500mg/L的膜驱剂溶液1000m³。注入的40t工业膜驱剂若看作一个段塞，相当于MD-1浓度1300mg/L的溶液连续注入150d，注入量0.005PV。现场投入资金70万元。

(3) 兴53井组膜驱现场试验效果分析

自1998年5月注MD膜驱剂以来，兴42块兴53注水井未采取任何调配措施。根据对全井组5口观察井近3年生产情况的综合分析，有4口井不同程度地见到了膜驱效果，1口井正常自然递减，膜驱效果不明显。扣除检泵、解堵等措施因素的影响，截至2000年12月，按单井月平均日产油计算，兴53井组增产原油7092t，采收率提高1.68%，按每吨油723元计算，阶段投入产出比1:5.23（不包含膜驱增气产出）。这表明兴53井组膜驱先导性试验已见到明显效果，试验结果见图11-11和图11-12。

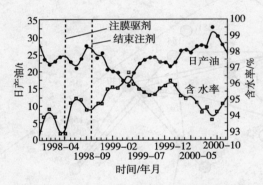
图11-11 兴53井组膜驱前后生产曲线

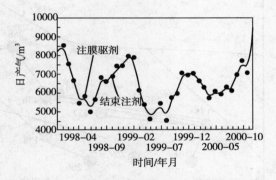
图11-12 兴53井组膜驱前后产气曲线

由图4-10兴53井组膜驱日产油量变化可知，膜驱前期见效缓慢，后期明显见效。注膜驱剂4个月后，该井组日产油量有所上升，含水有所下降，显现膜驱效果。但注完膜驱剂段塞(6个月)、开始正常注水后，井组日产油量缓慢下降，含水缓慢上升，12个月后井组日产油量上升，含水下降，膜驱效果持续时间长，日产油量增长平稳，含水下降也较平稳。这是由于兴53井近井地带剩余油饱和度较低，注入初期膜驱剂无效吸附较大，后期(1年后)随着有效吸附增大，膜驱效果明显增大。

由图4-11兴53井组膜驱日产气量变化可知，前期生气明显，后期仍有生气作用。注膜驱剂3个月后，兴53井组日产气量增幅明显，持续稳定增产8个月后转为平缓，16个月后日产气量再次增加，并持续稳定生气至2000年12月(32个月)。两次膜驱生气过程变化趋势相似，但后一次增气幅度有所减小。这表明膜驱剂在原油界面吸附导致原油中轻质组分被缓慢释放，释放过程(生气作用)延续2年以上。

综上所述。注膜驱剂后，受效油井含水不会立即下降。初期油井含水基本遵循原来的规律上升，只有膜驱剂注入达到一定量后才能见效。由于各受效油井地质条件不同。注采井间连通状况各异，见效时间存在一定的差异。另外，对类似兴53井组这种处于"双高期"油藏实施膜驱时，为规避膜驱初期的无为吸附损耗，今后在该类油藏可考虑通过改变注入工艺、注水方向、减小注水量和分层注水等方式使膜驱效果充分体现。MD膜驱对于油藏有普适性，先期投入少、现场工艺简单且易形成规模，具有大规模工业化推广的前景。

3. 辽河油田兴209块MD膜驱试验

兴209块位于辽宁省盘锦市兴隆台区东北部1.5km。构造上位于辽河断陷盆地西部凹陷东斜坡的南部。图11-13是该块井位图。南部与兴212块相邻，西部与兴11-11断块相邻，东部是兴215块和陈1块，北部接兴20块。构造面积约1.95 km²。含油气面积约1.95km²。断块原油地质储量$405×10^4$t，其中兴隆台油组原油地质储量$356×10^4$t，水驱可采储量为$187.26×10^4$t，油藏埋深1850m，为气顶、边水稀油油藏，原始地层压力18.7MPa，饱和压力为17.9MPa，原始气油比71m³/t。

（1）兴209块地质特征

兴隆台油田是西部凹陷的一个二级构造带，沉积了巨厚的新生代地层，主要为一套河湖相沉积。兴209块古近纪地层自下而上发育了三个次一级沉积旋回，第一级沉积旋回为沙四段、沙三段，第二级沉积旋回为沙二段—沙一段，第三级沉积旋回由东营组构成。

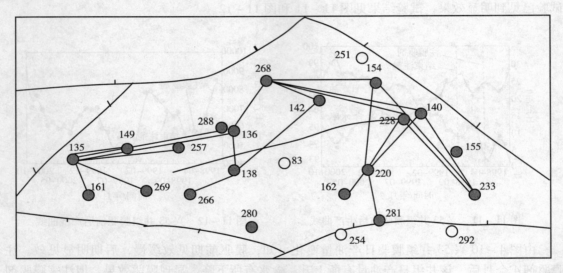

图11-13 兴209块构造井位图

兴隆台油层是一套以粗碎屑为主的扇三角洲沉积，具有以下主要岩石类型：砂砾岩—含砾不等粒砂岩为主夹粗—粉砂岩与深灰—灰绿色泥岩及黑灰、褐灰色页岩，钙质页岩、白云质灰岩、局部为紫红色和杂色泥岩的不等厚互层沉积。根据兴209块10口井岩石薄片资料分析，兴隆台油层岩石以硬砂质长石砂岩为主，岩性成分以石英、长石居多。岩屑含量较高，主要成分是花岗岩和酸性喷出岩。岩石颗粒中偶见生屑和薄皮鲕。胶结物主要为泥质和方解石。

表11-11表明兴209块兴隆台油层储层物性较好，孔隙度和渗透率都很高。孔隙度平均为25.15%，平均渗透率为$769.5×10^{-3}\mu m^2$，碳酸盐含量较低，平均4.09%，泥质含量平均7.8%，平均粒度中值为0.35mm，分选系数平均1.72。

表 11-11 兴 209 块兴隆台油层物性数据统计表

含量 物性	最大	最小	平均	样品数
孔隙度/%	33.7	9.1	25.15	205
渗透率/$10^{-3} \mu m^2$	4970.0	<1	169.5	176
碳酸盐含量/%	27.2	0.2	4.09	104
泥质含量/%	29.52	0.64	7.8	173
M_d/mm	1.85	0.03	0.35	173
S_o	2.01	1.38	1.72	18

(2) 兴 209 块油藏特征及流体特征

兴 209 块兴隆台油层油藏类型为岩性—构造油气藏，油气分布受构造、岩性双重因素控制，在构造高部位油层较厚，局部地区受岩性控制，油层连通性较差。

该区原油性质具有低密度、低黏度的特点。原油密度为 0.8745g/cm³；黏度 22.04 mPa·s (50℃)，含蜡量为 5.28%，凝固点 -18℃，胶质+沥青质 14.5%。兴 209 块兴隆台油层地层水为 $NaHCO_3$ 型，总矿化度平均为 4427.73mg/L。兴 209 块天然气较为丰富，原油溶解气相对密度 0.6104，甲烷含量 93.33%，乙烷以上占 4.95%，氮气含量 1.00%，CO_2 含量 0.30%。

(3) 兴 209 块开发现状

该区自 1973 年 5 月投入开发以来，共经历了三次重大调整。第一次调整是在 1983 年为了完善注采系统，在油层厚度发育较大、注入水未波及到部位部署 4 口调整井，实施后效果较好；第二次调整是在 1984 年在对构造重新认识的基础上又部署了 6 口井，目的主要是为了完善井网；第三次调整是在 1985 年为改善该块的开发效果，提高原油采收率，在断块的边角、注水井的二线和河道的边部等剩余油饱和度相对较高的地区，部署挖潜井 6 口。通过多次调整，该块取得了比较好的开发效果。

膜驱前（2000 年 5 月），该块共有油水井 27 口，其中油井 20 口，开井 14 口，确定的膜驱受效观察井 13 口，断块核实日产油 31.3t/d，采出程度 47.6%，综合含水 94.5%。注水井 7 口，开井 7 口，断块日注水 646m³/d，累积注采比 0.821。

根据童宪章开发模式的划分理论，以采油速度为指标将该块的开发过程划分为三个连续的开发阶段（图 11-14），即油田上产阶段、稳产阶段及产量递减阶段。兴 209 块产量综合递减曲线表明，到 2002 年该块已进入注水开发末期，单纯依靠常规的注水方法已很难提高采出程度，只有应用新技术、新方法才能充分挖掘地下资源，减缓产量递减，确保油田稳产。

(4) 兴 209 块膜驱注入方案

兴 209 块共有注水井 7 口，开井 7 口，采油井 20 口，开井 15 口。通过示踪剂测试数据、区块和井组注采平衡分析，认为注水效果较好的几口注水井为兴 135、兴 138、兴 268 和兴 233 井。但兴 233 井注水推进方向单一，其周围各观察井见示踪剂的时间较短，表明兴 233 井与相应采油井间存在着大孔道。同时从各井对应层位看，兴 233 井附近没有一线井，而且该井日注水量较大，井周围水洗程度较高，因此，兴 233 井不作为膜剂注入井。最终将兴 135、220、138 和 268 井定为注剂井。

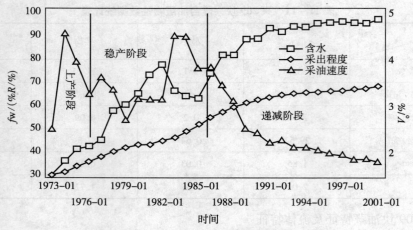

图11-14 兴209块开发历程图

膜驱前,对区块内的油井进行全面检泵,以确保油井的正常工作,对区块内的水井进行全面吸水剖面测试,并对区块进行井间示踪剂监测,以便进一步搞清油水井对应关系及剩余油分布情况。综合考虑室内驱替实验结果和矿场实施实际情况,最后确定兴209块分子膜驱先期膜剂注入浓度为500mg/L,注入三个月后转为300mg/L。依据兴209块矿场试验项目总投资和分子膜剂药品价格,计算膜驱药剂量为175t。兴209块各注剂井注入方案如表11-12所示。

表11-12 兴209块分子膜驱试验注入方案设计

注膜井	日注量/m³	注入方式		注入时间/d	膜剂用量/t	注入液量/10⁴m³
		500mg/L	300mg/L			
兴138	84			411	48.52	3.45
兴220	101	2000-05-08~	2000-07-08~	411	58.33	4.15
兴135	61	07-08	2001-08-29	411	35.23	2.51
兴268	57			411	32.92	2.34
合计	303				175	12.45

(5)兴209块膜驱现场试验效果分析

兴209块分子膜驱矿场试验于2000年5月8日按照总体方案开始实施,兴138井、兴220井、兴135井和兴268井先后开始注入膜驱剂。截至到11月30日,各注剂井已累积注入膜剂106.675t,完成注入方案的61%。各井的注入情况见表11-13。兴209块膜驱试验从开始注入膜剂试验到2002年,试验区块各采油井的采出液中未检测出膜剂。

表11-13 兴209块注剂井注入情况

注剂井	注入浓度/ppm	注入时期	注入时间/d	药剂量/t
兴138	500→300	05-08	179	24.5
兴220	500→300	05-12	185	31.0
兴135	500→300	06-14	167	34.05
兴268	500→300	06-16	167	17.025

9月20日,按照方案要求和矿场膜驱情况,各注剂井膜剂注入浓度调整为300ppm。

兴209块膜剂注入井4口，膜驱受效观察井13口。十三口对应受效观察油井措施前（2000年5月）日产油水平31.3t，气39042m³，水533.3m³，含水94.46%。在近四个月膜驱剂注入过程中，日产油、气水平稳中有升，综合含水呈下降趋势。

图11-15是断块的生产曲线。从观察井生产动态看，注入膜驱剂一个月后，距注剂井较近的采油井或者多方向受效井日产油量上升，含水呈下降趋势。如兴136井同时受兴135、兴138和兴268三个方向的作用，措施前日产油1.9t，含水96.9%，措施后7月日产油2.7t，含水95.6%，下降1.3个百分点。截至到11月底，共有兴136、140、142、149、154、228、269等9口油井见到膜驱效果。截至到11月30日，断块净增产原油968.1t，气$260.6 \times 10^3 m^3$。由于膜驱剂注入时间短，其作用效果需一定时间，随着膜驱剂的注入，作用时间的增长，其效果将更加明显。

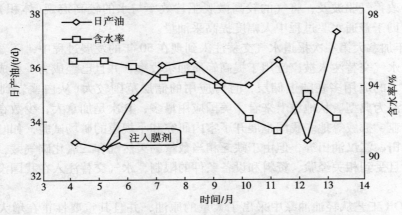

图11-15 兴209块膜驱前后生产曲线

第十二章 水气交替注入

一、水气交替注入发展现状

WAG 工艺是 Caudle 和 Dyes1958 年提出的,目的是通过同时利用气体上升和水下降的自然反作用趋势改善气驱波及,将气的较高微观驱替效率与水的较高宏观(体积)波及效率相结合,从而有助于普通水驱过程中大幅度提高采油量。

自 1957 年加拿大第一次报道水气交替注入到现在 50 年的发展过程中,随着大多数矿场试验的成功,水气交替注入被广泛用于提高轻质油采收率,并且已经成为一种成熟的三次采油技术。该技术的应用多在陆上储层,且可应用的储层范围较大(从白垩岩到细粒砂岩)。海上应用以北海为典型。从地域上来看,美国应用最多,其次是加拿大,少数在前苏联、北海、阿尔及利亚、挪威等地。我国也展开了室内研究和小规模的矿场试验,如吐哈盆地葡北油田、江苏油田、江汉油田等,但由于缺乏相当数量的天然气和二氧化碳气藏,没有充足的气源保证,并且受到相关经验、资料和设备条件的限制,水气交替注入在我国没有得到大规模的应用。

用注气 EOR 工艺从轻油油藏中采出了大量的原油,并且其重要性正在增大。如今几乎在所有的商业注气项目中都采用 WAG 方法。在美国,大部分 WAG 应用是在陆上,以混相方式对大量的不同储层采用各种各样的注气方法。虽然在商业 WAG 驱中使用了多种类型的注入气体,但是 CO_2 和烃气约占注入剂类型的 90%。

虽然矿场应用已反复证实 WAG 工艺的可行性,但该方法仍然存在很多缺陷。因此要想充分发挥美国的 EOR 潜力,就需要研究新的、更有效的注气工艺,以便克服 WAG 工艺的限制。

二、混合水气交替注入(HYBRID – WAG)

当注入一个大的气段塞后,接着注入几个小的水段塞和气段塞,这种方法称为混合水气交替注入(HYBRID – WAG)。国外通常采用这种方法来开采低渗透油田,例如美国得克萨斯州的 Dollarhide 油田。

Dollarhide 油田位于得克萨斯州,其泥盆系油藏为顶部剥蚀的不对称背斜构造,被主断层分为南、中、北三个大断块。油藏主要由下泥盆系孔隙性含硅藻土的燧石层(燧石具有砂岩的组成特征)和上泥盆系硅质白云岩 2 个产油层组成,原始石油地质储量为 $0.22 \times 10^8 m^3$,约 75% 的储量分布在下泥盆系。下泥盆系储集层的平均有效厚度为 14.6m,孔隙度为 6% ~ 34%,平均为 17%,渗透率为 $0.1 \times 10^{-3} \sim 55 \times 10^{-3} \mu m^2$,平均为 $9 \times 10^{-3} \mu m^2$,井间连通性和均质性较好。而上泥盆系硅质白云岩平均有效厚度为 8.5m,平均孔隙度 8.5%,油藏渗透率为 $0.01 \times 10^{-3} \sim 0.33 \times 10^{-3} \mu m^2$,平均也为 $9 \times 10^{-3} \mu m^2$(表 12 – 1)。

表 12-1 油藏参数表

油藏面积	km²
原始地质储量	$0.22 \times 10^8 m^3$
有效厚度	23m
平均深度	2377m
平均有效孔隙度	13.50%
平均有效渗透率	$9 \times 10^{-3} \mu m^2$
混相压力	11MPa
原始压力	22.8MPa
原油相对密度	0.825
原油黏度	0.4mPa·s

Devonian 油藏发现于 1945 年, 到 1961 年底为一次采油阶段, 一次采油日产量最高峰达 $1272m^3$, 预计总产量为 $18.6 \times 10^6 bbl(3.0 \times 10^6 m^3)$, 采收率为 13.4%。

1961 年末首先在下泥盆系注水, 开始注水前, 采用单井控制面积为 $0.16194km^2$ 的五点井网, 产量降到 $159m^3/d$, 压力降到 6.9MPa。注水开发期间, 该区内 1/2 的井转为注水井, 1969 年达到最高峰 $1431m^3/d$。1972 年在上 Devonian 层注水, 使产油量从 $1034m^3/d$ 上升到 1974 年的 $1240m^3/d$。在 1984 年打加密井之前, 该区日产量为 $278.3m^3/d$, 并以年递减 12% 的速度递减。加密后形成单井控制面积 $0.08094km^2$ 的五点井网。该油藏一次和二次采油的预计最终采油量约为 $9.5 \times 10^6 m^3$, 采收率为 43.0%。

经过研究, 认为油藏非常适合 CO_2 驱, 直接进行大规模 CO_2 驱, 计划分 4 个区, 分期注入 25% HCPV。如果 CO_2 大面积过早突破, 实施 WAG 方式。实际分 5 个区, 实施期间, 经优化, 决定 HCPV 增加到 30%, 采用先注 9% HCPV 大段塞 CO_2, 剩余 21% HCPV 按 1:1 采用 WAG 注入。1994 年 5 个区实施后生产井 101 口, 注入井 80 口(表 12-2)。

1994 年 10 月, 已累计注入 CO_2 $18.8 \times 10^8 m^3$ (11.2% HCPV), 但仅采出 15%。增油 $480 \times 10^4 m^3$, 累积产油 $1940 \times 10^4 m^3$, 采出程度达 46%。预计三次采油可提高采收率 19% (包括加密井 5%)。

表 12-2 CO_2 驱开发指标表(1994 年 8 月)

区号	最早见效时间/月	平均见效时间/月	最早CO_2突破时间/月	含水变化/%	井号	产量增幅/%	实际注入体积/%	一次采收率/%	二次采收率/%	三次采收率/%	开始注CO_2时间
1 区	9	35	17	84.8↓70.8	46-7	495	23.1	15.8	25.7	16.3	1985 年 5 月
					47-8	500					
					48-4	900					
2 区	7	34	18	84.4↓73.4	40-55	880	17.4	13.1	22.2	16.8	1988 年
					40-86	720					
3 区	3	27	13	91↓80	10-106	420	13.9	12.2	39.9	16	1990 年
					15-5	690					
					15-4	390					
4 区				>89↓70	27-1	125		12.4	27.6		1993 年
					26-12	950					

1区1985年5月开始在几口井注CO_2，1986年大规模注CO_2时生产井为20口和注入井19口。早期效果好，无CO_2突破，后期通过剖面和井网调整改善开发效果，1994年8月，已注入$9.86 \times 10^8 m^3$(23.1% HCPV)，日产油量由注CO_2前$95.4 m^3$增加到$197.2 m^3$，最高达到3.75倍，含水由84.8%下降到70.8%，预计增加采收率16.3%。由于1区所在的南断块物性差，随后WAG方式使注入能力减低。

2区1988年6月注CO_2，注入井12口。早期无CO_2突破，后期通过剖面和井网调整改善开发效果。1994年8月，注入$4.08 \times 10^8 m^3$(17.4% HCPV)，日油稳定在$187.3 m^3/d$，最高达到3.75倍，含水由84.4%下降到73.4%，预计增加采收率16.8%。由于大部分CO_2进入渗透性较好的上泥盆系，注入能力基本不受随后WAG方式的影响。

3区1990年7月注CO_2，生产井为29口和CO_2注入井18口。日注$CO_2 51 \times 10^4 m^3$，比1、2区高，1994年10月，注入达$7.79 \times 10^8 m^3$(13.9% HCPV)，日产油量由注CO_2前$93.8 m^3$增加到$174.9 m^3$，但比预计的产量低。含水由>91%下降到80%，预计增加采收率13.9%。

三、气辅助重力泄油(GAGD)提高采收率技术

1. GAGD的概念和效益

GAGD概念起源于重力稳定注气项目的自然扩展，该工艺模仿了正在用于重油热采研究的蒸汽辅助泄油(SAGD)工艺。

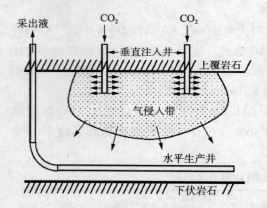

图12-1 气辅助重力泄油EOR工艺概念

图12-1示出了GAGD的概念。由于重力分离在垂直井中注入的CO_2聚集在油层的顶部，并且驱替原油，原油排泄到跨越几口注入井的水平采油井中。随着连续注入，CO_2体积向下并且向横向增大，CO_2波及的储层体积越来越大，而储层中的含水饱和度没有提高，从而提高了体积波及效率。CO_2的重力分离有助于延缓或消除CO_2向采油井中突破，并且防止气相与原油流动竞争。通过使压力保持在最小混相压力(MMP)以上，能够提高CO_2的驱油效率。这有助于在原油和注入CO_2之间获得低界面张力，同样也增大了毛细管数，并且降低了CO_2波及区域内的残余油饱和度。如果地层是水湿的，由于毛细管压力的作用，水很可能在岩石孔隙中退缩，而CO_2将优先驱替原油。如果地层是油湿的，连续油膜将帮助形成泄油通道，以便原油流到水平采油井中。因此，GAGD工艺不但能够消除WAG常规工艺的两个主要问题(波及效率低和水屏蔽)，而且还提高了含油饱和度，因此提高了采油井附近地层的油相渗透率，并且减弱了与气流动的竞争。该工艺利用油田上现有的垂直井注CO_2，需要钻一口长水平井段开采排出的原油。由于钻井技术的进步，大幅度地降低了钻水平井的费用。总之，与常规WAG工艺相比，GAGD工艺不但可提高最终采收率，而且具有提高采油速度的巨大潜力。

2. 物理模型的建立

为了表示室内相似物理模型与实际储层的相似性，D. N. Rao等人通过因次分析和检验分析获得了在定标中使用的无因次组，用因次相似方法来提高室内物理模型试验得到的数据

的效用。

GAGD 工艺的检验分析限定条件为注入气在原油中是非混相的,并通过用重力(或浮力)数、毛细管数、端点流度比和有效几何纵横比作为无因次参数在矿场和模型参数之间进行拟合,合理地描述了在 GAGD 工艺中的作用机理。

对于混相注气工艺来说,通过调整式模型中的岩石和流体性质(渗透率、粒径、黏度、密度等),从而使得用于该模型原型样机的所有项的比保持稳定。

$$\frac{\left(\frac{K\Delta\rho}{v\mu}\right)_P}{\left(\frac{K\Delta\rho}{v\mu}\right)_M} = \frac{\left(\frac{D_m}{vl}\right)_P}{\left(\frac{D_m}{vl}\right)_M} = \frac{\left(\frac{vp\sqrt{K}}{\mu}\right)_P}{\left(\frac{vp\sqrt{K}}{\mu}\right)_M} = \frac{\left(\frac{l}{\sqrt{K}}\right)_P}{\left(\frac{l}{\sqrt{K}}\right)_M} = \frac{\left(\frac{KP_c}{v\mu\ l}\right)_P}{\left(\frac{KP_c}{v\mu\ l}\right)_M} = 1$$

式中的第一项表示重力与黏滞力的比;第二项把分子扩散换算成黏滞力(扩散与对流弥散的比);第三个比例系数代替雷诺数;第四个比例系数是系统总长度与系统每单位长度的孔隙数比的比例系数。如果保持这一系数为1,那么就不能保持重力与黏滞力的适当比例。由于这一原因,忽略了第四项。最后一个比例系数是毛细管力与黏滞力的比例系数。含有一些不确定性的比例系数影响突破后的后续采收率,但不影响在溶剂和水界面处的现象,即前缘驱替、重力上窜和黏性指进。

(1)用相似物理模型研究重力泄油

Doscher 等人报道了有关在储层条件下用 CO_2 和 N_2 驱开采水驱残余油的试验工作。他们指出,在模型中夸大了对流混合或弥散。

Chatzis 等人报道了在毛细管和长 Berea 砂岩岩心中进行的重力泄油试验研究结果。在研究过程中通过 CT 扫描确定了毛细管屏蔽作用下在 Berea 岩心中油带的形成。他们得出结论,只有当原油在水上扩散(正扩散系数)和储层是强水湿时,在重力辅助注惰性气时才能得到很高的采收率。在使用短岩心栓的情况下,岩心栓的大小限制了油带的形成和扩散,为了采出原油,需要在采油末端采用毛细管屏蔽获得高毛细管压力条件。毛细管端点效应在室内研究中具有重要的作用,而其在矿场中的作用却不重要。

Kantzas 等人报道了在非胶结和胶结孔隙介质中得到的试验结果。在控制泄油试验中,用毛细管屏蔽通过降低液量稳定驱替。毛细管屏蔽还能够防止气突破。非胶结试验的最终采收率很高,在共存水饱和度和水驱残余油饱和度的情况下分别达到99%和94%。

Meszaros 等人用相似物理模型研究了重力辅助注惰性气工艺。建立并且试验了低压和高压相似物理模型。采用 Islam 和 FarouqAli 的比例标准。在不同的注入压力和黏度(750~7500mPa·s)下,用 CO_2 和 N_2 共进行了 23 次试验。结果表明,与部分相似二维模型相比,在相似物理高压三维模型中保持稳定气前缘要难得多。在 $1lb/in^2$ 注入压力下注气大幅度地增加了采油量。在注 N_2 试验中,气突破后采出了大量的原油。用重力稳定注气工艺采出了70%的原油地质储量。

Vizika 和 Lombard 分析了润湿性和扩散(在三相重力泄油情况下采油的两个关键参数)。用油湿、水湿、部分水湿孔隙介质和3种不同的流体体系进行了试验。通过数值历史拟合得到从试验中获得的三相相对渗透率。得出的结论是润湿和扩散薄膜的存在很大程度上影响了流动机理和采油动力学,并且还影响了工艺效率。由于原油通过扩散薄膜流动(保持了水力连续性),在水湿条件下,扩散系数为正数时采收率最高。

Grattoni 等人研究了二维可视容器内的自由重力泄油情况。在新的无因次组和采油量之间找到了良好的相互关系。新的无因次组是毛细管数、邦德数和黏度比的组合。在表12-3中总结了研究结果和在不同物理模型研究中使用的方法。

表12-3 注气工艺物理模型研究的总结

模型	Meszaros等人	Vizika和Lombard	Grattoni等人	Grattoni等人	Doscher等人
相似定律	Butler等人、Islam和FarouqAli				Doscher和Gharib
几何形状	二维	一维	一维	一维	一维
物质	砂	砂	Berea砂	玻璃珠	砂
压力	4000kPa/低压		5lb/in^2		2906lb/in^2/(18 ℉)
气	CO_2/N_2	空气	N_2	空气	N_2/CO_2
油	750~4000mPa·s	Soltrol170	Soltrol170	石蜡油	38°原油
采收率	70%	70%~87%	40%	70%	70%

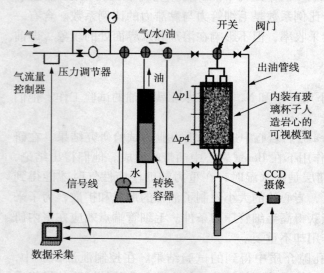

图12-2 试验装置示意图

(2) 用非相似物理模型进行初步试验

用物理模型(图12-2,在可视模型中有玻璃珠人造岩心)进行了初步自由重力泄油研究。流体泵和浮动活塞容器提供了用油或水使可视模型中的孔隙介质饱和与减饱和的装置把流出液收集在玻璃圆柱体内。用由摄像机、帧接收器和图像分析软件组成的视频系统测量采油量或产水量。

可视模型主要是用两块平行硬质玻璃和一个铝框制成的。模型的内尺寸为14.92cm×35.23cm×2.54cm,其体积为1336cm^3。使用的玻璃珠的直径为0.4~0.6mm。通过干式充填得到的孔隙度为0.39,估算的渗透率为$10\mu m^2$。

在这些试验中使用了去离子水、正癸烷和石蜡油以及空气。其物理性质见表12-4。

表12-4 流体性质

流体	比密度	动态黏度/mPa·s	界面张力/(dynes/cm)
正癸烷	0.734	0.84	$\sigma_{DW}=49.0$
石蜡油	0.864	64.5	未测量
去离子水	1	1.0	$\sigma_{WA}=72$
空气	0.0012	0.0182	$\sigma_{AD}=51.4$

试验1:用癸烷进行自由重力泄油

在该试验中最初用水饱和玻璃珠人造岩心。然后以6cm/min的速率注癸烷驱油,并且形成重力泄油前的条件。68min后癸烷突破(0.84PV)。

图12-3示出了采收率(IOIP的百分数)与在重力泄油试验期间占用的时间的关系曲线。在前10min期间,采油量高并且几乎是稳定的,此后采油量大幅度下降。

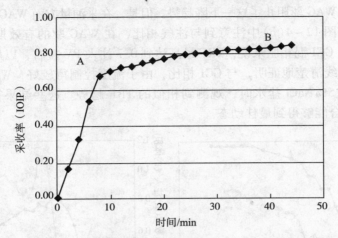

图12-3 在共存水饱和度条件下用癸烷进行自由重力泄油试验的采收率

在重力泄油过程中似乎有两个阶段。第一阶段表明油单相以较高速率泄油。在该阶段,虽然以大致稳定的速率只采出油,但是模型中的油带迅速收缩。第二阶段的特点是以低得多的泄油速率出现两相流动。在该阶段,流出端以交替段塞的形式采出油和气。

试验2:用石蜡油进行自由重力泄油

以与试验1相似的方式进行了该试验。由于与癸烷相比石蜡油的黏度高得多,在模型中能够观察到空气—油界面及其运动情况。观察到气和油带之间清晰的空气—油界面。在试验过程中没有采出水证实了这样一种假设:在重力泄油期间水(其原始饱和度约为10%)是不可动的。

3. 试验评价

通过采用3种注入方式{即连续注气(CGI)、WAG和GAGD},在储层条件下以三次采油方式进行了岩心驱替试验。

(1)室内试验

岩心驱替试验的目的是评价注气方式、混相能力的形成和岩心长度对Berea岩心中的气—油驱替、作为合成流体的正癸烷和5%NaCl盐水以及取自西得克萨斯Yates储层的流体的影响。用1ft长Berea岩心、正癸烷和两种不同的盐水(即通常使用的5%NaCl溶液和取自Yates储层的多组分储层盐水)进行了在2500lb/in²下的混相驱和在500lb/in²下的非混相驱。每次岩心驱替由一系列步骤组成,包括盐水饱和、绝对渗透率确定、用油驱替成原始含油饱和度、端点油相渗透率确定、用盐水驱替成残余油饱和度、端点水相渗透率确定和最后进行三次采油注气,以便开采水驱残余油。

各种三次采油注气方式岩心驱替的完善和统一的动态评价,需要一个通用的比较参数。因此,把三次采油采收率(TRF)定义为每注气单位体积的采收率,并且把这一参数与常规采收率曲线一起使用。

(2)CGI与WAG

图12-4(a)、(b)示出了用正癸烷和Yates储层盐水进行混相CGI和WAG的动态的比较。图12-4(a)是常规采收率曲线,该曲线表明CGI驱动态比WAG驱动态好。这些结论多

少有些使人误解，因为在 WAG 驱中注入的 CO_2 量仅为在 CGI 中注入的一半。在图 12-4(b) 中把以 TRF 为基础的相同数据绘制成了曲线，该曲线显示，在驱替的后期阶段 CGI 驱的 TRF 大幅度降低，而采用 WAG 驱阻止了这一下降趋势。但是，在采油量方面 WAG 驱落后于 CGI 驱。

有趣的是，在图 12-4(b) 中注意到与注气相比，在 WAG 驱的有效期限内，其 TRF 周期性提高，而对于 CGI 混相驱来说，TRF 最高达到 0.7 注入 PV 左右，以后随着注气量的增加而降低。这些曲线清楚地证明，与 CGI 相比，由于流度控制得较好，WAG 工艺的 CO_2 利用率较高。当使用 5% NaCl 盐水时，观测到相似的 TRF 趋势。这些结果表明，通过把 CGI 和 WAG 工艺相结合能够得到最佳动态。

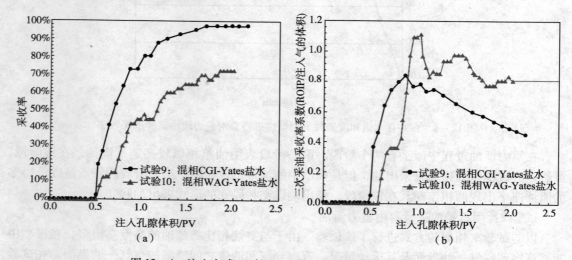

图 12-4　注入方式 1ft 长 Berea 岩心三次采油采收率的影响

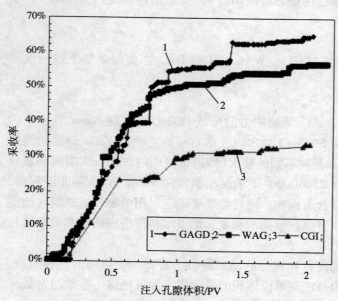

图 12-5　在 6ft 长 Berea 岩心中以非混相方式进行 GAGD 和 WAG 驱的比较

非混相和混相 WAG 岩心驱替试验的相似比较示出了在驱替中形成混相能力的不同优点。比较了用正癸烷和 Yates 储层盐水系统的混相和非混相 WAG 驱动态。能够观测到混相驱替的较高采收率，认为这是由于大幅度降低了驱替和被驱替流体之间的界面张力造成的，因为形成混相能力导致很高的毛细管数和接近理想的微观驱替效率。

（3）长岩心注气方式的评价

在 6ft 长 Berea 岩心中用 5% NaCl 盐水和正癸烷进行了非混相 GAGD 驱。最初在把岩心暴露在原油中之前，用正癸烷和 5% NaCl 盐水进行了长岩心驱替。为了与 GAGD 驱进行比较，在相似条件下进行了非混相 CGI 和 WAG 驱。图 12-5 示出了这些驱替结果。

CGI 和 WAG 的采收率之间的差别很大，这种情况在 1ft 长的非混相岩心驱替中是不明显的。这说明在长岩心中重力分离会更明显。因此，对于驱替的动态评价（包括重力分离效应）而言，长岩心试验不但适用，而且也是必要的。

图 12-5 说明，与 WAG 和 CGI 相比，GAGD 的采收率最高。甚至在非混相方式下，GAGD 工艺的三次采油采收率比 WAG 高 8.6%，比 CGI 高 31.3%。计划以后进行长岩心混相驱。

第十三章 注水开发研究及进展

一、注水开发油田的水驱监测与控制

水驱项目影响着油田的大部分油藏动态。但是，采油和注水都是通过单井在局部进行的。必须通过分别调整每口井的注水量和注水压力来控制整个水驱项目。国外 Chevron Texaco 在伯克 qLawrence Berkeley 国家实验室和加利福尼亚大学的参与下，提出通过 Hall 曲线及其斜率分析实现自动保持恒定注水量，并在 Lost Hills 油田进行了应用，其原理与恒温器保持稳定温度的原理相似，如果周期的注水量超过或低于目标注水量，那么就提高或降低注水压力。即每个时间周期结束时，对模型和目标注水量进行更新，从而计算新调整点，其单井控制方案见图 13-1。

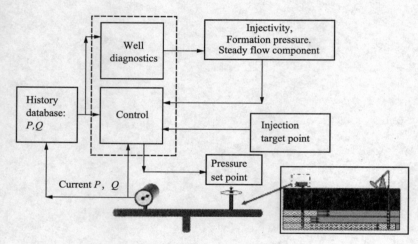

图 13-1 单井控制示意图
（定期测量注水压力和注水量数据并且将这些数据储存入数据库。根据目前和历史数据分析生成调整点）

1. 用 Hall 曲线和斜率分析生成自动压力调整点

用 Hall 曲线和斜率分析方法进行注水压力调整点有效计算：一旦获得了上一个控制周期的数据，就可以用 Hall 曲线更新模型并且计算压力调整点。

例如图 13-2 和图 13-3 为一口井的 2d 注水数据。用 Hall 分析方法估算注水压力和累积注水量积分之间的比例系数。

$$\prod(t) = \int_{t_0}^{t} [P_w(\tau) - p_e] d\tau \tag{13-1}$$

$$V(t) = \int_{t_0}^{t} Q(\tau) d\tau \tag{13-2}$$

累积注入压力与累积注水量为一条直线，其比例系数必须等于方程(13-3)中注水量 Q 之前的比例系数。

$$p(r) = p_c + \frac{\mu}{2\pi kH} \ln \frac{r_e}{r} Q \tag{13-3}$$

例如，有一口井的注水量为 200bbl/d，把估算的比例系数和目标注水量（200bbl/d）代入方程，得到压力调整点（1041lbf/ft²）。这一值与所考虑时段范围内的平均压力没有很大差别，表示这一时段注水稳定。

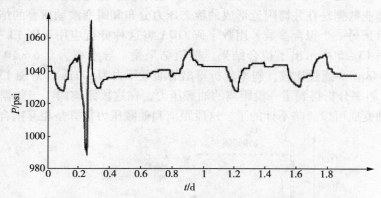

图 13-2　每 5min 测量的注水压力与时间的曲线

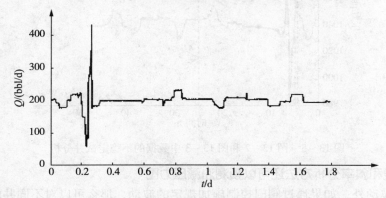

图 13-3　每 5min 测量的注水量与时间的曲线

用 Hall 曲线斜率分析对图 13-4 中的 Hall 曲线进行了校正。校正后 Hall 线示出斜率增加很小，这意味着，在数据时段开始时注入能力减小。显然，这一状态可能与在图 13-2 和图 13-3 中示出的前半天注水期间注水压力不正常有关。

在下一个控制周期应用了计算的压力调整点，该控制周期后重复这一计算并且更新调整点。

描述的方法所需的计算非常简单，以至于在低功能计算机上用几秒钟就可以完成。由于在每个控制周期定期更新压力调整点，所以该方法是动态的。通过拟合在每个控制周期内连续得到的数据，该方法处理与注水层表征有关的不确定性，以至于目前的模型仅能用于下一个周期，然后对其进行更新。

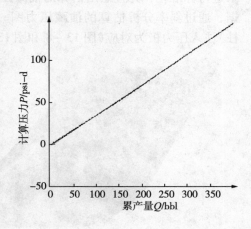

图 13-4　图 13-2 和图 13-3 中数据的 Hall 曲线分析

这一特点使控制成为自适应的了。作为防止地层损害的另一项安全措施,可以限制两个相邻周期之间的注水压力增量。这种约束条件使每口注水井的稳态动态稳定。但是,如果可采纳的增量太小,当开井或关井时,就可能需要采用不同的方法。

2. 应用斜率与瞬时分析不稳定情况

对于图 13-2 和图 13-3 数据中的几个压力和注水量不稳定时段,应用不稳定试井分析方法,即正常作业数据是在井筒附近形成的稳态压力分布和瞬变波动重叠的结果。与这一分布对应的注水量是另一个拟合参数。用数字码 ODA 将这种分析应用于图 13-2 和图 13-3 中的数据。在图 13-5 中示出了拟合结果。数值结果是:导水率为 $0.6 \times 10^{-3} \mu m^2 \times ft/cP$,油藏压力约为 843psi。通过比较,斜率分析得出的油藏压力为 971psi。对图 13-2 和图 13-3 中的数据进行斜率分析得到了一段距离的油藏压力,在这段距离内,当数据的时间比例波动时,压力波动变成可以忽略不计的了。这段距离和油藏压力估算是相互耦合的。

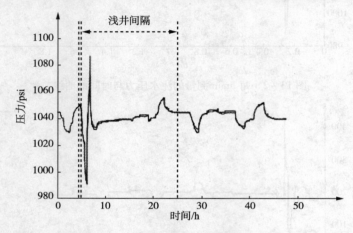

图 13-5 图 13-2 和图 13-3 中数据的不稳定试井分析

3. Hall 曲线和斜率分析方法还可以预测油藏压力图

除了随机波动外,如果通过阀门控制施加规定的波动,那么可以对不同井的斜率分析结果进行标准化,并且绘出估算的油藏压力图。图 13-6 和图 13-7 为利用双管柱注入井数据,通过斜率分析估算的油藏压力图。当井注入速度相同,油藏压力图与地面(长和短管柱)注入压力极为对应(图 13-8 和图 13-9),东—北部明显为低渗透区。

 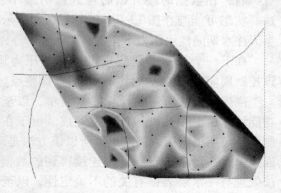

图 13-6 Lost Hills 油田 32 区短管柱斜率分析油藏估值(双管柱井)　　图 13-7 Lost Hills 油田 32 区长管柱斜率分析油藏估值(双管柱井)

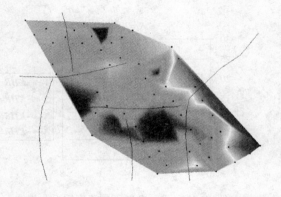
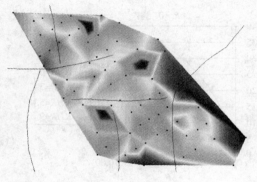

图 13-8 Lost Hills 油田 32 区短管柱注入井井口压力图　　图 13-9 Lost Hills 油田 32 区长管柱注入井井口压力图

二、注水开发油藏预测研究及应用

石油专业人员一般使用多种诊断曲线（例如 Hall 曲线、X 曲线和 WOR 曲线）监测水驱动态，一些工程师用经验方法监测和估算单位体积的注水量，或水驱结束时所需水的孔隙体积等。但此前没有人建立 WOR 与油藏和流体特性关系的文献。最近国外根据 3 个参数，提出了两种预测方法。

1. 注水开发油藏预测应用的参数

一般用三个有影响的重要控制参数：流度比、纵横比和非均质性指数。

流度比：$M = \dfrac{K_{rwm}}{\mu_w} \Big/ \dfrac{K_{rom}}{\mu_o}$，非均质性指数：$KHR = \dfrac{\sum S(kh)_s}{\sum H(kh)}$，纵横比：$R_L = \dfrac{L}{H}\sqrt{\dfrac{k_v}{k_h}}$

式中 K_{rom} 和 K_{rwm} 是端点相对渗透率值，μ_o 和 μ_w 是流体黏度，K_V/K_H 是垂向与横向渗透率比。KHR 为在总流动能力范围内高渗透层流动能力的分数，式中 $\sum S(kh)$ 是高渗透层流动能力的总和，$\sum H(kh)$ 是包括高渗透层的整个生产层段总流动能力的总和。

在流度比不利的情况下，黏性指进能够影响平面波及效率。影响垂向波及效率的因素是油藏的非均质性指数（表明油藏中产层的渗透率剖面）和纵横比或窜流指数（决定油藏中油层间垂向连通）。油藏的地质特性和构造能够影响这些有效系数的测定标准。

2. 利用 IWOR 与 CWOR 关系曲线预测油藏特征和水淹情况

研究水驱时，CWOR 与采收率的诊断曲线是用于单井或井组的常用工具。最近国外学者提出用 CWOR（瞬时水油比）与 IWOR（累积水油比）的曲线作为诊断工具。水驱开采期限内任意时刻的 CWOR 及其向着端点的趋势能够表明一口采油井周围的油藏和水驱状况。

根据一个油藏五点井网的 1/8 部分的水驱效果，Yang 和 Ershaghi 得到了以上参数的广泛模拟结果。用得到的模拟结果建立了 CWOR 与控制这些参数的水驱情况的相互关系。把 CWOR 计算为 IWOR 与 Np 的积分。

（1）非均质性指数 KHR 的影响

在没有窜流，即纵横比 $R_L = 0$ 的情况下，CWOR 受非均质性指数的影响，图 13-10 为端点处 IWOR = 99 时几种流度比的 CWOR 特性。CWOR 范围为 9~35。当纵横比为 2 时，不同流度比出现结果相似见图 13-11，原因是窜流指数较高。结果表明 IWOR = 99 时 CWOR 减小。

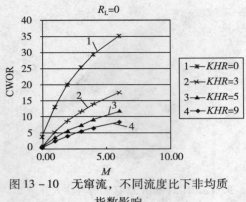
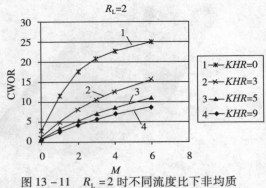

图13-10 无窜流,不同流度比下非均质指数影响

图13-11 $R_L=2$ 时不同流度比下非均质指数影响

(2)流度比 M 的影响

不论流度比为何值,窜流加剧都会降低端点的 CWOR(图13-12)。对于相似流度比来说,在非均质性指数高的渗透率剖面中,端点 CWOR 增大(图13-13)。

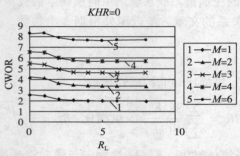
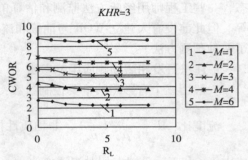

图13-12 当 $KHR=0$ 为均质剖面时流度比的影响

图13-13 $KHR=3$ 为非均质剖面时流度比的影响

IWOR 为不同经济极限时,当没有窜流和渗透率为均质剖面,IWOR=99 时,不同流度比下 CWOR 端点的范围为 1.5~4.25(图13-14)。

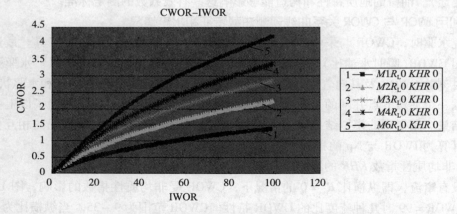

图13-14 当没有窜流和渗透率为均质剖面情况下,不同流度比下 CWOR 与 IWOR 的无因次曲线

当流度比($M=3$)一定,并且在有窜流的情况下,较高的非均质性指数趋向于使 CWOR 增大(图 13-15)。

对于均质渗透率剖面和高流度比来说,窜流指数不会对 CWOR 与 IWOR 的特性有很大影响(图 13-16)。

在流度比一定的情况下,使 CWOR 增加的参数是非均质性指数,其作用最大。

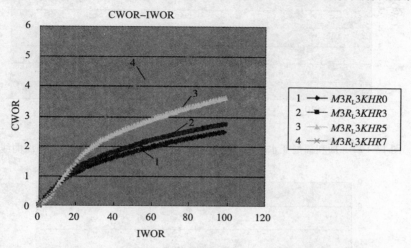

图 13-15　当流度比和纵横比均为 3,不同非均质指数的
CWOR 与 IWOR 无因次曲线

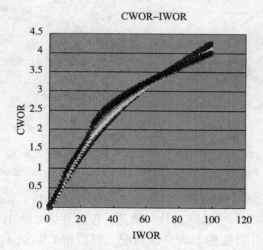

图 13-16　渗透率为均质剖面,流度比为 6,纵横比对
CWOR 与 IWOR 无因次曲线影响有限

(3)利用 IWOR 与 CWOR 关系曲线预测油藏特征的应用

为了验证 CWOR 与 IWOR 关系曲线的应用效果,给出了加利福尼亚水驱油田的 1 口采油井的数据。图 13-17 示出了这口井的 CWOR 与 IWOR 的关系曲线,该井已被证实存在高渗透层。CWOR 还没有证实渐近值。对于该水驱来说,根据 API 重度和端点相对渗透率值,流度比约为 6。CWOR 表明,一开始的数据显示 KHR 值高。对该井实施调整措施后大大地改善了非均质性,KHR 降低到零(图 13-18)。

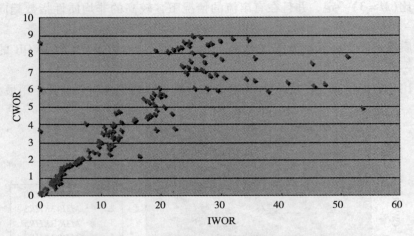

图 13-17 加利福尼亚水驱油田的 1 口采油井的 CWOR 与 IWOR 无因次曲线

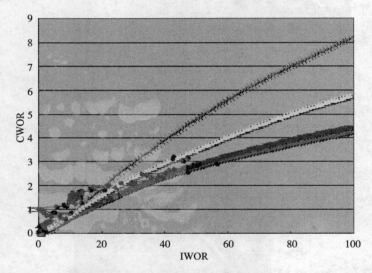

图 13-18 与典型曲线拟合后,表明实施调整措施后,CWOR 趋势得到改善
重度 API22°,$T=140\ °F$,$\mu_O=10cP$,$\mu_W=0.5cP$,$k_{nv}/k_m=0.3$,$M=6$

CWOR 与 IWOR 的无因次曲线是了解水驱动态的有效诊断工具。对于单井、井组或整个油田来说,CWOR 可以作为一个诊断参数。因此,跟踪井的 CWOR 与 IWOR(通过与其他井进行比较)能够识别这口井周围的非均质性情况。可以把 CWOR 与 RWOR 的无因次曲线作为测绘井周围 KHR 和进行油藏表征的工具。此外,利用这一信息能够确定哪些井需要立即采取调整措施。

通过对 IWOR 进行积分能够估算 CWOR。当把 IWOR 与 CWOR 进行比较时,形成了渐近趋势,可以用这一趋势测定井动态。可以把 CWOR 作为监测水驱动态数据的诊断手段。对用实际数据生成的标准曲线进行拟合能够有助于估算非均质性指数。跟踪 CWOR 与 IWOR 能够识别出需要立即给予关注的井。

3. 利用瞬时 WOR 与累积采收率的关系判断油藏

美国加利福尼亚许多水驱油田浊积砂岩油藏大部分为非均质严重的层状地层,其非均质典型特征是常常出现高渗透薄夹层(起漏失层的作用)。垂向波及效果普遍差,在注水井或采油井中采用机械或化学封堵高渗透层是水驱管理的目标之一,识别由于高渗透层造成垂向波及差的情况是关键。

(1)主要参数和油藏类型

根据3个主要参数组:流度比 M、修正的纵横比 R_L 和由非均质性指数,可以把由等效系统表示的浊积油藏分成三种类型:仅用两个集合参数 M 和 R_L 定义均质和各向异性油藏(Ⅰ类);用 M、R_L 和 KHR 表征带有窜流的浊积油藏(Ⅱ类);仅用两个集合参数 M 和 KHR 表征没有窜流的层状油藏(Ⅲ类)(图13-19)。对于一口给定采油井来说,应该知道流体黏度 μ_o 和 μ_w、油层厚度 H 和井距 L。根据岩心驱替试验能够得到相对渗透率端点。根据岩心分析或其他地质推断可以估算垂向渗透率与横向渗透率的比。

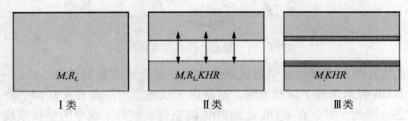

图13-19 浊积岩等效的系统

在地质术语中把非均质性解释为岩相类型的变化。但是,对于数学模拟目的来说,可以用岩石物理性质(例如纵向和横向的孔隙度和渗透率)的变化描述非均质性。在建立模拟模型过程中,可以用渗透率差异和垂向渗透率描述地层非均质性。

(2)瞬时 WOR 与累积采收率的关系曲线研究

主要研究渗透率剖面的均匀性。用 KHR 描述高渗透层的流动能力(是总系统流动能力的分数)。根据实际参数(包括水驱轻油和中质原油条件)进行的大量模拟运算生成了一系列标准曲线,其流度比 M 范围为 0.1~30,修正的纵横比范围 R_L 为 0~8,非均质指数范围 KHR 为 0~0.9。

①模拟模型:

用层状油藏模型进行了运算,该模型为一个对称五点井网的 1/8 部分,该井网由 1 口注水井和 1 口采油井组成(图13-20)。

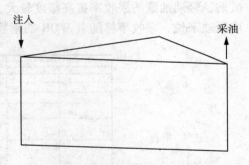

图13-20 模拟研究中采用的井网

对于模拟运算来说,采用了以指数形式的 Corey 型相对渗透率方程:

$$K_{RW} = K_{rwm} \left(\frac{s_w - s_{wir}}{1 - s_{orw} - s_{wir}} \right)^{mw} \quad (13-4)$$

$$K_{row} = K_{rom} \left(\frac{s_w - s_{wir}}{1 - s_{orw} - s_{wc}} \right)^{mow} \quad (13-5)$$

根据敏感性研究,对于诊断标准曲线拟合来说,应当注意的关键参数是流体黏度和端点。发现受指数值 mw 和 mow(当在 1.5 和 2.0 范围内时)影响的相对渗透率曲线的曲率对标准曲线影响不大。

②标准曲线基本特征:

以标准曲线的形式把大量油藏和流动条件生成的结果绘成了曲线。根据某些特征检验这些曲线，这些特征包括水突破前的采收率范围、水突破 WOR 上升的形状、当提高了采收率时是否出现了稳定 WOR 期和 WOR 最后上升的方式（图 13-21）。

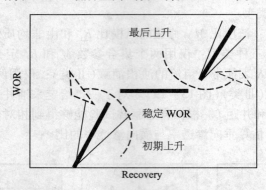

图 13-21 标准曲线的基本特征

像用分流曲线预测的那样，对于均质系统来说，预计水突破时的 WOR 超过了 1。水突破时小于 1 的 WOR 表示出现了层状系统。这是由于致密层出现油和水从多个渗透层中突破造成的综合动态。因此，对于在 WOR 达到 50% 前获得了较高采收率的层状系统来说，表明其渗透率剖面是均匀的。

③不同类油藏的标准曲线特征。

在研究中建立的标准曲线数据库，能够作为拟合工具识别高渗透层的影响，并且在一个给定的经济极限 WOR 下，可以作为长期开采动态预测的基础。

Ⅰ类系统（无高渗透层均质油藏）：主要注意流度比。对于这种系统来说，预计在水突破前，轻油油藏的采收率提高幅度较大，中等重度油藏的采收率提高幅度较小。对于中等重度原油来说，采收率将随着 WOR 的指数上升而继续提高（图 13-22）。

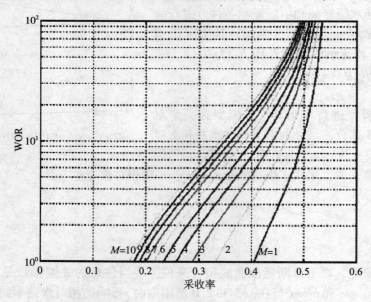

图 13-22 流度比对均质地层的影响

对于Ⅰ类系统来说，K_V/K_H（R_L 表示）对标准曲线的影响小。从标准曲线中能够看到 WOR 高时的采收率期望值（图 13-23）。例如，对于轻油（$M=1$）来说，取经济 WOR 为 50

表明,最终采收率为 0.525,这一采收率是 WOR=1 时观测的采收率的 1.3 倍。对于中等重度原油($M=10$)来说,相同 WOR 时的最终采收率为 0.46,这一采收率是在 WOR=1 时的采收率的 2.6 倍,表明 WOR=1 时采收率较低,并且需要较长的水驱时间才能达到这一采收率。这意味着,通过检验动态数据,确定高渗透层对动态没有影响并且采用流度比的实际估算值后,能够预测最终采收率(给出 WOR=1 时的观测采收率)。

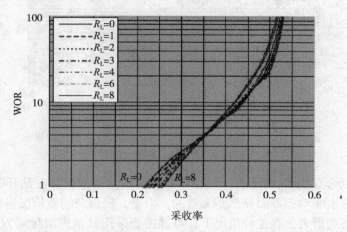

图 13-23　R_L 对均质地层 WOR 曲线的影响($M=1$,$KHR=0.7$)

Ⅱ类系统(有高渗透层油藏):在一般情况下,在相同流度比的范围内,水突破前,预测的轻油和中等重度原油的采收率明显偏低。轻油的一个重要特征是形成了一个稳定的时期,在该时期,WOR 在最后的上升前,采收率上升。

对Ⅱ类油藏,当流度比为 1 有利,只要高渗透层的流动能力小于总流动能力的 50%(即 $KHR<0.5$)、WOR=1 时的采收率受出现高渗透层的影响就会很小。高渗透层(凭借着其 K 和 H 构成了 70% 或更多的流动能力)能够使 WOR=1 时的采收率大幅度降低,而 WOR=50 时的采收率却非常相似。

对于不利的流度比(10)来说,WOR=1 和 WOR=50 时的采收率受到高渗透层的很大影响,流动能力为 0.5 或更高。

Ⅲ类系统(有高渗透层且存在窜流的油藏)

在研究中分析了整个地层和高渗透层之间窜流的影响。在这两种情况中,驱替系统接近垂向流动平衡(VFE)极限,这提高了 R_L 约为 8 时水突破前的采收率。

④高渗透层位置的确定。

标准曲线研究显示,对于没有窜流或窜流不严重的情况来说,水突破前的采收率和 WOR 曲线的整个图形与高渗透层的不同定位无关。对于窜流严重的情况来说(水突破前初期采收率仍然有小变化),原油重度的作用变得不重要了(取决于高渗透层的定位)。对于位于地层底部的高渗透层来说,原油重度对水驱动态有负面影响。

⑤开发技术措施对曲线的影响。

在识别出存在高渗透层的情况下,用某些调剖方法(包括挤水泥、挤聚合物、挤注和衬管/套管补贴相结合以及层位封隔)改善水驱动态。

如图 13-24 所示,在总体地层和高渗透之间没有窜流的情况下,进行机械封堵和层位封隔越早,达到最终采收率越快。同时,基本上可以认为 $KHR=0$ 的均质情况是采用封堵措施的非均质情况的水驱效率极限。

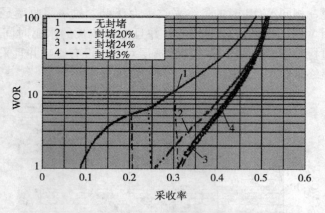

图 13-24 机械封堵对用于非均质地层 WOR 曲线的影响
($M=4$, $R_L=0$, $KHR=0.7$)

图 13-25 所示,对于纵横比大(窜流严重)的层状地层来说,在钻开砂层面表面封堵高渗透薄夹层在改善水驱动态方面显然是无效的。但是,根据与均质情况进行的对比,还有很大的改善水驱动态的潜力。在这种情况下,可能需要采用其他深层封堵方法(例如注聚合物凝胶)来提高水驱效率。

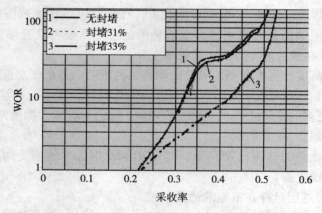

图 13-25 当地层存在严重窜流时,机械封堵对改善 WOR
比动态无效($M=4$, $R_L=0$, $KHR=0.7$)

通过降低油藏模型中注水井和采油井不同钻遇深度的高渗透层的渗透率模拟聚合物封堵措施的效果。结果显示深层封堵对窜流严重的地层更有效。此外,封堵深度小的效果将与在表面封隔情况中观测到的效果相似。对于窜流严重的情况来说,深层封堵的深度可能需要达到注水井和采油井之间井距的 1/3。

(3)矿场应用实例研究

在水驱状态下的一口产轻油井,原油黏度为 1.2cP。注水井和采油井之间的井距为 330ft,地层厚度为 200ft。其他信息包括,估算的水黏度为 0.59cP,油相端点相对渗透率为 1.0,水相相对渗透率为 0.15。根据其他信息,该地层的垂向渗透率与横向渗透率的比高,估计为 0.8。高渗透层一般在生产层段的中部。根据这些信息,估算的集合参数为 $M=0.407$, $R_L=1.476$。在这 3 个主要集合参数中,已知 M 和 R_L 的确切估算值。用诊断曲线进行分析的目的之一是估算参数 KHR 并且还要用诊断曲线评价该地层的提高水驱效率的潜力。

图 13-26 示出了高渗透层位于生产层段中部情况的诊断曲线分析结果。

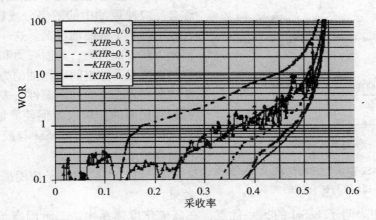

图 13-26 修正的纵横比 R_L 对 WOR 曲线的影响($M=0.407$，$R_L=1.476$)

参数 KHR 的估算值为 0.7。因此，该油田的渗透率非均质性严重。由于认为均质情况（KHR=0）是通过采取任何封堵措施提高水驱效率的极限，所以如果在水突破初期采取封堵措施，将会提高水驱效率。

三、注低矿化度水提高采收率技术

把低矿化度水注入油藏导致油藏流体变化，这一变化在常规水驱中没有出现。多年室内研究表明，注较低矿化度水（约低于 5000mg/L）能够提高采收率。阿拉斯加的 4 个单井化学示踪试验（SWCTT）也证实，在矿场上能够重现有利的室内试验结果。最近，近井地带矿场测试证实，在特定的情况下，通过降低注入水的矿化度能够提高水驱效率。

1. 注低矿化度水（LoSal）提高采收率技术机理

润湿性对采收率的影响研究显示，矿化度越低，采收率越高。许多室内岩心驱替试验研究显示，与注海水或高矿化度采出水相比，用低矿化度水进行水驱提高了采收率。有关机理如下：

(1) 在残余油中产生表面活性剂

Tang 和 Morrow 提出 LoSal 采油机理是混合润湿黏土颗粒从孔壁上脱离。但是油藏流体的变化、流体/岩石相互作用和在 LoSal 过程中出现的润湿性变化，似乎与在碱驱和表面活性剂驱过程中出现的情况相似。认为当 pH 值增大时残余油中产生表面活性剂可能是主要的 LoSal 采油机理。这一过程是通过消除在典型的高矿化度注入水中形成的高浓度可溶性化合物（而不是通过添加相对少量的特殊碱化学剂）来完成的。

当把低矿化度水注入岩心时，通过与油藏中固有的矿物起反应产生羟基离子，并且使 pH 值从 7~8 增大到了 9 或更高。Tang 和 Morow 做的 BPNS2（BP 经营的北海油田）岩心驱替结果说明 pH 值增大（图 13-27）。这一 BPNS2 系统与北海油藏/原油/盐水系统相同。流出物的 pH 值从用 1.5×10^4 mg/L 地层水驱替岩心时的大约 8 增大到用 1500mg/L 低矿化度水驱替岩心时的 10 左右。

因此，LoSal 以与碱驱相似的方式起作用。LoSal 降低了油藏和水之间的界面张力。而且像碱驱一样，增大 pH 值增大了油藏的亲水性，因此提高了 OOIP 的采收率。

（2）低矿化度水注入油藏改变了原油性质

当 pH 值增大的低矿化度水接触原油时，综合反应使原油中的酸组分或极性组分皂化，在地下产生了表面活性剂。这一作用改变了界面张力和表面张力，界面张力和表面张力控制着约束油藏孔隙空间中原油的力。表面活性剂能够改变岩石表面的润湿性。表面活性剂还能够起乳化剂的作用以便促使原油向水中扩散。从这种意义上来讲，LoSal 与胶束驱或表面活性剂驱相似。

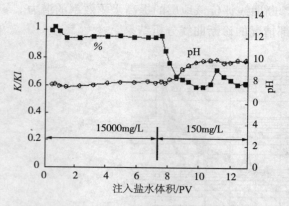

图 13-27 BPNS2 系统与北海油藏/原油/盐水系统中 pH 值与矿化度的关系

（3）降低二阶阳离子浓度提高表面活性剂效果

图 13-28 中表明了 LoSal 的另一优点，在高矿化度体系中，二阶阳离子（像钙和镁离子）的出现将使表面活性剂沉淀并且使其不能提高采收率。不管表面活性剂是在原油内自然出现的还是通过当 pH 值增大时使残余油的酸组分皂化产生的，产生表面活性剂的确是事实。在 LoSal 中使用的低矿化度水二价阳离子浓度很低。如果 LoSaL 水相当软，表面活性剂仍然有效。

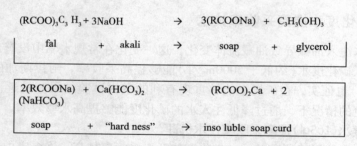

图 13-28 LoSal 使二阶阳离子浓度降低和 pH 增加的机理

Tang 和 Morrow 的试验数据和图 13-29 证实这一假说。用 Berea 砂岩/BPNS2 盐水体系得到的。一张图表明注低矿化度水大幅度增大了 pH 值。当注 1.5×10^4 mg/L BPNS2 盐水时，流出物的 pH 值约为 8，而当把注入 BPNS2 盐水稀释降低到 1500~150mg/L 时，pH 值几乎增大到了 10。另一张图示出了注入流体成分和流出流体成分之间的比较。最初把 23cm³ 100% BPNS2 盐水（1.5×10^4 mg/L）注入岩心，并且用 177cm³ 0.01BPNS2 盐水（150 mg/L）驱替岩心。用混合流出物在岩心中重复循环 24 个小时，然后分析离子含量。阳离子浓度增高（特别是 Na^+）与阳离子交换和矿物溶解机理一致，认为阳离子交换和矿物溶解机理迫使流出物 pH 值增大。

图 13-30、图 13-31 展示了一个有关特别的试验，试验中用 9PV BPNS2 盐水驱替 Berea 岩心，Berea 岩心的原始含 BPNS2 盐水饱和度为 23.6%。然后用 9PV 0.1BPNS2 盐水（约 1500 mg/L）驱替岩心。流出物的 pH 值从大约 8 增大到刚刚超过 9，采收率从 OOIP 的 63.6% 提高到 69.4%。然后用 9 PV 0.1 BPNS2 盐水（该盐水含有与原来 BPNS2 盐水相同量的 Ca^+）驱替岩心。虽然矿化度仍然约为 1500 mg/L，并且 pH 值仍然约为 9，但是采收率没有提高。中等浓度二价阳离子的出现完全终止了 EOR 采油。总共进行了 3 次这种驱替过程，在这 3 次驱替过程中都

是钙立即终止了 EOR 采油。用 BPNS2 岩心、BPNS2 原油和合成海水（SSW，3.5×10^4 mg/L TDS，495 mg/L Ca^+）进行了相同的驱替过程。结果相似，用 0.1SSW 驱替提高的采收率为 OOIP 的 3.5%，当把 0.1 SSW 的钙浓度提高到与 SSW 相同时，立即终止了 EOR 采油。

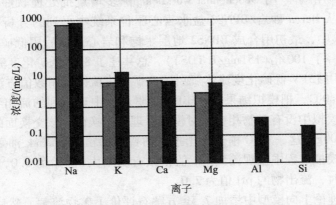

图 13-29 BPNS2 与北海系统中流出盐水分析

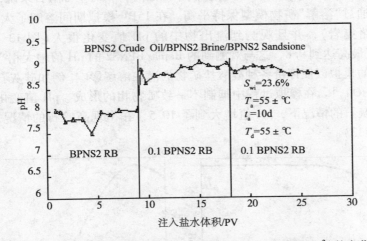

图 13-30 BPNS2 与北海系统中流出流体 pH 与矿化度和 Ca^{2+} 的变化

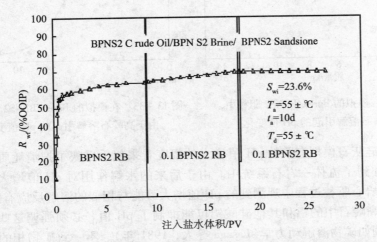

图 13-31 BPNS2 与北海系统中流出流体矿化度和 Ca^{2+} 的变化与采收率的关系

(4) 注低矿化度水（LoSal）机理地球化学分析

对可能导致流出物的 pH 值增大的地球化学机理进行了初步评价。模拟了两种反应机理——离子交换和矿物溶解。用 Geochemist workbench——多增量批处理软件程序进行了模拟。每次模拟都使用了从 Berea 砂岩/BPNS2 盐水岩心驱替系统中得到的分析数据。在 Berea 砂岩/BPNS2 盐水试验中，最初用合成 BPNS2 地层水饱和岩心。然后用低矿化度流体（原来的成分不变，但是稀释了 100 倍（151mg/L TDS））。总共注了 8PV 低矿化度流体。

通过在理论上用 15PV 低矿化度流体"驱替"高矿化度流体，用数值方法模拟了离子交换机理。假定温度为 40℃，把模拟结果与在 BPNS2 驱过程中观测到的流出物的 pH 值进行了比较。在离子交换模拟中没有矿物相，相对模拟了理论交换面，该交换面的阳离子交换能力（CEC）约为 2.‰/100g。这一 CEC 稍微高于报道的普鲁德霍湾 Ivishak 油藏的范围（0.1‰～1.25‰/100g）。在模拟过程中仅观测到 pH 值稍微有所增大（开始为 8.0，注入 4PV 时最高为 8.0，注入 15 PV 时，流出物的 pH 值为 7.0。

然后，通过在理论上向模型中添加 7.5g 方解石评价了矿物溶解。然后使地层水方解石平衡（饱和指数为 1.0，开始 pH 值 =7.4）。模拟开始时，相对于方解石来说，流体变成欠饱和的了；但是，通过"溶解"矿物模型保持平衡。在 15PV 模拟期间溶解了大约 7.2g 方解石（相当于（0.1% 储集岩），并且观测到流出物中的 pH 值变化很大（图 13-32）。当注入 4.0PV 时，pH 值最高达到 9.8，这与观测到的 Berea/BPNS2 的 pH 值增大相当吻合。

进行了更多的模拟以便评价各种硅酸盐矿物的潜在溶解影响[例如硅灰石（$CaSiO_3$）和高岭石（$Al_2Si_2O_5(HO)_4$]。在模拟过程中抑制不一致矿物相的形成。pH 值变化与不同的矿物有关。在出现硅灰石的情况下，pH 值增大到了 10.5，在出现高岭石的情况下，pH 值降低到了 6.2（图 13-33）。

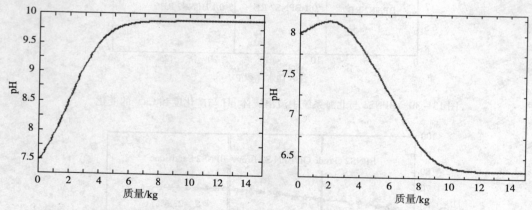

图 13-32 在模拟的 Berea/BPNS2 驱替中，由于方解石溶解引起的 pH 值变化　　图 13-33 在模拟的 Berea/BPNS2 驱替中，由于高岭石溶解引起的 pH 值变化

与方解石和硅灰石模拟有关的 pH 值增大的幅度看来似乎反映了把消耗质子的碱（碳酸盐或硅酸盐）添加到了流体——岩石系统中。由于后来的水解作用对 pH 值增大产生了怀疑。在 Berea/BPNS2 岩心驱替过程中观测到的 pH 值增大可能与相似的溶解反应有关。由于铝离子的水解作用，高岭石中的铝和其他硅酸铝可能抑制了 pH 值。必须强调这些是初步结果。许多其他变量（例如矿物溶解动力学（Lasaga 等人，1981 年）、不一致矿物相的形成（例如三水铝石；Stumm 和 Morgan，1996 年）和增加的 CO_2 浓度）可能大大地影响着复杂油藏系统中

地层水的 pH 值。

2. 低矿化度水驱采油岩心驱替试验

为了研究地层水水驱动态和矿化度关系,进行了许多室内岩心驱替试验研究。在图13-34中示出了用取自 BP 经营的北海油田(BPNS2)的 Berea 砂岩、原油和地层盐水得到的有代表性的试验数据,显示出用原 BPNS2 地层水(1.5×10^4 mg/L TDS,含有表13-1中示出的成分)和低矿化度水进行水驱之间的差别。低矿化度水驱(在该试验数据集中包括用1500mg/L TDS 进行水驱的数据和用150mg/L TDS 进行水驱的数据)将原油采收率从 OOIP 的56%(1.5×10^4 mg/L TDS 的情况,即100% BPNS2 盐水)提高到了 OOIP 的64%(1500 mg/L TDS 的情况,即10% BPNS$_2$ 盐水)。用含有150mg/L TDS 水(1% BPNS2 盐水)进行的超低矿化度水驱显示,采收率一直提高到73%。与用含有 1.5×10^4 mg/L TDS 地层水进行的高矿化度水驱相比,这表明采油量增加了30%。应该注意,在所有这些驱替中,原生盐水的成分与驱替水的成分相同。

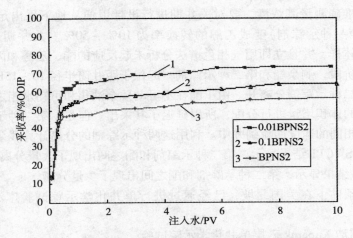

图13-34 BPNS2 岩心驱替的采收率与矿化度的关系

表13-1 在岩心驱替过程中使用的 BPNS2 盐水的地层水成分(mg/L)

成分	含量
Na^+	5626
K^+	56
Ca^{2+}	58
Mg^{2+}	24
Cl^-	8249
HCO_3^-	1119
SO_4^{2-}	16
TDS	15150

用 BPNS2 原油和地层水在 BPNS2 砂岩岩心上进行了更多的低矿化度水驱。在这些低矿化度水驱中原生盐水成分不变,TDS 为 1.5×10^4 mg/L。用 BPNS2 地层水进行水驱的采收率为 OOIP 的56%。用1%盐水(TDS 为150mg/L)进行低矿化度水驱的采收率为 OOIP 的75%。与用含有 1.5×10^4 mg/L TDS 地层水进行的高矿化度水驱相比,这表明采油量增加了34%。

不是所有的情况下都适合采用这种方法,但是当具备了以下条件时该方法是有效的:

①油藏中的原油含有酸组分；
②油藏物质中含有水敏感矿物；
③油藏具有原始含水饱和度；
④注入水所含的 TDS 低于 5000 mg/L。

3. 美国北坡单井化学示踪试验

(1) 单井化学示踪试验(SWCTT)方法

SWCTT 是在进行水驱或实施 EOR 驱替工艺后测定油层 S_{or} 的一种方法。SWCTT 是按以下方式进行的：在同一口井中。把含有按体积计算约1%酯(一般是乙酸乙酯)的试验油藏水注入试验井的目的层。然后注较大体积不含酯的水顶推含有酯的水，一直到含酯带到达油藏中的预定区域(一般距井筒半径 10~15ft)。一般在注入水总体积中加入异丙醇或正丙醇(物质平衡示踪剂)，这种示踪剂是不分离醇。取决于油藏温度，关井期为 1~10 天。在关井期间，部分酯与油藏水起反应并且形成乙醇(第二种示踪剂)。第二种示踪剂仅溶于水中。为了在回采过程中准确测量其浓度，要对关井期进行设计以便从地下采出足够的第二种示踪剂。一般的酯(第一种示踪剂)变成乙醇的转换率为 10%~50%。关井期过后，开井回采。定期在井口取流体样，并且立即用气相色谱法分析未起反应的酯、乙醇和丙醇含量。

在开始回采阶段，剩余酯和第二种示踪剂一起位于距井筒半径 10~15ft 处。在回采过程中，剩余酯和第二种示踪剂分离开。由于酯在不可动残余油相和可动水相之间通过与残余油饱和度直接有关的体积增量进行分配，所以延迟了其采出。但是，第二种示踪剂的采出没有延迟，它以与水相同的速度回流到井中。利用这两种示踪剂的分离计算残余油饱和度。从高 S_{or} 情况中得到的 SWCTT 结果显示，第二种示踪剂和酯之间出现了大量分离，而从低 S_{or} 情况中得到的 SWCTT 结果显示，第二种示踪剂和酯之间出现了少量分离。

目前在矿场条件下在美国北坡，已经通过进行单井化学示踪试验广泛评价 EOR 工艺效果。

(2) 普鲁德霍湾 Kuparuk 砂层单井化学示踪试验

在普鲁德霍湾单元的 Borealis 油田完成了两项 SWCTT。试验井 L-22 完井于 2003 年 5 月 31 日。在直径 7in 生产套管上只射开了一个层段(9050~9070ft)。Kuparuk C 砂层在该井中的厚度为 20ft，平均孔隙度为 16%。油藏温度为 150 ℉。该井借助气举通过直径 $3\frac{1}{2}$ in 生产油管采油。该井从 2003 年 7 月 26 日开始采油一直到进行 SWCTT(总共生产了约 10 天)。在该采油阶段，试验层的平均采油量为 650bbl/d，不产水。进行这些 SWCTT(2003 年 8 月和 9 月)的目的是测定在 Kuparuk C 砂层注低矿化度水前后的残余油饱和度。

在第一个 SWCTT 中测定了从普鲁德霍湾油田集输中心 2(GC2)新注高矿化度水的地下 S_{or}。GC2 注入水含有约 2.3×10^4 mg/L TDS 表(13-3)。接下来，向该井注了 1PV 来自 Mine Poin F-77 井的低矿化度水(如表 13-2 和表 13-4 所示，盐水含有 2500mg/L TDS)。然后进行了第二个 SWCTT (试验 2)以便测定注入通过第一个 SWCTT 确定的相同 PV 后的 S_{or} (LoSa1)(注低矿化度水后的残余油饱和度)。

由于 L-22 井产 100% 原油，所以必须向该井中注少量的水以便使含油饱和度降低到残余油饱和度。向该井中注了大约 4 PV GC2 采出水。因为 GC2 采出水没有过滤，所以必须对该井进行回采以便在注入过程中保持射孔孔眼清洁。最初以 800bbl/d 的注水速度和 1850psi 的井口压力(WHP)注了 1870bbl 水。采出 210bbl 水后，以 800bbl/d 的注水速度又注了 2025bbl 水。然后从该井中回采出 305bbl 水。总注水量为 3895bbl(195bbl/ft)。为了清洗回采出的总注入水为515bbl。

表13-2 Mine Poin F 单元 F-Pad Prince Creek 水井水质的一般物理参数

井号	pH	电导率/mS/m	温度/℃	矿场测量的矿化度/(mg/L)
2	7.85	3.67	18.3	1800
21	7.69	4.27	19.3	2100
58	7.74	5.02	18.8	2600
77	7.73	1.41	18.4	2200

注水后进行了 SWCTT 试验1。在该试验中总共注了640bbl 水。注水速度为520~800bbl/d，最高 WHP 为1700psi。先注的150bbl 水含有 15×10^4 mg/L 乙酸乙酯(EtAc)、5500 mg/L 正丙醇(NPA)和7000 mg/L 异丙醇(IPA)。在注了这150bbl 水之后又注了490bbl 含有8500mg/L IPA 的水。然后注了32bbl 北极柴油对该井进行冷冻保护。总共注了640bbl 水加上32bbl 冷冻保护液，将600bbl 水(150bbl 含有酯的水和450bbl 顶推水)驱入试验层。然后关井9.7d 进行反应。反应期过后，对该井回采2d，总采出量为960bbl。每采出5~15bbl 水取样一次，并立即分析示踪剂含量。采出水仅显示出了油迹。

表13-3 普鲁德霍湾地层和注入水分析

成分/(mg/L)	Borealis V 100 水	GC2 采出水	普鲁德阳霍湾含水层	PB 夏天海水	PB 冬天海水
钡	29	2	5	—	3
碳酸氢盐	3977	1640	2060	100	200
钙	96	247	159	200	400
氯化物	13400	12600	11300	10000	19000
铁	<0.2	4	3		3
镁	32	156	25	600	1300
钾	1145	107	78		
钠	9195	8080	7860	5000	10500
锶	4	26	10	4	8
碳酸盐	49	560	52	1400	2800
pH	7.5	609		6.8	6.9
TDS	28000	23000	22000	17000	34000

SWCTT 试验1的结果显示，试验层的高矿化度水驱 S_{or} 为0.21(±0.02)。这一饱和度测定值代表 Kupamk C 砂层20ft 厚层段的孔隙空间(距井筒约12.8ft 的半径范围)的饱和度。

测定这一原始 S_{or} 后，用900bbl 低矿化度水处理该井。Milne Prince 单元(MPU)F. pad 的4口水井从 Prince Creek 地层采出低矿化度水，水中的 TDS 平均约为3000 mg/L(表13-4)并且这种水提供了用于矿场 LoSal 工艺试验的方便低矿化度水源。用真空车将 Prince Creek 低矿化度水从 Milne Prince F-77井运送到现场，加热到150℉，用热油车以900bbl/d 的注入速度注入。在进行 LoSal SWCTT 之前，F-77井注水后注2018bbl GC2 采出水。

表 13-4　MPUF2 井和 F-77 井的离子水分析

分析项目	F-2 井	F-77 井	单位
TDS	2330	3000	mg/L
钙(溶解的)	76.8	120	mg/L
铁(溶解的)	0.447	0.612	mg/L
镁(溶解的)	11.1	21.0	mg/L
钾(溶解的)	3.69	5.81	mg/L
钠(溶解的)	725	957	mg/L
铝(溶解的)	ND	ND	mg/L
锰(溶解的)	ND	0.185	mg/L
氯化钠	0.161	1550	mg/L
硝酸盐氮	ND	ND	
硝酸盐	ND	ND	
氟化物(溶解的)	95.6	0.177	mg/L
硫化物	ND	ND	
溶解的有机碳	ND	1.89	mg/L
碳酸氢盐碱度(溶解的)	95.6	131	mg/L
碳酸盐碱度(溶解的)	ND	ND	
氢氧化物碱度(溶解的)	ND	ND	
总碱度(溶解的)	95.5	131	mg/L
硅(SiO_2)	11.3	9.49	mg/L

S_{or}(LoSa)测试包括总共注 640bbl 高矿化度 GC2 水。用高矿化度水作为试验 2 示踪剂的载体以便避免出现因 pH 值变化的分配系数或醋酸酯水解速率的潜在变化有关的问题。目的是尽可能在试验 1 和试验 2 中保持温度和 pH 值一致。注入速度为 650~800bbl/d,最高 WHP 为 1900psi。先注的 150bbl 水含有 1.05×10^4 mg/L EtAc、6800 mg/L NPA 和 4200 mg/L IPA。然后注 490bbl 含有 4000 mg/L IPA 的水。接着注了 32bbl 北极柴油对该井进行冷冻保护。总共注了 640bbl 水加上 32bbl 冷冻保护液,把约 600bbl 水(150bbl 含有酯的水和 450bbl 顶推水)驱入试验层。

然后将该井关井 11.5d 进行反应。反应期过后,对该井回采 1.3d,总采出水量为 1175bbl。每采出 10~20bbl 水取样一次,并且立即在现场分析示踪剂含量。SWCTT 试验 2 的结果显示,S_{or}(LoSa1)为 0.13(±0.02)。这一饱和度测定值代表 Kupamk C 砂层 20ft 厚层段的孔隙空间(距井筒约 13.9ft 的半径范围)的饱和度。

Borealis SWCTT 显示,LoSal 将驱油效率提高了 80% PV 的含油饱和度,如果原始含油饱和度为 64%,这相当于 OOIP 的 13%。根据用近井地带径向模拟模型得到的结果,提高的 80% PV 的含油饱和度驱油效率中的 0.3% 是由除 LoSal 以外全部水驱得到的。提高的 80% PV 的含油饱和度几乎全都是通过注低矿化度水得到的。与高矿化度水驱相比,这相当于采收率提高了 18%。

(3)普鲁德霍湾西北 Eileen 地区 Ivishak 砂层示踪试验

在普鲁德霍湾油田西北 Eileen 地区完成了两次 SWCTT。试验井 L-001 于 2001 年 7 月 1

日完井。最初在直径 7in 生产套管中射开了两个层段：9124～9136ft 和 9142～9180ft。后来，又增加了 3 个射孔层段：9180～9210ft、9220～9240ft 和 9252～9262ft。在 Ivishak 层射开的 4 个砂层的总厚度约为 108ft。油藏温度为 217 ℉。该井借助气举通过直径 $4\frac{1}{2}$ in 生产油管采油。该井从 2002 年 12 月 13 日连续采油一直到 2003 年 8 月和 9 月进行 SWCTT。就在进行 SWCTT 之前，该井的平均采油量为 400bbl/d，产水量为 150bbl/d。

由于该井产约 70% 的油，必须向试验层注少量的水以便把含油饱和度降低到残余油饱和度。注水量为 19967bbl(158bbl/ft)GC2 采出水。因为注入水没有过滤，所以有时必须对该井进行回采，以便在注水过程中保持射孔孔眼清洁。最初以 1500bbl/d 的注水速度注了 10450bbl 水，井口压力为 1875psi。回采了 419bbl 水后，又以 1500bbl/d 的注入速度注了 9517bbl 水。然后回采了 431bbl 水。总注水量为 19967bbl。为了清洗回采出的总注入水量为 850bbl。

这次注水后，进行了 SWCTT 试验 1 以便测定注高矿化度水时的 S_{or} 在该试验中总共注了 1090bbl 水。注水速度稳定在 1500bbl/d，最高 WHP 为 1600psi。先注的 200bbl 水含有 1×10^4 mg/L EtAc、9000 mg/L 乙酸甲酯、4000 mg/L NPA 和 4500 mg/L IPA。然后注了 890bbl 含有 4500 mg/L IPA 的水。接着注了 365bbl 北极柴油对该井进行冷冻保护。总共注了 1090bbl 水加 65bbl 冷冻保护液，把约 1000bbl 水(200bbl 含有酯的水和 800bbl 顶推水)驱入试验层。

然后将该关井 3.3d 进行反应。反应期过后，对该井回采 2d，总采出水量为 1673bbl。每采出 10～20bbl 水取样一次，并且立即在现场分析示踪剂含量。每个样品都显示出 100% 的水，没有油迹。

完成 SWCTT 试验 1 后，注了低矿化度水。注了来自 Milne F-77 井的加热到 150 ℉ 的 2900bbl 低矿化度水。注水速度为 2000bbl/d。随后向该井注了 5603 桶 GC2 采出水。然后在进行 SWCTT 试验 2 前，为了清除在射孔孔眼处堆积的固体总共回采了 316bbl 水。S_{or}(LoSa) 测试包括总共注 1090bbl 高矿化度 GC2 水。用高矿化度水作为试验 2 示踪剂的载体以便避免出现与随 pH 变化的分配系数或醋酸酯水解速率的潜在变化有关的问题。注入速度保持在 1500bbl/d，最高 WHP 为 1650psi。先注的 200bbl 水含有 1.05×10^4 mg/L EtAc、8000mg/L 乙酸甲酯、6000mg/L NPA、5000mg/L IPA。然后注 890bbl 含有 5000 mg/L IPA 的水。然后注了 60bbl 北极柴油对该井进行冷冻保护。总共注了 1090bbl 水加上 65bbl 冷冻保护液，把约 1000bbl 水(200bbl 含有酯的水和 800bbl 顶推水)驱入试验层。

然后将该井关井 5.9d 进行反应。反应期过后，对该井回采 2d，总采出水量为 1932bbl。每采出 10～20bbl 水取样一次，并且立即在现场分析示踪剂含量。

不像 Kuparuk 砂层 L-22 井单层示踪试验响应那么简单并且合乎规范，有 5 个层段的 Ivishak 砂层试验 1 的示踪响应复杂，表明有多个层并且出现了窜流。用 3 个层和在出现窜流的情况下进行的多层模拟得到了与观测示踪响应的良好拟合。试验 2 显示，LoSal 将驱油效率提高了 4% PV 的含油饱和度，如果原始含油饱和度为 44%，这相当于 OOIP 的 9%。驱油效率的提高几乎都是由于注低矿化度水的结果。与高矿化度水驱相比，这相当于采收率提高了 16%。

(4) Endicott Kekiktuk 砂层示踪试验

在 Duck Island 单元的 Endicott 油田完成了两次 SWCTT。试验井 Endicott3-39 井完井于 1997 年 6 月。在直径 $4\frac{1}{2}$ in 油层衬管中射开了两个层段：14258～14278ft 和 14294～14300ft。在 Kekiktuk K2A 砂层射开的这两个层的总厚度为 60ft，平均孔隙度为 24%。油藏温度为

210 °F。该井借助气举通过直径 4$\frac{1}{2}$in 生产油管采油。该井是一口采油井，该井的日产液量约为 5000 桶，含水为 99%。在 2004 年 7 月末到 8 月期间该井连续采油一直到进行 SWCTT。

由于该井产约 99.9% 的水，所以不必向试验层注一定量的水用以把含油饱和度降低到残余油饱和度。停止从该井采液，在没有预先注水的情况下进行了试验 1。总共注了 2052bbl 高矿化度 Endicott 水。注入速度为 1800bbl/d，最高 WHP 为 800psi。先注的 350bbl 水含有 1×10^4 mg/L EtAc、4500mg/L 乙酸甲酯、3500 mg/L NPA 和 5000 mg/L IPA。随后注了 1450bbl 含有 5000mg/L IPA 的水。连续又注了 252bbl 含有 5000 mg/L IPA 的采出水。总共注了 2052bbl 水，把约 1800bbl 水（350bbl 含有酯的水和 1450bbl 顶推水）驱入试验层。然后将该关井 2.0d 进行反应。反应期过后，对该井回采 1.2d，总采出水量为 2953bbl。每采出 10~20bbl 水取样一次，并且立即在现场分析示踪剂含量。有时在采出水中含有少量油（含油为 2%）。

表 13-5 Endicott 注入水和低矿化度水分析

成分/(mg/L)	Endicott 地层水	Endicott 采出水	Endicott 海水	Endicott3-39A 井低矿化度水
钡	7	0	0	0
碳酸氢盐	2000	1868	147	6
钙	320	194	402	6
氯化物	17275	14946	18964	821
铁	10	2	0	0
镁	48	360	1265	55
钾	110	177	386	17
钠	11850	9190	10812	468
锶	24	7	7	0
硫酸盐	63	570	2645	115
pH	6.5	7.0	7.7	
TDS	32000	28000	34644	1500

SWCTT 试验 1 的结果显示，试验层高矿化度水驱 S_{or} 为 0.43(±0.03)。这一饱和度测定示出了 Kekikmk K2A 砂层的 26ft 厚层段的采出水波及孔隙体积（距井筒 14ft 半径范围）。

测定这一原始残余油饱和度后，用 2812bbl 低矿化度水处理试验层。选择了来自 Endicott 反渗透（Reverse Osmosis，RO）单元的水并且将其储存在 Endicot 澄清池内。这种水含有 235mg/L TDS（NaCl 当量）。把海水添加到 RO 水中，以便把其矿化度提高到 1440mg/L TDS（NaCl 当量）。在表 13-5 中示出了低矿化度水成分。用热油设备以 1800bbl/d 的注水速度注了 2815bbl 低矿化度水。在注水过程中把水加热到 164 °F 以便避免大幅度降低试验层温度。注入低矿化度水后又注了 1800bbl Endicott 高矿化度水（2.8×10^4 mg/L TDS）。

然后进行了 SWCTT 试验 2 以便测定在进行 SWCTT 试验 1 时研究的相同孔隙空间的 S_{or}(LoSal)。在该试验中总共注了 1816bbl Endicot 高矿化度水。注水速度为 1600~1700bbl/d，最高 WHP 为 900psi。先注的 310bbl 水含有 1.05×10^4mg/L EtAc、5000 mg/L NPA、1×10^4mg/L 乙酸甲酯和 5000mg/L IPA。然后注了 1290bbl 含有 5000 mg/L IPA 的高矿化度水。接着用 216bbl 含有 5000 mg/L IPA 的高矿化度水驱替该井。总共注了 1816bbl 水，把约 1600bbl 水（310bbl 含有酯的水和 1290bbl 顶推水）驱入试验层。

然后将该井关井 2.2d 进行反应。反应期过后，对该井回采 1.3d，总采出水量为 3859bbl。每采出 20~30bbl 水取样一次，并且立即在现场分析示踪剂含量。SWCTT 试验 2 结果显示，S_{or}(LoSa1) 为 0.34(±0.03)。

Endicot SWCTT 显示 LoSal 将驱油效率提高了 9% PV。通过试验测定的高矿化度 S_{or} 为 43%，低矿化度 S_{or}(LoSal) 为 34%。提高的 9% PV 驱油效率的不到 1% 是通过其他全部水驱得到的。9% PV 的含油饱和度的提高几乎都是由于注低矿化度水的结果。与高矿化度水驱相比，这相当于采收率提高了 16%

(5) 普鲁德霍湾 Main 油田 Ivishak 砂层示踪试验

在普鲁德霍湾油田西部操作区完成了 3 个 SWCTT。进行这些 SWCTT 的目的是测定注 GC2 高矿化度水、中等矿化度水和低矿化度水后的残余油饱和度。目的层是 N-01A 井的 Ivishak 4B 层。N-01A 井是于 2004 年 8 月侧钻的。该井的射孔完井井段为 65ft，井斜为 67°，钻遇了 4B 层的 25ft 厚的有效垂直层段，该层的平均孔隙度为 22%。射孔层段深度为 9380~9420ft(测量深度 MD) 和 9430~94550ft(MD)。在开始进行 SWCTT 之前，该井借助气举通过直径 $4\frac{1}{2}$in 油管以 1770bbl/d 的采油速度生产了约 10d。

由于该井产约 50% 的油，所以必须向试验层注一定量的水以便把含油饱和度降低到残余油饱和度。注水量为 6000bbl(240bbl/ft)。把水加热到 170 ℉。然后进行少量回采 (515bbl)，以便保证在 SWCTT 试验 1 过程中射孔孔眼清洁。进行 SWCTT 试验 1 的目的是测定注高矿化度水后的 S_{or}。在该试验中总共注了 1100bbl GC2 水。先注的 200bbl 水含有 1.13×10^4mg/L EtAc、4300 mg/L NPA 和 4700 mg/L IPA。顶推带中的注入水包括含有 4700 mg/L IPA 的 875bbl 水和不含示踪剂的 25bbl GC2 水。然后注了 50bbl 北极柴油对该井进行冷冻保护。总共注了 1100bbl 水，把约 1000bbl 水 (200bbl 含有酯的水和 800bbl 顶推水) 驱入试验层，在井筒中留下 150bbl 水 (100bbl 采出水加上 50bbl 北极柴油)。根据试验层厚度 (25ft)，估算的残余油饱和度为 0.21%，孔隙度为 0.22，试验 1 的平均研究厚度为 15ft。

关井反应期过后，对该井回采 1d，总采出水量为 2037bbl。每采出 15~30bbl 水取样一次，并且立即在现场分析示踪剂含量。每个样品都显示出 100% 的水，没有油迹。高矿化度水的残余油饱和度为 0.21(±0.02)。

在现场以 3:1 把来自 Milne Point F-2 井的 Peince Creek 水 (2200mg/L TDS) 与 GC2 注入水 (2.2×10^4mg/L TDS) 混合配制成中等矿化度水 (7000mg/L TDS)。用真空卡车运送 5 次来自 Milne Point F-2 井的 Peince Creek 水 (每次 220bbl)，并且在 N-01A 井井场把每次运送的水与 65bbl GC2 水混合。然后在 160 ℉ 下注混合水。中等矿化度水总注水量为 1329bbl。然后注了 1500bbl GC2 水 (跟踪水) 以便为 SWCTT 试验 2 做好准备。在进行 SWCTT 试验 2 之前，从该井中回采出 300bbl 水用于清理射孔孔眼。

进行 SWCTT 试验 2 的目的是测定注中等矿化度水后的 S_{or}。在该试验中总共注了 1100bbl GC2 水。先注的 200bbl 水含有 1.15×10^4mg/L EtAc、8900mg/L NPA 和 4900 mg/L IPA。顶推带中的注入水包括含有 4900 mg/L IPA 的 875bbl GC2 水和不含示踪剂的 25bbl GC2 水。然后注了 50bbl 北极柴油对该井进行冷冻保护，并且关井 2.3d 进行反应。与试验 1 相同，试验 2 的平均研究厚度也为 15ft。关井反应期过后，对该井回采 2d，总采出水量为 2017bbl。每采出 15~30bbl 水取样一次，并且立即在现场分析示踪剂含量。将该剖面放在高矿化度水驱试验中测量的剖面上，发现这两个剖面几乎完全相同。注中等矿化度水后测定的残余油饱和度为 0.21(±0.02)，正好与在试验 1 中测定的相同。

然后用真空卡车把低矿化度水从 Milne Point F-2 井运送到现场。在 160 ℉下总共注了 1500bbl 低矿化度水。然后注了 1500bbl GC2 水作为跟踪水以便为 SWCTT 试验 3 做好准备。接着从该井中回采了 300bbl 水用于清理射孔孔眼。

进行 SWCTT 试验 3 的目的是测定注低矿化度水后的 S_{or}。在该试验中总共注了 1100bbl GC2 水。先注的 200bbl GC2 水含有 1.15×10^4 mg/L EtAc、7500mg/L NPA 和 5100mg/LIPA。顶推带中的注入水包括含有 5100mg/L IPA 的 875bbl GC2 水和不含示踪剂的 25bbl GC2 水。然后注了 50bbl 北极柴油对该井进行冷冻保护。总共注了 1100bbl 水,把含有示踪剂的 1000bbl 水驱入试验层。与试验 1 和试验 2 相同,试验 3 的平均研究厚度也为 15ft。

N-01A 井的 SWCTT 显示,LoSal 将驱油效率提高了 4%PV 7000mg/L 中等矿化度水驱没有显示出有任何效果。通过试验测定注高矿化度水的 S_{or} 为 21%,S_{or}(LoSal)为 17%。其他全部水驱没有对提高驱油效率做出贡献。提高的驱油效率 4%PV 的含油饱和度完全是注低矿化度水的结果。与高矿化度水驱相比,这相当于提高采收率 8%。

表 13-6 示出了 N-01A 井 SWCTT 试验 1、试验 2 和试验 3 的总结:

表 13-6 N-01A 井 SWCTT 试验总结

试验描述 (Ivishak N-01A 井)	试验规模/bbl	研究深度/ft	测定的 S_{or}
试验 1	100	15	$S_{orw}=0.21(\pm 0.02)$
试验 2	1000	15	$S_{orw}=0.21(\pm 0.02)$
试验 3(Losal)	1000	15	S_{or}(Losal)$=0.17(\pm 0.02)$

4. 北坡 LoSal 试验效果分析及潜力分析

表 13-7 总结了 LoSal EOR 在北坡进行的 SWCTT 结果。根据有利的结果,评价在北坡应用 LoSal 的可能性。实施化学 EOR 工艺(例如 LoSal)的效果可能相对较慢,但是作用的范围大。在一个新水驱项目中,相对于常规高矿化度水驱来说,LoSal 的效益很可能通过延缓水突破来实现。当把 LoSal 应用于常规成熟的水驱项目中时,只有在把水驱残余油可动时形成的油带顶推到高含水采油井中后,才能采出这些油带中的原油。实施该工艺所需的大量先期投资和延缓采出 EOR 油量给油气经营者带来了严重经济困难。目前尚未证实井网规模的 LoSal EOR 效果,这也增加了实施 LoSal 工艺的风险。

表 13-7 北坡 LoSal SWCTT 结果

井号	L-1	N-01A	L-122	3-39A
油田	普鲁德霍湾西北 Eileen	普鲁德霍湾 Main	Borealis	Endicott
地层	Ivishak	Ivishak	Kuparuk	Kuparuk
原始含油饱和度/%	45	70	65	90
测试油井含水/%	30	50	0	99.5
常规水驱残余油饱和度/%	19	21	21	43
低矿化度水残余油饱和度/%	15	17	13	34
残余油饱和度降幅/%	4	4	8	9
采收率增值/%,OOIP	9	6	12	10

在 Prince Creek 地层的某些区域，第三系砂岩提供了含有 2000~3000mg/L TDS 的地层水源。在普鲁德霍湾单元向东方向，矿化度迅速增高到 1×10^4 mg/L 或更高。F-pad 的 4 口 MPU 水井从 Prince Creek 地层产低矿化度水（约 3000mg/L TDS，为进行 LoSal 工艺矿场试验提供了方便的低矿化度水源。此外，Prince Creek 含水层还可以提供在一些北坡油田实施 LoSal 工艺能够产生效益的合适水源。在其他一些区域（包括 Endicott 和普鲁德霍湾单元东部），没有可以利用的低矿化度水源，可能需要安装反渗透设备。

第十四章 低渗透油田水平井注水技术

一、国内外低渗透油藏水平井注水开发概况

水平井注水技术作为一项新兴的技术，出现于20世纪90年代初，具有注水井段长，波及效率高，注入压力低、注入量大等显著优势，国内外都针对此项技术开展了大量的实验研究和矿场试验，所取得的成功经验值得我们学习和借鉴，特别是对低渗透油田开发具有特殊的意义。

水平井开发的油田，随着地层压力的衰竭。产量的降低以及含水率的上升，使得水平生产井必然要转换为注水井，从而增大地层能量，驱替产层中残留的大量原油。

从世界范围来看，最早提到水平井注水的是温尼能源公司（Win Energy Inc.）。当时，该公司计划在1991年秋到1992年初在位于Jones县的Propst-Anson/Bullard油田开钻水平井，实施水平井注水方案。但现在一般认为第一口工业水平井注水是1992年初，由美国Texaco开发生产有限公司在得克萨斯东北部Franklin县内的New Hope油田完成，New Hope油田利用水平井注水，使该油田的单井油产量从原来的14t/d增加到56t/d，达到了该油田45年中的最高水平。该油田的开发实践表明，利用水平井注水，两口水平井可以代替6口直井。据不完全统计，自第一口工业水平井注水成功后，相继在阿曼Saih Rawl、Benchamas、Thamama、Wolco、Yibal、Daleel、Marmul油田等近20个低渗透油田进行了水平井及分支井注水的矿场试验（表14-1），从各油田的注水效果（表14-2）来看，低渗透油藏"注不进、采不出"的状况得到明显改善，取得了较好的开发效果。

我国水平井注水技术的应用相对较晚，目前较为成功的是塔里木哈德4油田。至2004年2月，该油田共有7口水平注水井，自2003年9月投注以来累计注水$18.2\times10^4m^3$，日产油由注水井投注前的$699m^3/d$上升到$843m^3/d$，全油藏注水效果明显。另据2009年3月中石油新闻报道，辽河油田实施特殊岩性油气藏水平井注采新模式，采用以水平井与水平井组合注采开发为主，直井与水平井注采为辅的开发方式，每个井组均由2至3口纵向分段、平面交错叠置式水平井组成，依靠水平井底部注水，建立起有效压力驱动系统，实现油藏分段立体开发，有效增大水驱波及体积，提高油藏最终采收率。这种水平井组合注采方式可覆盖地质储量1.2×10^8t，增加可采储量612×10^4t，设计部署水平井51口，其中油井35口、注水井16口，覆盖地质储量2443×10^4t，预计提高采收率8%以上。

表14-1 应用水平井注水的低渗透油田基本情况

油气田/藏	位置	孔隙度/%	渗透率/$10^{-3}\mu m$	埋深/m	厚度/m	黏度/mPa·s	重度/(°API)	相对密度	岩性
New Hope Shallow Unit	Texas	12	3~10	2438.4	6.1	0.352	46.3	0.7972	砂岩
Bullard Unit/Propst-Anson	Texas	12~14	0.15	770					碳酸盐岩

续表

油气田/藏	位置	孔隙度/%	渗透率/$10^{-3}\mu m$	埋深/m	厚度/m	黏度/mPa·s	重度/(°API)	相对密度	岩性
Wolco	Oklahoma	16~20	25~50	305~915	25.9				
Avant	Oklahoma	15~20	20		12~30				
Yowlumne		15~20	6						砂岩
Aneth Unit	Utah	12	1	1646~1768	16.5	0.53	41	0.7753	碳酸盐岩
Slaughter	San Andres	2~20	0~50	1524					白云岩
Valhalla Boundary Lake "M"	Canada	15	22	1900	3		41	0.7753	灰岩
Safah	Oman								碳酸盐岩
Saih Rawl	Oman	27	2~10	1400	60	1.9	34	0.8251	碳酸盐岩
Daleel	Oman	15~35	4~20	1500~1610	3~20	0.85	38	0.8348	
Marmul Haima-West	Oman	25~30	10~100	550~675ss		60	23	0.9158	砂岩
Yibal	Oman	28	5	1350		0.64	40	0.8251	灰岩
Ghawar	Saudi Aramco		3~50						灰岩
Algyo	Hungary	21	40	3400	3~4				
Benchamas	泰国湾	18	10~20	2073~2621	8.4	0.32			砂岩
Thamama	Abu Dhabi	20~34	1~33	3048	38		40 API	0.8251	碳酸盐岩

二、低渗透油藏水平井注采井网研究

最初的水平井水驱井网指的是一口水平注水井和1口或多口水平生产井组合，随着时间的推移，其范围已经延展到水平井与直井之间的多种组合形式。从文献资料来看，在国外学者用数值模拟方法开展的水平井注水研究中，水平井注水井网总体上可以分为"水平井—直井联合井网"（表14-3）和"水平井注采井网"（表14-4）两种类型。

对于"水平井—直井联合井网"的井网模式，C. G. Popa 和 M. Clipea（1998）采用二维数值模型研究了一口水平注水井和几口垂直生产井组合布局的井网分布模式，水平井段长400m，水平井和第二排的直井相距1200m。研究分析认为1口水平井注—2口直井采的模式效果最好。

表14-2 部分利用水平井注水的油田情况

油田名称	油田基本情况	水平注水井钻进情况	注水效果
New Hope (Tex.)	属于低渗透砂岩油田，油层垂深2480m，1945年开始注水	位于相对薄、渗透率低的Pittsburg油层	单井产量从原来的14t/d增加到56t/d，达到45年的最高水平
Valhalla Boundary Lake "M" (Canada)	1991年发现，深1900m，孔隙度15%，渗透率22×10^{-3}μm^2，有效厚度3m，原始地层压力17MPa，泡点压力1.4MPa，注水前油藏压力12.46MPa	1994年8月完钻3口水平注水井	两口水平井在比直井低的注入压力下工作，油藏压力恢复

续表

油田名称	油田基本情况	水平注水井钻进情况	注水效果
Yibal（Oman）	油藏埋深 1400m，渗透率 $(1\sim100)\times10^{-3}\mu m^2$，黏度 0.6mPa·s，1972 年开始用五点法注水	18 口水平注水井	水平注水井平均注入量是直井的 1.5 倍
Slaughter（Tex.）	油藏深 1524m，20 世纪 60 年代开始水驱，80 年代注 CO_2。孔隙度 $0.02\sim0.2$，渗透率 $0\sim50\times10^{-3}\mu m^2$	7 口水平注水，水平段长度 $180\sim263m$	
Saih Rawl（Oman）	1984 年开发，深度 1400m，渗透率 $(1\sim10)\times10^{-3}\mu m^2$，黏度 1.9mPa·s，泡点压力 5.17MPa	1994 年钻第一口水平试验注水井，获得成功。到 1996 年 4 月有 5 口双分支水平井	估计最终采收率的三分之二由水驱贡献
Benchamas（泰国湾）	孔隙度 18%，渗透率 $(10\sim20)\times10^{-3}\mu m^2$，黏度 0.32mPa·s，净厚度 8.5m，泡点压力 3MPa，深度 $2073\sim2621m$	BWA-15 井 2000 年 11 月 17 日开始注入	保持 $1370m^3/d$，设计注入量的 4 倍
Thamama（阿布扎比）	厚度 $2.4\sim30m$，孔隙度 $17\%\sim34\%$，渗透率 $(1\sim33)\times10^{-3}\mu m^2$	1998 年钻 6 口水平注水井，水平段长 $762\sim910m$	水平井注入量是直井的 2 倍
Wolco（俄克拉马州）	平均厚度 26m，孔隙度 $16\%\sim20\%$，渗透率 $(30\sim100)\times10^{-3}\mu m^2$	2003 年 12 月 30 日开始注水	以 $300m^3/d$ 注水、井口压力为 0
哈得 4（中国）	埋深 $5000\sim5023m$，层 1 平均厚度 1m，平均孔隙度 13.67%，平均渗透率 $98.68\times10^{-3}\mu m^2$；层 2 平均厚度 1.6m，平均孔隙度 15%，平均渗透率 $111.36\times10^{-3}\mu m^2$；边水能量弱	在 HD1-10 垂直注水井和 HD1-27H 水平注水井进行注入能力测试，2003 年 10 月开始全面注水	HD1-10、HD1-27H 井启动压力分别为 17.42MPa 和 4.04MPa，注入能力分别为 9.53 $m^3/(d\cdot MPa)$ 和 71.49 $m^3/(d\cdot MPa)$。全面注水后，地层压力半年内明显回升，平均动液面上升了 170m，平均单井日产油提高了 12t

  M. Algharaib 和 R. B. C. Gharbi 等（2005）通过数值模拟的方法研究了"水平井直井交错分布线性注水"、"双分支井直井交错分布线性注水"、"直井水平井法线分布线性注水"及"双分支井九点法注水"四种井网分布模式下的水平井注直井采与直井注直井采的注水效果对比。研究认为，在考虑形状因子、水平井段长度和流度比的情况下，直井水平井法线分布线性注水效果最好，且水平井段越长，效果越好。当水平井段较短时，流度比对采收率的影响不大。当水平井段较长时，随着流度比的增大，水平井注水效果变差。

表14-3 水平井—直井联合井网分布图

1口 水平井注 4口 直井采		水平井—直井 交错分布	
1口 水平井注 3口 直井采		双分支井—直井 交错分布	
1口 水平井注 2口 直井采		直井—水平井 法线分布	
		双分支井 九点法注水	

表 14-4　水平井注采井网分布图

单分支水平井注采井网		双分支水平井注采井网	
平行对应正向井网	(水平注入井、水平生产井示意图)	平行对应正向井网	(TI 注入井 TI / 模拟区域 / 生产井 TP TP 示意图)
平行对应反向井网	(水平注入井、水平生产井示意图)	平行对应反向井网	(TI 注入井 TI / 模拟区域 / 生产井 TP TP 示意图)
平行交错正向井网	(水平注入井、水平生产井示意图)	平行交错反向趾趾井网	(TI 注入井 TI / 模拟区域 / 生产井 TP TP 示意图)
平行交错反向跟跟井网	(水平注入井、水平生产井示意图)	方形井网	(TI 注入井 TI / TP 模拟区 TP / 生产井 生产井 / TP 注入井 TP / TI TI 示意图)
平行交错反向趾趾井网	(水平注入井、水平生产井示意图)	长生产井短注水井井网	(TI 注入井 TI / TP 模拟区 TP / 生产井 生产井 / TP 注入井 TP / TI TI 示意图)

从国外学者的研究分析来看,"水平井注—水平井采"的水平井注采系统井网布局方式可以分为:平行对应正向井网、平行对应反向井网、水平交错分布井网和L型井网模式,其中水平交错分布井网又可细分为正向趾趾、正向根趾、反向根趾和反向趾趾四种布局。C. G. Popa(1998,2002)先后根据二维数值模型模拟了"单分支水平井注采"和"双分支水平井注采"的驱油过程。研究发现,在单分支水平井注采模式中,平行交错反向趾趾井网效果最佳。在双分支水平井注采模式中,平行对应反向井网推迟了注入水突破时间,提高了突破时的采出程度,注采效果优于平行对应正向井网,而平行交错趾趾井网的开发效果优于平行对应反向井网,效果最佳。2002年,Alex. T. Turta研究了L型水平井注采井网,包括两种类型:①方形井网;②短水平段注入井—长水平段生产井网。研究表明,短水平井段注水井—长水平井段生产井的注入控制简单,利用该井网可以更加容易地采出长水平井段趾部区域的剩余油。

从实际油田矿场应用来看,多数采用的是水平井反向交错井网,从统计来看,目前应用规模最大的是阿曼Saih Rawl油田,拥有47口水平生产井,19口水平注水井,其水平注水井的水平分支数最大,达到了4个分支。

三、低渗透油藏水平井注水适应性研究

自Taber(1992)引入了水平井注水的概念以后,众多学者开展了水平井注水的井网、影响因素、钻井、完井等方面的研究(表14-5),如M. Algharaib(1999)研究了流度比、油藏非均质性、垂向渗透率、井距、水平注采井在油层的分布位置等对水平井注水的影响等,为水平井注水在油田的应用提供了理论指导。

油藏是否选择水平井注水,主要由油层厚度、渗透率、垂直渗透率与水平渗透率的比值(K_v/K_h)、韵律性及井网密度等因素决定。

油层厚度——研究表明,随着油层厚度的增加,水平井注水的优势越小,注入速度不断降低,波及系数也不断降低。因此,在薄油层中采取水平井注水效果更好,随着油层厚度的增加,注水效果变差。

油藏非均质性——在水平井注水开发中,要求其储层的均质性相对较好,如果储层非均质性强,特别是在纵向上,则会极大地降低水平井注水效果。

表14-5 有关水平井注水研究的相关文献汇总

研究人员	时间/年	所做工作	结论及观点
Claridge, E. L. 和 Olu, S.	1989	水平井注水的数值模拟	在数值模拟例子中,水平井注水与直井注水的最终采收率差距不大,只是当有经济最小采油速度限制时,水平井的最终采收率比直井大
Stickland 和 Crawford	1990	水平井五点水驱理论研究	直井注—水平井采的形式可能使面积波及效率不高
Taber 和 Seright	1992	水平井生产和水平井注水结合提高采收率的方法	水平井注水效果依赖于井网、地层厚度。与直井五点法对比,水平井注水可提高10倍注入量
Sait Kocberber	1992	通过直井注水与水平井注水的对比,说明水平井注水原理	说明了水平井注水技术的适用条件

续表

研究人员	时间/年	所做工作	结论及观点
Ismall Mostafa	1993	利用 E200 研究影响因素：垂向渗透率、方位、方向及不同注入流体的影响	垂向渗透率影响最终采收率，如果垂向渗透率较大，水平井在垂向的位置也会影响水驱效果
Nijs nederveen	1993	研究水平注水井的钻井、完井优化、及压裂、酸化等措施问题	合理的注水剖面是获得理想波及效率的必要条件
H. Ferreira	1996	水平井注水影响因素模拟，评价不同井网水平井注水动态	波及系数主要是流度比的函数
S. H. Zakirov	1996	研究利用水平井注采开发有底水、气顶的油藏	水驱与衰竭式开采结合，适时采用水平井注水可以提高采收率
L. P. Dake	1997	注入敏感性、地质条件、热裂缝及有关现场研究	渗透率分布和黏度影响波及效率，但地层系数是最重要因素
Popa. C. G	1997	水平井注入压力损失研究	给出了计算压力损失的公式
Algharaib M	1998	水平注水井网、直井注水井网的数值模拟研究	
C. G. Popa, Ploiesti, M. Clipea	1998	水平井井网对水驱效率的影响研究	水驱效率受沿水平井水平段的压降和井网形状影响
M. Algharaib	1999	考虑水平井的压力降落、毛管力、重力。对流度比、非均质、垂向渗透率、水平段长度、井距、油藏厚度等对动态的影响进行数值模拟研究	注采井平行并垂直于最大渗透率方向效果最好
Constantin G. Popa	2002	水平井注水井网研究	"L"式井网设计
M. Algharaib 和 R. B. C. Gharbi	2005	水平井注水井网研究，研究了井型、井网、水平段长度及流度比对开发效果的影响	水平井注水井网布局是影响驱油动态的重要因素，水平井线性驱的效果优于直井线性驱
A. Hamadouche, Sonatrach	2007	以 HMD 油田为例模拟研究了水平井孔的位置、射孔段长度和位置、K_v/K_h 和注入速度对水平井注水效果的影响	在同样的注入压力下水平井注水开发可以将注采比提高 4 倍。非均质油藏中长水平井段和长射孔井段的开发效果不一定好。垂直渗透率是影响水平井注水开发的重要因素。如果 K_v/K_h 较低，则水平注水井的动态情况与直井注水差别不大

渗透率——水平井注水最有利的平面渗透率范围是 $(1 \sim 50) \times 10^{-3} \mu m^2$，渗透率太低，注水效果不明显，太高则生产井容易过早见水。如果油层较厚，K_v/K_h 比较大，或纵向渗透率具有韵律性，用水平井注水，水将立即涌进高渗透层，降低波及系数。水平井注采系统随垂向渗透率的增大，效果变好。垂向渗透率较低时，直井注采效果较好；垂向渗透率较高时，水平井注采效果较好。

井网——研究表明，水平井注水选择大井距效果较好。对于老油田，井网越稀，越有利于进行水平注水井加密，而对于直井较为密集、开发成熟的老油田而言，不宜开展水平井注水。

流度比——流度比越高,水平井注水增产峰值越低,但是随着流度比的增大,水平井注水稳定增产期变长,水平井注—水平井采的组合方式效果相对较好。

四、阿曼 Marmul 油田 Haima West 低渗透油藏水平井注水开发实例

1. 油田概况

Marmul 油田位于阿曼南部岩盐盆地(Salt Basin)东南地区,隶属于阿曼石油开发公司(PDO),油藏面积 60.7km²。储集层为 Mahwis 组(寒武—奥陶纪 Haima 群)、Al Khlata 组和 Gharif 组(石炭/二叠纪 Haushi 群)地层,埋深 550~675m。Haima West 位于 Mahwis 组地层西部,大部分油气形成于寒武—奥陶纪,为一个坍塌的背斜脊部(图 14-1),随后又发生了倒转,区域上受走滑运动影响,裂缝微发育,且大部分为半封闭裂缝。

根据向上变细层序 Mahwis 地层共分为 12 个小层,除过 Intra Haima Marker(IHM)层其他层都属于堆积片流沉积,IHM 是个纯泥岩标准层,用来确定 Mahwis 下部的顶层。

Haima West 油藏原油黏度高,API 度低(表 14-6),储层为 Mahwis 组细粒泥质砂岩,疏松易碎,因此在开发过程中对所有的生产井(直井)进行防砂(砾石充填)非常必要。此外储层中区域性泥岩薄层的出现以及一些全油田范围的泥质层使得储层垂直/水平渗透率比值(K_v/K_h)非常低。

表 14-6 Haima West 油藏参数表

油藏参数	数值	油藏参数	数值
埋深	550~675m(ss)	API	22°API
原始压力	9.31MPa	相对密度	0.9218
密度(储罐)	0.86g/cm³	渗透率	$(10~100) \times 10^{-3} \mu m^2$
黏度	90mPa·s	孔隙度	25%~30%

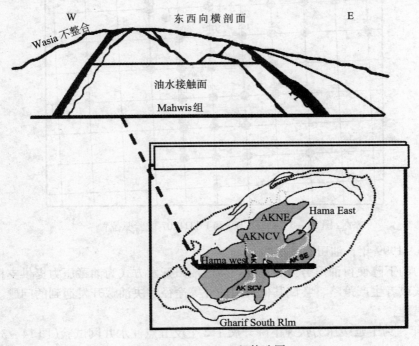

图 14-1 Mahwis 组构造图

2. 生产开发历史

油藏于1980年晚期开始生产，开发主要经历以下几个阶段：

（1）1981~1983年，初始开发

油藏开发初期采用600m井距的直井自然衰竭式开发，大部分井采用外部砾石充填或者内部和外部联合砾石充填完井。

（2）1986~1996年，加密钻井

在之前直井基础上进行加密，井距缩小到425m，到1996年因为缺少压力支持，油藏压力快速从0.93MPa降到0.5~0.6MPa（图14-2），产量下降了60%。

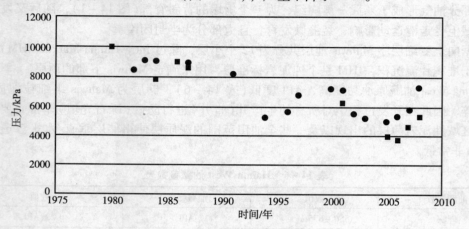

图14-2 油藏压力变化

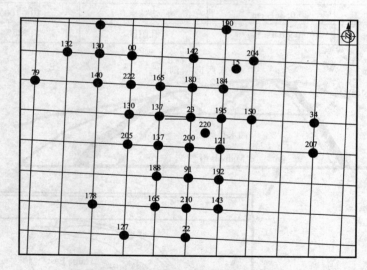

图14-3 PILOT220和PILOT207试验驱位置

（3）1996~1999年，油田开发试验

油藏压力的下降使得油田努力通过寻找新的油田开发方式为油藏压力提供支持、改变或优化完井方式或者生产策略、尝试其他类型的井等途径解决油藏开发遇到的问题。主要采取了以下几种措施：

①1996年，为了延缓压力快速下降开展了2个反五点注水井网试验（图14-3），分别位

于油藏中心(PILOT220)和于油藏东部边界(PILOT207),每个试验区注水速率保持在954m³/d,但到1998年末期,油藏40口生产井平均含水57%,整个油田直井产能平均仅35m³/d,净产能15m³/d。

②1998年间开展了3个结束井底防砂的"联合出砂"增产措施试验,共钻了4口直井,分析不同的防砂技术对生产指数的影响,根据试验结果进行完井优化,目的是增加产油量以及避免与防砂有关的机械表皮损害。三口直井没有进行防砂,但产能比每口砾石充填完井高3倍多(图14-4)。MM-312井(图14-5)最初在裸眼井眼采用WWS,在WWS射孔后产量明显增加。更多的测试表明生产设施能处理好出砂,随后将这种概念应用在水平井中。

③1999年在低K_v/K_h储层环境下进行了水平井开发试验。

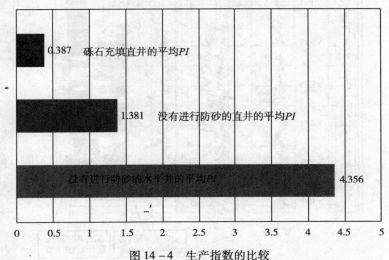

图14-4 生产指数的比较

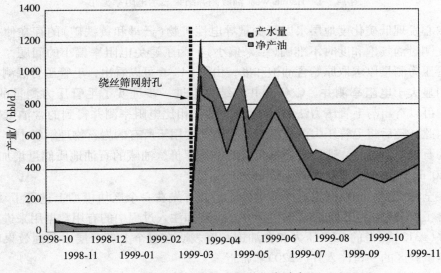

图14-5 MM-312井生产动态

(4)1999~2002年,全部采用水平井开发

最初因为储层K_v/K_h低(储层砂层中泥质夹层引起的)认为钻水平井不合适。但后来认为这些泥质夹层对于纵向流更像是控流板而不是遮挡层,水平井的整个水平段纵向渗透性足

够允许整个储层段泄油,因此准备采用水平井开发。Haima West 油藏裸眼测井测得的电阻率比正常值低,而其他的测井值则正常,因此导致评价的含油气饱和度偏低(图 14-6)。因此,过去这些电阻率低的层不认为是生产层,仅在高电阻率层进行射孔。但是,通过对低电阻层进行岩心取样分析,这些层明显含油,说明了电阻率测井不能作为评价 Haima West 油藏含油气饱和度的可靠指标,因此对 Haima West 油藏的地质储量进行了重新评价。

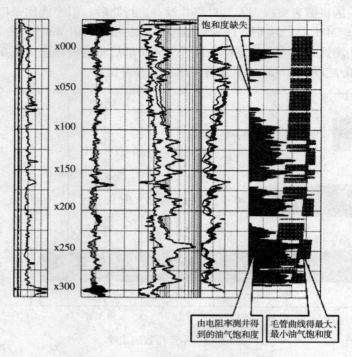

图 14-6 Haima West 油藏测井结果显示电阻率偏小

通过取心发现低矿化度地层水以及少量导电性矿物(云母和黄铁矿)的存在使得常规电阻率测井在测量油气饱和度时不准确(结果偏小),为了避免电阻率偏小的问题,采用对岩心进行毛管压力测量以求取原始含油饱和度,由图 14-6 可以看出,毛管压力法测得的含油气饱和度明显大于电阻率测井。C/O 测井的结果也进一步证实了毛管压力测量的准确性,从图 14-7 可以看出与毛管压力法和 C/O 测井结果相比电阻率测井得到的含油气饱和度仍然偏低。因此,随后将毛管压力测得的含油气饱和度用于所有的岩石物理解释中,并重新评价了油藏的石油地质储量。通过对低电阻层的重新评价,油藏的石油地质储量增加了 225%(从 $0.6 \times 10^8 m^3$ 增加到了 $2 \times 10^8 m^3$)。

为了在全油田进行水驱开发这些新增的储量,首先在一个区块模型上进行了动态模拟。该模型包含了 25% 的 OOIP 及 40% 的生产井。生产和注入过程中的有用数据用来进行历史模拟,观察井(#313)测得的 RFT 压力和含油饱和度表明在整个上部产层水驱油效果明显,该观察井距离试验区的一口注入井(#220)非常近。

根据历史模拟,对不同水驱开发方案进行了评价。一种方案是采用生产井与注入井间距为 300m 的反九点井网,其最终采收率为 23%;另一种方案采用生产井与注入井间距为 250m 的水平井井网进行开发,其最终采收率为 28%。模拟结果表明在低产能情况下直井井网开发需要更多数量的井,因此优先采用水平井开发。

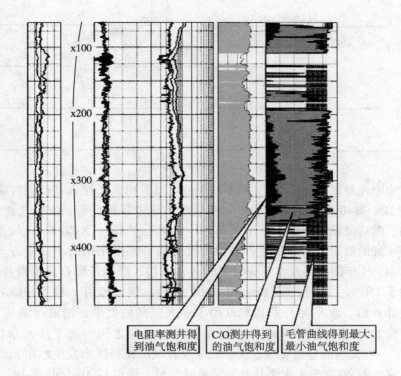

图 14-7 电阻率测井、C/O 测井、毛管压力法测得的含油气饱和度

1999 年上半年钻了 4 口水平井,一口水平注入井及 3 口水平生产井。注入井以及两口生产井位于 Mahwis 上部,第 3 口生产井位于 Mahwis 下部(图 14-8)。水平井线性水驱过程中注入井和生产井侧向井距为 250m(图 14-9),且注入井比生产井要长,目的是每口生产井可以支持多个生产井,水平注入井和水平生产井垂直距离为 50m。

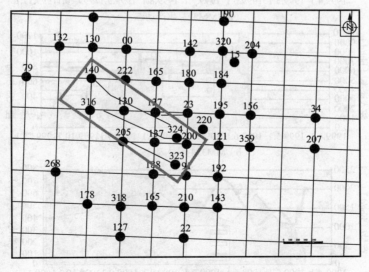

图 14-8 水平井位置图

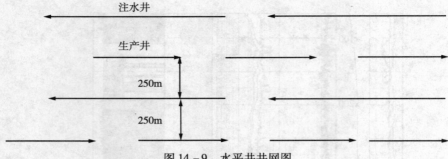

图 14-9 水平井井网图

从水平井水驱先导试验生产历史(图 14-10)可以看出水平注入井已经对临近的生产井见效,尤其是 MM-140 井。采用水平井水驱后油田压力保持良好,生产气油比明显降低,总产量也增加。随后又钻了 2 口水平生产井,一口位于 Mahwis 上部,一口位于下部,这两口井同样取得了好的效果。所有的生产井没有经过防砂都采用钻前下筛管方式完井(pre-drilled liners)。1999 年间水平井水驱先导试验非常成功,产能是砾石充填直井的 11 倍,油田净产量增加了 150%,达到 1589.8m³/d(图 14-11)。到 2002 年,油藏共钻水平生产井 19 口,水平注入井 6 口。水平井开发初期取得了令人鼓舞的效果,油藏产量从 1999 年初的 750m³/d 增加到 2001 年初的 2000m³/d。但是随后一些井之间出现了注入水快速发生"短路",这说明了一些天然的连通裂缝、诱导裂缝或者贼层使得注水发生水窜,因此造成了油藏产量急剧下降,到 2002 年末水平井开发结束时产量下降到 1200m³/d(图 14-12)。

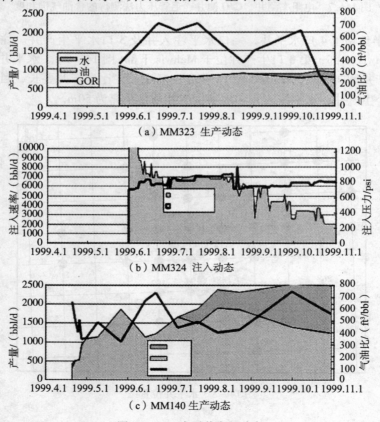

图 14-10 水平井水驱动态

(5) 2002 至今，油藏管理阶段

该阶段主要对数据进行采集和分析，评价水驱过程中的注入和生产动态，搞清楚油藏的不确定性，使得地下情况的不确定性减小到最小，以便重新恢复油田的活力。

2002 年在油田南部开展了一个反五点井网注水试验(PILOT 352)，包括 5 口直井以及一些辅助设施(图 14 – 13)。另外在现场还进行了更广泛的监测，大约持续了 2 年。在油田的北部开展了其他的试验区(PILOT 374)，包括水平生产井和水平注入井。对新井进行了深入的岩心研究，目的是检测低电阻层的实际产能，以便在进行下一阶段的油田开发前对所有有用的信息进行详细的分析。

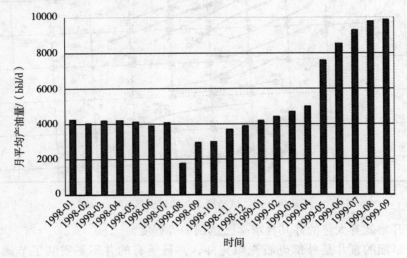

图 14 – 11　Haima West 产量图(1999 年 9 月)

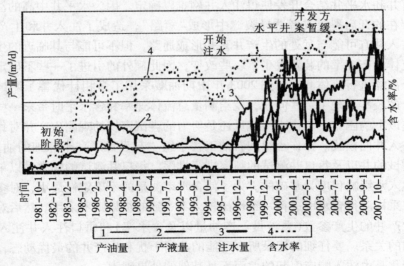

图 14 – 12　油田开发历史

为了延缓油田开发的风险，使油藏达到最优生产，油井和油藏管理小组应当对有效的数据进行收集，主要包括：

①确定储层的注入井网。

对水驱进行有效的管理就要搞清楚注入井和生产井之间的相互影响，这样才能对每个井网的动态进行分析。而对于 Hamia West 油藏其水驱管理面临着一些困难，主要有：

● 油藏刚开始利用直井开发，许多直井穿过多个地层，还有些井甚至穿透 Haima 油藏顶部和底部。

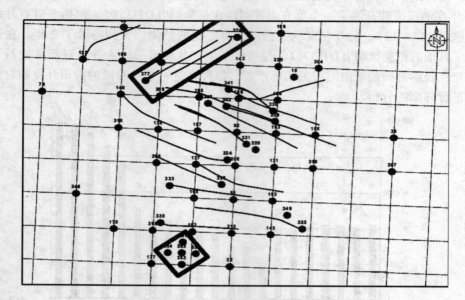

图 14-13　试验区 352 和试验区 374

● 水驱一开始就有大量的井其含水率已达到中等程度。

● 大部分早期的直井是外部砾石充填完井，并且所有的井不是安装了节流泵就是螺杆泵，这就不能在生产井中进行生产测井测试。

● 油藏直井和水平井结合开发使得注入井网难以确定。因为水平井中高的注入速率使得注水在先前存在的开启裂缝或者诱导裂缝中形成"短路"，造成了注入井和生产井之间的通道。因此，注入井有可能与远处的生产井直井形成通路，但不可能与其临近的生产井连通。

● 测量流体生产速率的装置发生了一些改变，因此额外的引进了一些不确定性。过去都是利用测试分离器进行流体测试，到 2003 年中期油藏采用了多相计代替了测试分离器，在初相时多相计的校准出现了一些问题，就给测量总流体速率和含水率时带来一些不确定性。

尽管面临以上的困难，工作小组成员还是努力的尝试密切的观测生产井对每口注入井的响应，建立注入井网模式。操作小组和石油工程小组一起设计了一个详细的油井测试方案。方案是对要测试的井以及每口井测试的频率进行排序，每口井测试的频率是以单井的生产速率和该井受注入水影响程度为基础的。为了使含水率测量的不确定性最小，对多相计测量的含水率和井口采样测得含水率进行一致性比较，不一致的结果则不采用。然后对每个注入井临近的所有生产井的生产参数（总液量、产油量以及含水率）和每口注入井注入速率做交会图建立两者间的关系。要仔细的记录所有可能的井间干扰和生产井的最优动态，以便确定井生产特性的变化是由注入响应引起的，而不是其他的外界因素。

为了说明以上方案实施过程，以注水井 INJ-A 的注入井网为例：

INJ-A 是一口水平注入井，最初打算为水平生产井 PROD-A 和 PROD-B 提供注水支持的，但是，实际上 INJ-A 能为更多的临近井提供注水，图 14-14 显示了 INJ-A 临近的井。对多口井的响应（对注入井 INJ-A 的响应）进行了观察。

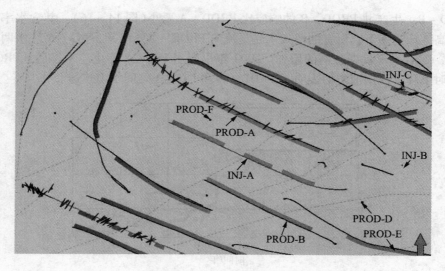

图 14-14 INJ-A 的注入井网

PROD-A(图 14-15)：当注水以高速率注入(1200~2000m³/d)不久后，该井的总液量和含水率急剧增加，但是，高的注入速率导致了注水通过开启裂缝或者诱导裂缝形成了"短路"，且含水率的剧增导致了净产油量的下降。当减小 INJ-A 的注入速率，含水率也逐渐的下降，这清楚的表明了注入井和生产井间存在直接的通道。

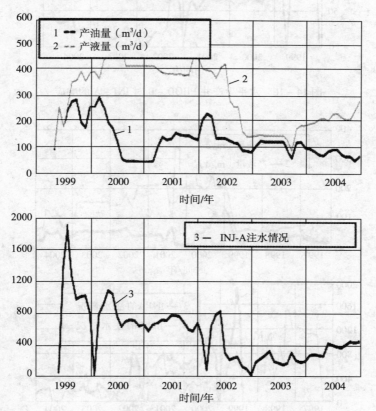

图 14-15 水平生产井 PROD-A 对 INJ-A 的响应

PROD-B：生产井 PROD-B 的响应比 PROD-A 要小（图 14-16）。其含水率没有立即增加，在高注入速率下，所有的注入水先是流向 PROD-A，但是，INJ-A 注水两年后该井发生水窜，随后，含水率急剧的增加。2002 年早期当 INJ-A 停止注水以后，PROD-B 的含水率暂时下降了，这清楚的表明了 PROD-B 和 INJ-A 之间水力连通。

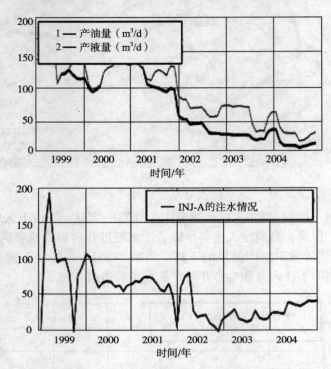

图 14-16　水平生产井 PROD-B 对 INJ-A 的响应

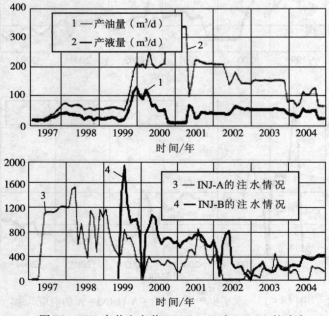

图 14-17　直井生产井 PROD-C 对 INJ-A 的响应

PROD-C 和 PROD-D：直井 PROD-C 和 PROC-D 是五点井网中的部分生产井，其注入水由直井 INJ-B 支持。但是，这两口井都强烈的受水平注水井 INJ-A 的影响（图14-17，图14-18）。INJ-A 一旦开始注水，两口井的产液量和含水率明显的增加，注水速率减小后两口井的含水率也立即下降，这显然说明了 PROD-C 和 PROD-D 与 INJ-A 间存在水力连通。

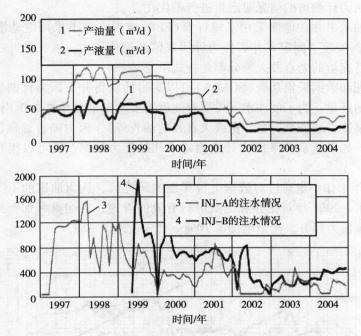

图14-18 直井生产井 PROD-C 对 INJ-A 的响应

而对于水平生产井 PROD-E 和垂直生产井 PROD-F 目前还没有确定是否与 INJ-A 之间水力连通。因为出砂使得抽油泵频繁的出故障，因此 PROD-E 的产量很不规律。当 INJ-A 开始注水以后，PROD-F 的含水率就很高了。另外，PROD-F 贯穿了 Mahwis 上部和下部地层，大量的水会来自下部 Mahwis 地层。

通过以上的分析，可以确定 PROD-A、PROD-B、PROD-C 和 PROD-D 都属于 INJ-A 的注水井网中，另外，PROD-C 和 PROD-D 还属于垂直注入井 INJ-B 的注入井网中。对油藏其他所有的注入井也进行了同样的分析以便建立他们之间的井网响应。

②井网优化中每口井的最优注入速率。

一开始水平注入井的注水速率非常高，大约 1500~2000m³/d，但这仅仅是在少数注入井完成亏空充填后的情况进行的，实际情况证实这对生产是不利的，因为注水通过先期存在的裂缝和诱导裂缝在临近的生产井间形成"短路"，使得波及效率严重下降，波及效率的下降要远远大于亏空充填带来的优势。与注水井通过高导电性通道连通的生产井含水率急剧上升，大部分情况下净产油量下降。但是，同一个井网中的没有通过裂缝连通的其他井看起来对注水响应良好。

井网动态优化的两个标准：

● 可允许的最优注水速率应该符合骨架或者现有裂缝的条件，而不会引起现有裂缝的增长或者引发诱导裂缝。注入速率可以根据注入速率、井口注入压力以及每口注入井的霍尔交

225

会图推断出。发现诱导裂缝形成时的井口注入压力与对岩心样品进行地质力学测量得到的结果一致。

● 根据第一步确定的注入速率范围,通过调整注入井的注入速率提供最好的井网动态。认为存在定向的传导性流体通道,因此不可能使每口井的产量达到最优,只能使井网达到最优。

③利用井下压力计测得的信息对产量进行最优化。

大部分新钻的水平井在地面采用了螺杆泵(ESP)或者在地下采用电动潜油螺杆泵(ES-PCP),且许多井都安装了固定式井底压力计用来监测流体压力,人工举升主要用来解决出砂问题,采用砾石充填的老直井大部分都是杆式泵完井。

通过检查管理和数据采集系统(SCADA)可以实时的获得井下压力计的数据,这些数据有助于优化油藏的产量。为了使注水开发更有效就需要不断的对单井的流出量进行优化(如放大油嘴、加大泵速、增加泵容量、更换大直径的油管等),因为随着油藏压力的增加井的流入量也增加了,如果能从井下压力计监测每个井的压力数据,就可以很有效的完成以上要求。

2002~2005年工作小组通过对数据进行详细的研究后,认为油田的下一步开发要优先考虑直井井网注水。2005年对钻井和油藏进行有效的管理,采用直井加密井网开发,通过有效的管理,油藏压力回升,产量增加了10%~15%(图14-19)。

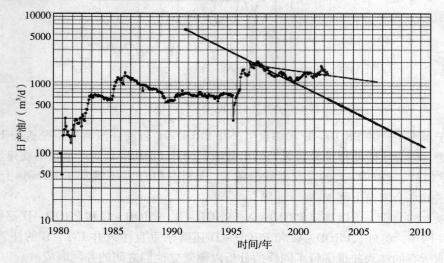

图14-19 通过有效的钻井和油藏管理延缓了油藏下降趋势

第十五章　碳酸盐岩油藏开发技术

一、储层研究进展

对于碳酸盐岩油藏来讲，储层裂缝系统不只是液流通道，也是重要的储集渗流空间，也是开发的重要对象，因此搞清碳酸盐岩裂缝系统的发育及其特征是十分重要的。影响碳酸盐岩裂缝系统发育的因素有很多，总体可以分为岩石特征和成岩作用因素、构造因素和当前因素，其中岩石特征和成岩作用因素包括岩性、沉积构造、岩层厚度、机械地层学和层面，当前因素主要包括原地应力方向、流体压力、原地应力的干扰以及深度等。

构造因素包括区域构造背景、古应力、沉降和抬升历史、接近断层、褶皱内的位置、构造事件发生的时间、矿化作用、岩层和裂缝之间的夹角、构造发育演化阶段、裂缝发育演化阶段和力学地层单元等。其中，对目前裂缝研究具有指导意义的影响因素表现在以下几个方面：

1. 近断层带的裂缝研究

通常裂缝频率（Pohn，1998）或者裂缝网络的复杂性在靠近断层处会增加（Hanks等，1997），然而，张开的裂缝（非矿化）通常不会成组地出现在断层周围（Laubach，1991；Peacock，2001；Olsen，2004），多被充填形成矿脉。在萨默塞特断层周围（图15-1）中，矿脉成组出现，在断层带内，方解石矿脉是群生的，但是形成较晚的节理不是群生的，说明不同裂缝形成的时限不同（Peacock，2001），但是靠近断层处节理的频率不发生变化。在萨默塞特该走滑断层有数十毫米的位移（图15-2），因为断距向量轻微地斜对着平缓倾斜的层理，因此，岩层出现穿过断层带的间隙（据Peacok，2001），表明由于应力干扰，裂缝的方向朝着断层发生变化（Kattenhom等，2002）。通过对沿着与断层交切的一些井的裂缝频率和方向的分析或者露头上类似情况的研究，能够确定断层和其他裂缝之间的关系（图15-3）。图中观测点都落在近似直线上，并没有因靠近断层而使得节理增加。

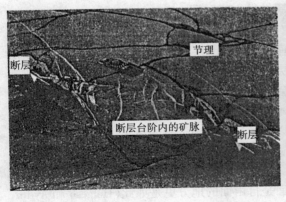 

图15-1　走滑断层切割石灰岩层面斜视图　　图15-2　进入走滑断层带的弯曲节理

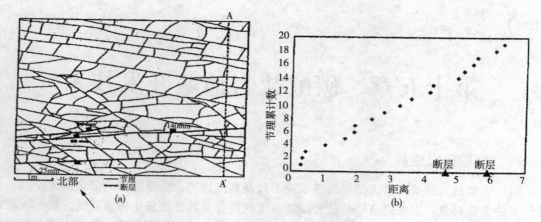

图 15-3 （a）Kilve Sonerset 正断层带图与（b）裂缝累计数与沿 A-A' 的距离交叉图

2. 褶皱内不同位置的裂缝研究

通常出现裂缝的强度和复杂性直接、明白地与褶皱的弯曲和应变有关（Ozkaya, 2002; Casey 和 Butler, 2004），并且这已经被一些地质研究所证明。例如，Cooke（1997）描述了一个裂缝强度随曲率而增加的例子；Hanks 等（1997）用图说明接近褶皱铰接处裂缝式样复杂性增加的情况，特别是在褶皱作用之前（例如，Guiton 等）或之后（例如，Narr 和 Heffner, 2001; Sillipant 等 2002）形成裂缝的地方不能作出裂缝强度与褶皱作用之间简单关系的假设。例如，Narr 和 Heffner（2001）发现一些裂缝组的密度（每一岩石体积的表面积）和曲率之间只有不明显的相关性，并且在其他的裂缝组和曲率之间没有相关性（同样见 Engelder 等，1997；Hanks 等，2004）。在图 15-4 中没有表明曲率和矿脉或节理之间存在简单关系。通过褶皱的不同位置上的一些井中的裂缝频率和方向的比较能确定裂缝和褶皱之间的关系。例如，最大曲率范围内较高的裂缝频率表明褶皱作用控制裂缝频率。在油田内，露头上类似资料的适当使用，同样能够帮助建立褶皱周围裂缝分布的模型。

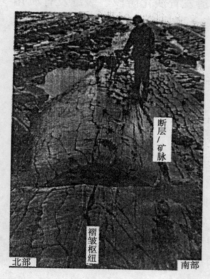

图 15-4 Somerset 褶皱的石灰岩层（矿脉集中在背斜的北部（右）翼并且有向下到南部正常位移的成分。穿过褶皱枢纽，节理改变方向，但是在最大的弯曲区裂缝频率没有增加）

3. 构造事件发生的时间

Peacock（2001）指出：①前（例如，Wilkins 等，2001）和后断层节理频率不朝断层带增加（图 15-3），而同断层节理靠近断层频率大量增加。②前断层节理将被改变成断层带，如将会张开而形成矿脉（图 15-1）。③同步和后断层节理在断层周围受到干扰，在断层的两边显示出不同的频率和样式。通过岩心和井眼成像中的交叉切割关系的分析、矿物充填的检查，以及区域构造史资料的使用，能够确定构造形成的相对时间关系。

4. 岩层和裂缝之间的夹角

通常裂缝发育近似垂直于层理，特别在层面是自由面的地方更是如此（Helgeso 和 Aydin, 1991）。因此，层理的倾斜通常控制着裂缝的倾斜。如果节理形成于褶皱作用之前或之后，则节理通常与层理间形成高角度(ngelder 和 Peacock,2001)。在图 15-4 中的节理与层理便形成了高角度,即使它们是在褶皱之后形成的(Rawnsley 等,1998)。从岩心和井眼成像中能够测定岩层和裂缝之间的角度。

5. 构造发育演化阶段

在综合库赫米希背斜和库赫帕恩背斜观测结果的基础上,为一个设想的扎格罗斯背斜及其内部组构建立了演化模型(图 15-5)。可以认为这些背斜代表了相对平坦的翼部逐渐变陡时出现的褶皱发育不同阶段。这个模型所展示的是褶皱中部北东—南西向横剖面上的构造演化,因而可能不太适用于褶皱的倾没端。

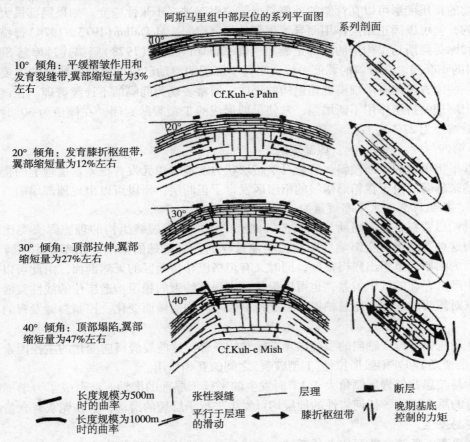

图 15-5 扎格罗斯地区箱形褶皱渐进变形过程中随着翼部倾角加大而演化的示意模型

(1)第一阶段:倾角 10°、平缓挤压褶皱作用和发育 T 型裂缝

最初的背斜形成于同心弯曲。由中性面之上的外侧弧形伸展所产生的张性破裂作用受到了阿斯马里组力学层段的包围。阿斯马里组中、下部的块状岩层能在缺乏力学边界和层面滑动的情况下,产生纵向连续并且平行于挤压褶皱轴向的裂缝。在阿斯马里组的上部,主要发育受限于岩层的 T 型裂缝,此处地层叠覆样式的变化阻碍了裂缝的垂向延伸。最大长度规模的最大曲率出现在平缓背斜顶部的中央。据估算在倾角为 10°的翼部水平缩短量可达 3%。

(2)第二阶段:倾角 20°、有固定膝折枢纽的初期箱形褶皱作用

随着这一构造翼部倾角的逐渐增大,分散的挤压褶皱作用可以为箱形褶皱作用所取代,其范围由相对平坦顶部区两侧的固定膝折枢纽带来限定。这一构造的翼部仍相对平坦,而且

类似于大规模的共轭膝折带,因为它们发生了从发育中背斜核部的向外转动。该背斜的顶部和翼部逐渐分离成不连续的构造域。其中平坦翼部构造域倾角的不断增大还伴有层面挠性滑动作用的增强。在固定枢纽带的总面积内,这种挠性滑动作用易于和顶部中心区之上持续的外侧弧形拉伸所造成的垂向连续张性破裂作用发生冲突。在该背斜翼部的滑动面终止处,T型裂缝可以以翼状裂隙出现,但它们将汇合在下一个滑动面前,因此垂向延伸距离不可能像顶部中心区的裂缝那么长。在发育中的箱形褶皱的固定枢纽带上,可以出现小长度规模最大曲率的很大分布区。倾角为20°时的褶皱因弯曲作用而发生的水平缩短为12%左右。

(3)第三阶段:倾角30°、顶部伸展和翼部出现剪切组构

连续的挤压变形可以在背斜的外侧弧形部位引起进一步张性应变。如果局部最大主应力是垂直的,就可以因正断层作用而导致顶部的局部塌陷。McQuilan(1973,1974)曾描述过库赫帕恩和库赫阿斯马里构造的顶部正断层,而Colman-Sadd(1978)则描述过库赫Shah Nishan背斜的正断层。在背斜的翼部一线,平行于层理的滑动已成为该背斜翼部的主要褶皱机理,在一些地方还伴有小规模剪切组构的形成,通常表现为间隔的不连续劈理。在该背斜翼部平行于层理的挤压作用不断增强,常使早期形成的T型裂缝封闭。在倾角为30°时这一褶皱的水平缩短为27%左右。

(4)第四阶段:倾角40°、顶部塌陷

随着平坦翼部的不断倾斜,阿斯马里组块状力学地层单元发育很差,层理上的挠性滑动作用也越来越弱。由于在箱形褶皱的枢纽区发育了正断层,所以可以出现顶部塌陷。在倾角为20°时,褶皱翼部的水平缩短量为47%左右。

库赫帕恩背斜是地下阿斯马里组油气储层中区段规模裂缝组构的理想露头类比研究对象,因为这种裂缝组构会影响气驱重力泄油这样的开采机理的效果。在库赫帕恩背斜的顶部,平滑的阿斯马里组出露得很好,同时又有坦格巴什特地区的天然剖面,由此可以消除露头研究中经常存在的认识偏差,也可以提供具有深度约束的稳定构造层位的线性裂缝图。

根据对露头的观测,库赫帕恩的裂缝特征因不同构造域而变化。控制裂缝发育的主要因素有:

- 区段规模平行于轴向的裂缝出现在褶皱的顶部。这些裂缝横向变化的主控因素是挠性滑动(顺层滑动)和外侧弧形拉伸(T型破裂)之间的互相作用。
- 库赫帕恩背斜岩层倾角大于15°时发生的平行于层理的滑动,已形成了力学屏障,可阻碍裂缝的垂直延伸。任何岩性的地层均可发生平行于层理的滑动,但在泥灰岩含量较高的层位更容易发生。
- 如果有一条基底断层切入了褶皱,它就会对裂缝的高度和走向产生重大影响,这取决于该断层的复活,但与相关褶皱的构造域无关。在库赫帕恩背斜地区,南-北和东-西走向的基底断层发育得最好,与这些断层有关的次生剪切复活也很常见。
- 在库赫帕恩背斜的顶部,区段规模裂缝带的垂向高度很大(约150m),而与基底断层有关的复活构造也有很大的垂向高度。其中的原因都在于阿斯马里组力学单元B的均质性。这些裂缝和组构有可能终止于薄层状的阿斯马里组上部。
- 岩性变化会产生力学地层界面,在岩层倾角大于15°时,这对在背斜顶部区以外发育裂缝非常重要。库赫帕恩背斜就是如此。那里的裂缝通常为岩层所限,因此对油气生产的影响不太大。

6. 裂缝发育演化阶段

一般,一组天然裂缝不可能是一瞬间形成的,而是在一段时间内发育的。例如,Rives

等(1992)发现,节理间距从负指数分布演化为对数正态分布,然后到正态分布。Wu 与 Pollard(1995)和 Becker 以及 Gross(1996)描述一组裂缝如何能发育成几乎不变的间距,在邻近裂缝之间的应力影响的重叠能够阻止新的裂缝的发育("裂缝饱和")。

图 15-6 表示一组裂缝随着裂缝之间空间的逐渐充填是如何演化的,图中表示由此造成的间隔特征变化。应当谨慎对待基于井与资料的有关裂缝组发育阶段的解释,但是在不同的位置和不同的岩层中,裂缝特性的变化与裂缝的演化有关。

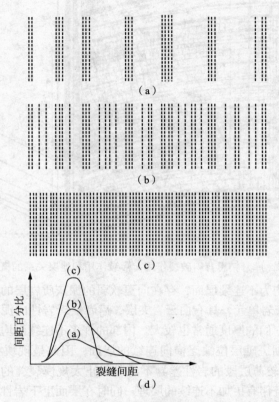

图 15-6 裂缝间距演化示意图

(a)裂缝发育初始阶段群生的裂缝表现为负值数的分布;(b)新的裂缝充填这些间隙,产生对数正态分布;(c)裂缝充满较宽的间隙,产生大致相等的裂缝间距和正态化的分布。裂缝饱和(Wu 和 Pollard,1995;Becker 和 Gross,1996)已出现;(d)为从(a)到(c)所示的裂缝间距关系图

7. 力学地层单元

图 15-7 显示了沉积学和裂缝观测的综合结果,代表了坦格巴什特地区部分范围的示意剖面。该剖面中虚线以下部分为没有露头资料的解释。研究的主要成果是证明了纵向上在背斜内部以及横向上在背斜的两翼和顶部之间均存在变形分区现象。因此,受褶皱作用和翼部层面滑动作用的影响,坦格巴什特剖面力学地层单元的厚度和范围在顶部和翼部是不同的,它们可能控制了裂缝的垂直高度。

根据沉积学和构造特征,在这一背斜的顶部可细分出四个一级力学地层单元:A 最下部的泥灰质粒泥灰岩至颗粒灰岩单元、B 厚夹层泥粒灰岩单元、C 较薄的层状白云化泥粒灰岩单元以及 D 最上部的成层良好且含泥灰质较多的白云化泥粒灰岩单元。下面介绍这些单元的沉积学和地层学的鉴别标志。

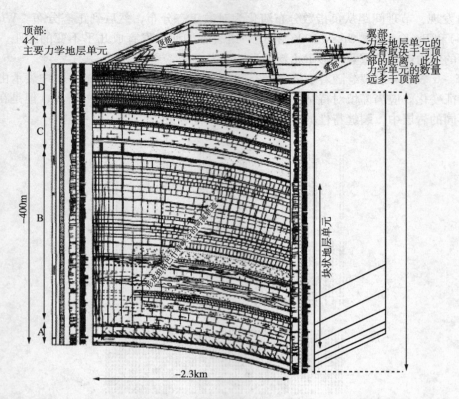

图15-7　库赫帕恩背斜破裂作用、褶皱作用和地层关系的概念模型

A单元的上下界面均为不连续层面，存在向更软弱的泥灰质岩层的相变，可以成为力学界面。B单元为块状均质灰岩单元，具有白云岩夹层，后者缺乏岩性向泥灰质岩石转化的明显层面。即使能识别岩层，它们的厚度通常也较大。内部的许多不连续面均因胶结和再结晶作用而很好地粘在一起。珊瑚斑礁层位缺乏横向连续的层面，因此呈现块状外观。就力学性质而言，层序Ⅱ顶部附近层厚较薄层段的岩性差异不足以阻止大规模裂缝的发生。C单元的特征是岩性向上变为白云岩，且伴有更加不连续的层理，同时在层面上下岩性变化很小。D单元是一套（泥质）灰岩，具有不连续的层面和较常见的相变，即转变为更软弱的薄泥灰质夹层。

背斜翼部（倾角大于15°）力学地层单元的划分呈现了完全不同的面貌，不但可划分更多力学单元，而且总体上裂缝的纵向连续性更加有限。在背斜顶部呈块状的力学地层单元B在翼部存在多个层面，而且在这些层面上发生了顺层滑动作用。这些层面为力学地层边界，对裂缝的垂向延伸有影响，其原因除了与层间的结合作用大大减弱有关外，还与或多或少广泛存在的不连续剪切组构有关。

二、碳酸盐岩油藏开发技术

碳酸盐油藏与常规的双孔介质存在很大差别。在裂缝—基质系统中，裂缝系统不只是液流通道，同时也是重要的储集渗流空间，也是开发的重要对象，裂缝低孔高渗，基质高孔低渗，呈现双重介质的特征。而在裂缝—溶洞系统中，裂缝只是渗流通道，储集能力主要集中在溶洞里，裂缝低孔高渗、溶洞高孔高渗，呈现单孔介质的特征。由于它具有这个特征，选择恰当的开发方式与压力系统对于开发好碳酸盐岩油田是十分重要的。碳酸盐岩油藏一般裂缝较发育，油井产能高，在开发前期和中期采取自喷生产方式能够充分发挥油井高产潜力，获得较好的开发效果和经济效果。为了使油井有旺盛的自喷能力，对天然能量不足的油田，应该采取必要的开发方式。

1. 注水开发

美国石油学会采收率委员会对 86 个碳酸盐岩油藏的统计说明，水驱是迄今为止在结束一次采油之后用于维持油藏压力和驱替剩余油最常用和最有效的二次采油方法。例如科威特 Sabiriyah 油田和阿曼 Daleel 油田。

（1）科威特 Sabiriyah 油田

Sabiriyah 油田（位于 NK 科威特穹隆脊部）是一个长条形、北走向、断裂背斜。属侏罗系和晚白垩系再生基底构造的产物。北、西北—南、东南走向断层比北、南和北、东北—南、西南走向断层多。断距从小于 9.1m 到大于 30.5m。断层倾角为 45°~60°，但是断层的封闭性还有待于了解。有些断层（特别是在该油田中部和北部）是未封闭的。Mauddud 的东翼部构造倾角为 2°~2.5°，西翼部约为 1°~2°。构造北和南倾伏末端倾角小于 1.5°。在其南端，这一构造通过鞍部继续延伸到北—西北走向的 Bahra 构造。Mauddud 层位构造的闭合度约为 106.68~121.92m。

Sabiriyah 油田包括几个叠加产层。Mauddud 油藏，中等渗透性（10~100mD）浅水倾斜碳酸盐岩，埋深 2164.08m，总厚度为 106.68~121.92m，包括 5 个密切相关的主要流动单元（MaB、MaC2D、MaE、MaF 和 MaG），并且压力相互连通，孔隙度为 19%~26%，基质渗透率为 $(10\sim40)\times10^{-3}\mu m^2$。

该油田是在中等欠饱和状态下发现的，水下 2225.04m 基准面处的原始油藏压力为 25.46MPa，泡点压力约为 12.75MPa，无含水层。1957~1997 年间为油田开发初期阶段，采油量在 1972 年达峰值，最高达到约 $6359.52m^3/d$，到 1996 年，采油量约为 $1589.88\sim1907.86m^3/d$，油藏压力约为 16.54MPa。溶解气驱最终采收率为 6%。1997~1999 年在油藏脊部实施了单井控制面积 $0.16km^2$ 的反五点井网水驱先导性试验。在中央注水井周围钻了 4 口采油井，以评价 Mauddud 油藏的水驱指标。在试验过程中进行了大量分析，结果表明，大规模水驱将大大改善 Mauddud 油藏的开采动态。于是于 2000 年进行了大规模的推广，采用反九点井网进行水驱，有 12 口有效注水井和 50 多口采油井，井网的有效单井控制面积约为 $1.01km^2$。实施了大规模水驱作业后，油藏压力从 25.49MPa 下降到了约 16.54MPa。最终目标是计划到 2010 年把九点井网水驱转成五点井网。

（2）阿曼 Daleel 油田水平井注水

Daleel 油田位于阿曼 Sultanate 地区的西北部，油田近 NE-SW 展布，长 15km，宽 4km，面积约 $60km^2$，探明石油地质储量 5257×10^4t，可采储量 1432×10^4t。油田 NW-SE 走向断层较发育，均为正断层，断距 10~70m，最大 120m；为发育在西南高、东北低的单斜构造上（地层倾角 2°~5°）的断块油藏，被主要断层划分为 6 个小区块：A-F 区块。该油田发现于 1986 年，各个区块于 1990 年起相继投入开发。产层为 Shuaiba 碳酸盐岩，相对均质，埋深 1500~1610m，孔隙度为 15%~35%，相对渗透率为 $(4\sim20)\times10^{-3}\mu m^2$。原油属未饱和轻质原油，原始油藏压力 17MPa 左右，地层原油体积系数为 1.24。

该油田于 1990 年开始以垂直井天然能量开采。1994 年引入水平井，水平井日产量超过 $477m^3$。经过 12 年衰竭式开采，在能量消耗最严重的地区压力从 17MPa 降到约 6MPa。各区块的平均枯竭采收率约为 11%。为了进一步提高原油采收率，在进行详细的油田开发论证后，引入了水平井注水技术。

根据R. V. Westermark和Popa的研究成果，Daleel油田选用的是水平井趾跟相对的注采井网（图15-8），水平井平行于主要的天然裂缝和断层方向，且水平生产井靠近原油饱和度最高的油藏顶部区域，井间距约为100m，水平分支段平均长度约为1200m，并密切监视和控制井口注入压力以防止其高于油藏破裂压力。

Daleel油田共有4个先导性注水试验区，其中3个在B块，1个在C块。试验区共有注水井6口，其中投注5口，生产井8口。阿曼Daleel油田注水先导性试验陆续进行两年多，通过对生产测试数据分析，B块的3个注水试验区在一定范围内注水见效，其中试验区一和二的生产井及周边的部分井注水受效比较明显。区二的DL-76H井日产油量达到111m³，DL-80H于2005年3月开始注水，日注水量在318m³左右。在注水过程中，通过对注水试验区邻井的生产动态监测，证实B块3个试验区周边一定范围内都有不同程度的见效显示。与此同时，压力监测表明，部分井的井底静压及井底流压有明显回升（图15-9）。其中，DL-16、23、2、24、50、12、28等井受效比较明显。在油藏高度衰竭式开采区域，试验区的生产井见效后，因地层压力低，自喷生产难度大，需及时安装ESP生产；注水试验效果表明Daleel油田具有良好的注水开发前景。

在Daleel油田的孤立断块B和C区块部署了水平井注水井网（图15-10），到2008年3月，共有注采井32口，其中生产井18口，包括16口水平井；注水井14口全部为水平井。

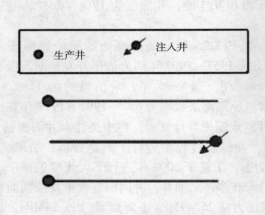

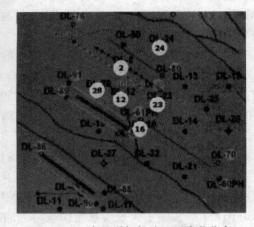

图15-8　趾跟相对造型　　　　　　图15-9　产量增加气油比下降井分布

从平均日注水量分析（图15-10），318~636m³/d的高注入水平注水占86.7%，表明水平井注水能够增大注入量，优势明显。油藏各区域单井日均注水量为377m³/d，主要在159~636m³/d之间，平均日注水量比较集中，单井注水能力差异不大。从注水量变化趋势分析，在注水压力恒定的前提下，注水量稳定或下降所占比例为86.7%，表明注水有效提升了地层压力。由油藏的相关压力图（图15-11）可以看出，油井井底流压、注入压力、生产压差和地层压力均略有上升，注水压差自2006年略有下降。由于采用衰竭开采，地层压力由1999年前后的7.18MPa左右衰减到2002年的6.73MPa；2002年开始注水，地层压力下降趋势逐渐变缓，但总值下降，2004年达到一个最低值5.2MPa；随着注水规模的增大，地层压力开始缓慢上升，到2006年压力上升速度加快，2007年底地层压力恢复到8.68MPa左右，约为1999年地层压力的1.21倍和原始地层压力的50%；目前累积注采比为1.02，说明B块油藏通过注水，有效补充了地层能量。

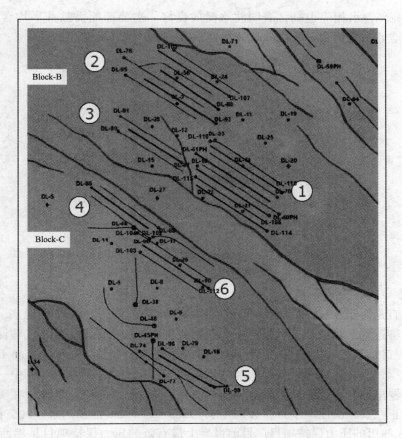

图 15-10 B 和 C 区块水平井分布图

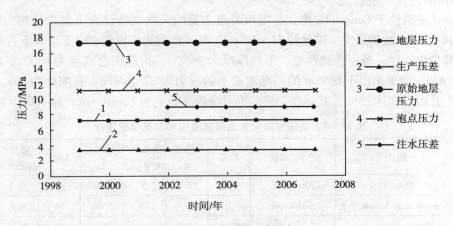

图 15-11 油藏相关压力

Daleel 油田自 2002 年末开始实施注水措施(图 15-12),2004 年末产量稳步上升,目前产油量为 1272m³/d,为投产初期的 1.45 倍和开始注水时的 6.38 倍,气油比也稳定在 2500 左右。截至 2008 年 3 月,B 块油藏水平生产井含水率在 2%~60% 之间变化,水平井平均含水为 22.81%,其中 10 口井含水低于全区平均值,约占总油井数的 64.71%,贡献产量 61.2%;其余 6 口井含水超过全区平均值,约占总油井数的 35.29%,最高的 DL-89H 井含水达 61.2%。这 6 口井贡献产量 38.8%,平均日产油 87m³/d,高于全区平均值 76m³/d,这

6口井产油量高,含水相应也高,表明注水受效良好。主要产能贡献井平均含水在20%~38%之间。按含水分级标准,B块油藏开发处于低、中含水开发期。

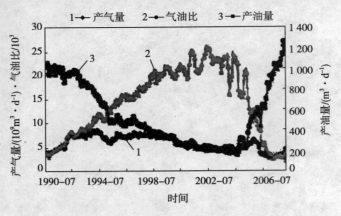

图15-12 区块注水效果

2. 注氮气

氮气驱一直是用于深层、高压、轻质原油油藏的有效开采工艺。一般说来,对于这类油藏,氮气驱能够达到混相条件。但是,注非混相氮也用于压力保持、凝析气藏回注和作为混相段塞的驱动气体。自20世纪60年代中期以来,在美国西得克萨斯Devonian Block 31油田就开始了注氮项目。在过去40年期间,在美国实施了30多个注氮项目,其中一些项目是在阿拉巴马、佛罗里达和得克萨斯碳酸盐岩油藏中实施的(表15-1)。目前,在美国碳酸盐岩油藏只有两个正在实施的注氮项目,分别是Jay Little Escambia油田的水—气交替注入(N_2-WAG)和Yates油田的压力保持项目。目前世界上最有效的压力保持项目是墨西哥湾Cantarell复杂油田的注氮气项目。

Cantarell油田位于Campeche湾,是墨西哥最主要的天然裂缝性海上复杂油田,它包括5个油田,其中Akal油田最大,储量约$51×10^8m^3$。其主产层为侏罗纪、白垩纪和下古新世和高缝洞型碳酸盐岩地层,地层连续性好,平均厚度为3658m,构造闭合高度为6400多米。油藏原油为22°API,海平面以下6898m的基准深度下的压力为27.38MPa。孔隙度为8%,裂缝和孔洞的次生孔隙度高达35%,基质和裂缝的绝对渗透率分别为$1×10^{-3}\mu m^2$和$3000×10^{-3}\mu m^2$。

表15-1 美国碳酸盐岩油藏氮混相和非混相驱统计

位置	油田	产层/油藏	地层	孔隙度/%	渗透率/$10^{-3}\mu m^2$	深度/m	°API	黏度/mPa·s	温度/℃
得克萨斯	Block 31	Devonian	灰岩	12.0	5	2606	46	0.3	54
亚拉巴马	Chunchunla Fleldwide 单元	Smackover	白云岩	12.4	10	5606	54	0.0	163
佛罗里达	Blsckjack Creek	Smackover	碳酸盐岩	17.0	105	4894	50	0.3	143
得克萨斯	Andector	Ellenburger	白云岩	3.8	2000	2677	44	0.6	56
佛罗里达	Jay Little Escambia Creek	Smackover	灰岩	14.0	35	4667	51	0.2	141
得克萨斯	Yates	Grayburg/San Andres	白云岩	17.0	175	424	30	6.0	28

Akal油田1979年开始开采,1981年40口天然能量开采井日采油达到顶峰,为$1838×10^4m^3/d$。1987年,开始气举采油,1995年150口气举辅助井日产油$16×10^4m^3/d$。1997年

钻加密井保持产量。Akal 油田注氮气项目于 2000 年 5 月开始实施，氮气注入 Akal 油藏顶部的气顶中，保持油柱中的压力。2000 年 5 月开始实施压力保持项目，7 口注入井日注氮气 $850 \times 10^4 m^3/d$，到同年 12 月，注入速度达到最大为 $0.34 \times 10^8 m^3/d$。四年共注入 $396 \times 10^8 m^3$ 氮气，油藏压力维持在 10MPa，日产油 $10 \times 10^4 m^3/d$。

3. CO_2 驱

美国目前正在实施的 CO_2 驱有 67%（48 个项目）应用在碳酸盐岩油藏，大部分项目位于得克萨斯州（Moritis，2004）。表 15-2 显示出了在美国碳酸盐岩油藏实施的一些 CO_2 驱（连续注入或以 WAG 方式）项目，其中包括一直到 2004 年 4 月正在实施的项目。

表 15-2 美国碳酸盐岩油藏 CO_2 驱项目统计

位置	油田	产层/油藏	地层	孔隙度/%	渗透率/$10^{-3}\mu m^2$	深度/m	°API	黏度/mPa·s	温度/℃
堪萨斯	Hill-Gurney	LKCC	灰岩	25.0	85.0	879	40	3.0	37
密歇根	Dover36	Silurian-Niagaran	灰岩/白云岩	7.0	5.0	1667	41	0.8	42
密歇根	Dover33	Silurian-Niagaran	灰岩/白云岩	7.1	10.0	1636	41	0.8	42
新墨西哥	Maljanar	Grayburg/San Anders	白云岩/砂岩	10.2	18.0	1212	36	1.0	32
新墨西哥	东 Vacuum	San Anders	白云岩	11.7	11.0	1333	38	1.0	38
新墨西哥	Vacuum	San Anders	白云岩	12.0	22.0	1273	32	1.0	41
新墨西哥	北 Hobbs	San Anders	白云岩	15.0	13.0	1273	35	0.9	39
北达科他	Little Knife	Mission Canyon	白云岩	18.0	22.0	2970	43	0.2	116
得克萨斯	Anton Irish	Clearfork	白云岩	7.0	5.0	1788	28	3.0	46
得克萨斯	Bennet Ranch 单元	San Anders		10.0	7.0	1576	33	1.0	41
得克萨斯	Cedar Lake	San Anders	白云岩	14.0	5.0	1424	32	2.0	39
得克萨斯	Adair San Andres	San Anders		15.0	8.0	1470	35	1.0	37
得克萨斯	Seminole San Andres 单元	San Anders	白云岩	13.0	20.0	1545	34	1.2	38
得克萨斯	Seminole-ROZ Phase1	San Anders	白云岩	12.0	62.0	1667	35	1.0	40
得克萨斯	Levelland	San Anders	白云岩	12.0	38	1485	30	2.3	41
得克萨斯	北 Cowden	Grayburg/San Anders	白云岩	12.0	5.0	1303	34	1.6	34
得克萨斯	Wasson	San Anders	灰岩	9.0	5.0	1545	32	1.3	43
得克萨斯	Slaoughter（HT Boyd Lease）	San Anders	白云岩	10.0	4.0	1515	31		42
得克萨斯	Slaughter（Central Mallet）	San Anders	灰岩/白云岩	10.8	2.0	1485	31	1.4	41
得克萨斯	Slaughter Estate 单元	San Anders	白云岩	10.5	4.3	1515	28	1.7	41
得克萨斯	Slaughte Razier	San Anders	灰岩/白云岩	10.0	4.0	1500	31	1.4	41
得克萨斯	Wasson-Willard	San Anders	白云岩	10.0	1.5	1545	32	2.0	41
得克萨斯	University Wassell	Devonian	白云岩	12.0	14.4	2576	43	0.5	60
得克萨斯	McElroy	San Anders	白云岩	11.6	1.5	1170	31	2.3	30

CO_2 驱已经成功地应用于开采程度较高的油藏和水驱碳酸盐岩油藏。CO_2 驱项目的普及通常取决于是否能获得天然 CO_2 源和利用油田附近的 CO_2 输送管线（特别是在二叠盆地更是如此）。在西得克萨斯和新墨西哥二叠盆地消耗的大部分 CO_2 来自科罗拉多（McElmoDom 和 SheepMountainCO_2 气田）、新墨西哥（Bravo Dome 地区）和怀俄明（La Barge CO_2 气田）的商业天然 CO_2 气藏（Nuckols，1992；Cole，2003；Moritis，2002；Martin 和 Taber，1992）。预计，随着将来天然 CO_2 产量的增加，CO_2 驱的规模将继续扩大。如果能够保证充足的 CO_2 气源，CO_2 驱将仍然是用于开采碳酸盐岩油藏的最佳选择。

4. 火烧油层（注空气）

火烧油层（ISC）是最老的热采方法。虽然报道有几个项目在经济上有吸引力，但是认为这种方法风险大，并且应用的不广泛。把在重质和轻质原油油藏中注空气燃烧方法叫做 ISC，但是当把这种方法用于深层轻质原油油藏时，也把它叫做高压注空气（HPAI）。已经证明注空气是在各种油藏类型和条件下采用的有效开采方法。最近，由于在轻质原油油藏中实施的项目获得了成功，注空气在陆上和海上的应用受到了极大关注。

目前美国有 7 个正在实施的注空气项目，其中有 6 个项目是在北达科他和南达科他碳酸盐岩轻质原油油藏中实施的（Moritis，2004）。Horse Creek、南和西 Buffalo 以及 Medicine Pole Hill 是碳酸盐岩轻质原油油藏实施火烧油层项目的典型代表（表 15-3），其项目的成功和扩大证明了在碳酸盐岩油藏注空气提高采收率以及使成熟油田和水驱油田恢复活力的可行性。认为在远离 CO_2 源的情况下，注空气是海上和陆上成熟油田可供选择的方法，特别是对于墨西哥湾成熟油田来说更是如此。北达科他和南达科他（Williston 盆地）最近注空气项目的采油效果决定了在美国碳酸盐岩油藏采用这一开采方法的未来。

表 15-3 美国碳酸盐岩油藏火烧油层（注空气）项目统计

位置	油田	产层	地层	孔隙度/%	渗透率/$10^{-3} \mu m^2$	深度/m	°API	黏度/mPa·s	温度/℃
北达科他	House Creek	Red River	白云岩	16.0	20	2879	32	1.4	92
北达科他	Medicine Pole Hills	Red River B&C	白云岩	18.9	15	2879	38	1.0	110
北达科他	西 Medicine Pole 单元	Red River B&C	白云岩	17.0	10	2879	33	2.0	102
北达科他	北 Medicine Pole 单元	Red River	白云岩	16.0	6	1515	30	2.9	93
南达科他	Buffalo	Red River B	白云岩	20.0	10	2560	31	2.0	102
北达科他	西 Buffalo	Red River B	白云岩	20.0	10	2560	32	2.0	102
北达科他	南 Buffalo	Red River B	白云岩	20.0	10	2560	31	2.0	102

第十六章 边际油田开发技术

一、概述

边际油田，是指在现实开发技术条件和自然条件下，最低经济收益低于或者介于有利和无利边缘状态、抗风险能力比较差的油田。即油田自身条件（储量、产能、油气性质）与所处环境（海洋、沙漠、沼泽、山区或城市）要求勘探开发需要特殊技术与设备，在目前或近期油价变化趋势下，使投资与收益十分接近，开发决策处于两可情况下的油田。伴随能源需求的进一步增强，边际油气田的勘探开发也成为各方投资热点，其开发利用水平，不仅是对一个油田开发技术水平的挑战，更是对一个油田经营管理水平的挑战。

对于油田开发建设项目而言，当项目的财务内部收益率（或投资方收益率）小于行业基准收益率而大于行业成本折现率时，可以认为该油田属于边际油田。从技术角度看，边际油田条件相对较差，主要表现在储量丰度和开采条件两方面。较差的资源条件决定了边际油田的经济性质：较低的财务盈利能力和较差的抗风险能力。

影响油田经济效益的因素主要有油田的原油产量、原油价格、开发油田的投资、经营油田的生产操作费用和国家税收。边际油田是在这些因素相互影响、相互作用的过程中形成的。经济评价结果显示，油田产量或价格是影响油田经济效益的第一敏感因素，投资是影响油田经济效益的第二敏感因素，国家税收是影响油田经济效益的第三敏感因素，操作费是影响油田效益的第四敏感因素。

由于原油产量、原油价格、开发油田的投资、经营油田的生产操作费用和国家税收等因素在一定程度上是可变和可控的，因此边际油田是一个相对概念。如果原油价格上升，或通过管理创新或技术创新等方式使其中某一个因素或者全部因素发生变化，则存在着边际油田转换成具有开采价值的非边际油田的可能。

这种转换需要一定的条件。首先是高水平的勘探开发技术。例如，一些稠油油田，由于原油黏度大，在地下流动性差，采用常规开发技术开发必然出现单井产能低，单井控制面积小，钻井井数多，最终油田投资高的现象。与此同时，由于稠油油田原油价格低，经济效益较差，这样就有可能使得油田具有边际油田的属性，因此开发边际油田需要采用高水平的技术。

其次是较高的石油价格。价格和内部收益率有直接关系，高油价是高内部收益率的必要条件。对国内石油企业而言，原油价格是不可控因素。这主要是因为在开放的市场经济条件下，石油价格通常是由国内外的需求和供给决定的，而这里起决定作用的往往是一些超大型石油企业或石油企业的联合体诸如欧佩克，我国的石油企业目前不具备这样的实力，只能是价格的接受者。企业虽不能左右价格，但企业可以预测价格，并根据价格的走势决定是否对边际油田进行开发。具体而言，如果能够比较准确地预测油价走势，及早做好准备，就有可能在油价走高时期尽快有效开发边际油田。

再次是通过石油勘探企业管理创新，实现降本增效。开发边际油田在很多方面都是一种挑战。除了选择合适的技术外，还需要选择与管理这些技术相应的新体制与新机制。这就像在战争中要取得胜利就需要具有比武器本身的力量更为重要的使用技术一样。如果实现了管理创新，就有可能及时、高效地投入和利用资金，就有可能节约油田勘探过程中的生产操作费用，这将有助于改善项目现金流结构，提高项目内部收益率，从而使边际油田转换成非边际油田。

最后是国家税收政策的扶持。税收是国家对经济进行宏观调整的必要经济手段。对于边际油田的开发，国家可以从税收上予以鼓励。例如可以考虑降低边际油田的产品税、资源税、所得税率，变生产型增值税为消费型增值税等，以降低油田勘探企业的税收负担，从而鼓励企业积极参与对边际油田的开发。

以上各种因素不是孤立的，而是相辅相成的。边际油田转换成具有开发效益的油田，可能需要以上某一个因素或全部因素的存在。正因为如此，边际油田的开发具有一定复杂性，需要国家与企业共同关注。

1. 我国陆上边际油田开发概况

在我国，边际油田除指海上一些储量较小的小型油气田外，在陆上主要针对油藏的地质条件和流体特性而言，包括低渗透、稠油以及复杂断块等特殊类型难采油田。

近年来，随着经济快速发展，石油需求越来越大，石油消费逐年增长，2005年中国石油对外依存度高达42.9%，石油安全问题日益突出。但目前中国陆上主力油田多处于高含水后期开发阶段，产量已明显呈递减趋势。已探明可供开发的整装优质储量甚少，新增和未动用储量多为岩性复杂的低渗透和稠油储量，且低渗、特低渗储量比例越来越大。2005年新一轮全国油气资源评价表明中国边际油田资源量约占总资源量的一半。这意味着中国探明储量开发难度将进一步加大；同时，边际油田开发在未来原油增产中将占越来越重要的地位。

经过数十年的发展，中国石油工业不仅在常规油藏开发方面取得了辉煌成就，创立了富有中国特色的陆相油田开发理论，同时也在难采边际储量的开发方面积累了丰富的经验，形成了特殊难采边际油田开发技术。

（1）创立低渗透油田经济有效开发技术和模式，促进中国原油持续稳定增长

低渗透油田在中国广泛分布，从东部的大庆长垣周围、渤海湾盆地到中部的鄂尔多斯盆地以及西部的准噶尔盆地等均有发现。

延长油田很早就开始探索低渗透油田开发技术，极大地促进了延长油田的发展。长庆、吉林油田都进行了大面积低渗透油田开发。目前低渗透油田开发主体技术包括：①开展油藏精细描述，寻找相对高产富集区（即"甜点"）；综合应用地应力、测井、地质和地震确定裂缝的分布规律。②实行早期或超前人工注水，保持油藏压力，提高原油的驱动能量，并避免储集层的应力敏感性伤害。③实施整体压裂或有效的重复压裂，保证油井达到经济产能。④优化开发井网部署，采用较小井距、较大井网密度，保证有较大的注采压差。⑤预测地应力方向及地应力参数，注重注采系统与地应力方向保持一定的角度，以避免注入水沿人工或天然裂缝突进，并尽可能利用人工裂缝扩大波及体积。⑥早期实施人工举升开采方式，以保持采油井有较大生产压差，提高单井产量。⑦采取严格的油层保护措施，保证注入水水质；实施高压注水，保证注采平衡。⑧采用丛式井、小井眼钻井，简化地面集输流程，提高低渗透油田开发整体效益。

随着勘探开发程度的深入和工艺技术的不断提高，低渗透油藏投入开发的比例逐年增

加,产量比例呈上升趋势,形成了松辽盆地南部及外围、长庆、延长、新疆、吐哈等多个较大型的低渗透油田开发生产基地,并将在今后石油增储上产中发挥更大的作用。

(2) 水平井技术使超深薄互层和复杂断块边际油田得以高效开发

对于薄层油藏,由于储集层厚度很小、产能低,单纯的压裂改造不仅不能实现大幅度提高产能的目的,甚至可能无法收回成本,针对此类边际油田,中国成功地探索出水平井或双台阶水平井开发方式,水平井技术在复杂断块油田也得到了成功应用。

塔里木哈得4油田的开发面临诸多难题:埋藏深(大于5100m)、构造幅度低、构造精细描述难度大、油层超薄(平均厚度不超过1.5m)、储量丰度低(远小于$50×10^4 t/km^2$)、产能偏低、储量品位偏低、有效开发难度大,且油田地处沙漠边缘、远离已开发油田基地。因此,哈得4油田在滚动勘探开发过程中,大力加强技术攻关,形成了复杂油藏的地震、测井、综合地质等手段有机结合的配套描述技术、水平井滚动勘探开发配套技术、整体采用水平井井网及注采井网的高效开发技术以及钻采配套技术,不仅能够在超薄的油层中有较长的注水井段,还能实现对两个开发层系同时注水。

实践证明双台阶水平井不仅实现了对两套井网同时注水,还具有注水量大、注水压力低、波及系数大、驱油效率高的特点。哈得4油田是中国第一个采用水平井注水开发的边际油田。

冀东油田结合其油藏的地质和开发特点,逐步形成了一套适合复杂断块油藏地质特点与开发水平的水平井地质论证、钻采设计与施工、生产管理等方面的技术方法,有效保证了冀东复杂小断块油藏水平井开发技术的应用效果。采取水平井与定向井结合整体部署及水平井立体部署的布井方式。通过水平井与定向井的有机结合既提高了水平井部署的精度和井网对油藏的控制程度,也为水平井钻井准确着陆打下良好基础;针对单油层面积小的特点,通过优化水平井钻井轨迹,在保证水平井段钻遇主力油层的基础上,采用水平井立体钻井技术,确保其定向井段穿过非主力油层,进一步提高水平井全井控制储量,实现后期上返开采定向井段,提高水平井综合利用价值的目的,大大提高了油井的利用效率,进而提高水平井开发经济效益(图16-1)。

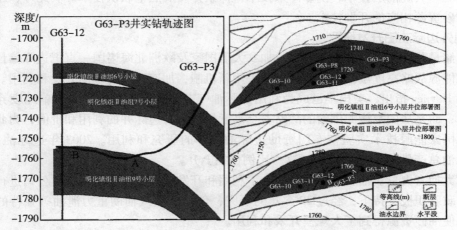

图16-1 高尚堡油田南区浅层G63-P3井井位部署、钻井轨迹图

2002年以来冀东油田水平井生产井数仅占油田生产总井数的13.6%,而产量占全油田产量的33.3%,为油田快速上产做了重要贡献,也为进一步推动水平井技术在同类油藏中的应用提供了经验。

为提高地质认识程度,降低水平井实施风险,优先沿断棱部署3口多目标定向井,进一步精细落实油层顶面微构造，搞清断块油层层数、分布和主力小层储量，进而确定水平井部署目的层和部署位置。

此外，在大庆外围的葡萄花特低丰度薄互层边际油藏也进行了水平井试验，两口试验井均取得了较好的开发效果，为提高特低丰度葡萄花油层储量动用程度，加快上产步伐开辟了新的途径。

（3）蒸汽吞吐为核心的开发配套技术使稠油难采油藏得到高效开发

经过20多年的探索，我国稠油开发模式形成了富有特色的热采工艺技术系列，包括油藏描述、热采数值模拟和物理模拟、高效注入和动态监测、高效隔热及保护套管、热采完井和防砂工艺、分层注汽及调剖工艺、化学剂助排解堵和降粘增产、热采油井机械采油、丛式井和水平井开发等技术。

以蒸汽吞吐为核心的开发配套技术为中国稠油油田的开发奠定了重要的技术基础。目前，已形成辽河、新疆、胜利和河南等稠油开采基地，从1993年开始已连续10多年保持稠油产量超过1000×10^4t。

近年来，主力稠油热采油田已进入高轮次蒸汽吞吐阶段。为了改善蒸汽吞吐开采效果，开展了组合式蒸汽吞吐、注采参数优化设计、水平井开采、注化学添加剂、注非凝析气辅助蒸汽吞吐、高温调剖和多井整体蒸汽吞吐等技术的研究，改善了稠油油层纵向动用程度，提高了高轮次蒸汽吞吐效果，延长了蒸汽吞吐周期。组合式吞吐可延长2~3个吞吐周期，提高吞吐阶段采收率2%~3%。特别是超稠油蒸汽吞吐开发，形成了大机、长泵、真空隔热管、中频电加热和超稠油注、采、冲、防一体管柱等一系列配套的稠油举升技术，使开采成本不断降低超稠油产量也大幅度增长。

为了解决丰富的超稠油资源开发及现今稠油开发效果越来越差的情况，急需新的开发技术，包括组合式改善蒸汽吞吐技术、高效率的蒸汽驱油藏管理技术、中深层稠油油藏蒸汽驱工业化应用技术，急需开展水平井与直井组合的蒸汽辅助重力泄油技术现场试验，发展化学辅助热水驱和火烧油层技术、携砂冷采技术，探索并发展热电联供技术等。此外，还需要积极发展油砂资源相应的开发技术。

2. 国外边际油田开发概况

边际储量是一种宝贵资源，美国、加拿大等国家及欧洲北海诸国一直把边际储量的开发放在国家能源战略高度予以重视，并积极采用新机制，加速边际资源的开发和利用。

正如Havnes指出，美国早已成为利用边际油气井的国家。美国并未简单地废弃低产边际油气井，而是从国家能源供给的战略安全高度积极探讨边际井的利用和价值，为此，能源部下属的国家能源技术实验室专门资助边际油气井的研究和利用。2003年边际油井产量，占美国原油总产量的29%，至今，这一比例仍在上升。

加拿大拥有大量稠油和油砂资源，为了利用和开发这些资源，专门组建公司进行研究和试验。在政府积极支持下，经过20多年的研究，创立了蒸汽辅助重力泄油等独特的商业开发技术，使油砂资源得到了大规模开采和利用。

印尼呼吁石油公司开发边际油田，印尼矿产和能源部长最近呼吁在印尼作业的石油公司开发边际油田，并利用提高采收率等手段增加石油产量。他同时还许诺对从事这些业务的公司实行优惠政策。这位部长说，印尼约有60个边际油田尚未得到开发，如果这些油田得以开发，在今后十年内，该国的原油产量将提高$(20~30) \times 10^4$bbl/d，在国家资源产出结构中起重要作用。他补充说，印尼政府深知开发这些油田难度很大，尤其是成本很高，如果石油公司愿意开发这些油田，印尼政府将给予鼓励政策。不过具体政策要视每个油田的具体情况而定，他希望石油公司能向政府提交油田开发方案。

印尼是亚洲除中东地区以外唯一的欧佩克成员国，目前的原油和凝析油产量分别为 $110 \times 10^4 bbl/d$ 和 $15 \times 10^4 bbl/d$。由于凝析油不计入原油产量，该国产量尚未达到 $112.5 \times 10^4 bbl/d$ 的欧佩克原油生产配额。

印尼石油观察机构负责人说，印尼政府正考虑通过减少政府在项目中持股比例的办法鼓励石油公司开发边际油田。通常情况下，印尼政府在产量分成合同中占85%，石油公司占15%。他表示，为了使这些油田变得经济可采，政府必须降低持股比例。目前印尼正考虑选择一种比较合理的分配比例。

在边际油田开采技术方面，国际上正积极地探索智能井、聪明井技术，世界上第一口智能井自1998年在北海挪威下钻以来，取得了骄人的成绩，极大地方便了在恶劣环境中的油田生产，并实现了分油层控制技术，进而实现整个油田的数字化管理，极大减少油田开采成本。因此智能井及数字油田等技术在开发边际油田中已经展示出良好的应用前景。

二、边际油田开发技术

技术创新对于边际油田的开发尤为重要。丛式井、大位移水平、"鱼骨状"或"翼状"等复杂结构多分支井使海上和陆上边际油田得以高效开发。例如阿拉斯加州北坡油区的 Badami 边际油田就是采用大位移水平井才使油田得以投入开发。

中国大庆和长庆油区在一些低渗透砂岩油藏中开展了水平井开采的现场试验，使一些边际油藏可经济有效开发；塔里木油田采用阶梯式水平井，使超深超薄边际油田得到有效开发；冀东油田采用水平井开发复杂断块油田，使油田产量实现了飞跃。

1. 超深超薄砂岩油藏：双台阶水平井整体开发

哈得4油田由于储量低，油层薄，被中石油股份公司专家评价为典型边际油藏，如何经济有效地开发，成为该油藏的开发关键。

（1）超深超薄油藏地质特征

塔里木哈得4油藏为薄砂层油藏（图16-2），储层类型为海相滨岸沉积石英砂岩，探明石油地质储量 $1194 \times 10^4 m^3$，是一个超深（5000~5023m）、超薄（两个含油层系油层厚度分别为0.96m、1.52m）、低幅度（24m）、含油面积小（$66.62km^2$）、储量丰度特低（$18 \times 10^4 km^2$）的背斜型层状边水油藏，被中石油股份公司专家评价为典型边际油藏。为了缓解塔里木油田开发面临的严峻形势，实施"稀井高产"战略，采用双台阶水平井注水开发该油藏，实现了超深超薄层边际油藏高效开发。

该油藏为背斜型层状边水油藏，纵向上主要发育3个砂层，全区稳定分布，其上覆与下覆地层均为泥岩，其中2、3号砂层是开发目的层，合称为薄砂层油藏。薄砂层油藏面积大、构造幅度低而平缓、储层物性差~中，呈明显的宽过渡带特征，纯油（含油饱和度>70%）面积仅占含油范围的1/3左右。

2号砂层顶面构造形态为一近南北走向的低幅度长轴背斜，长轴长16.0km，短轴宽6.0km，闭合海拔-4070m，幅度24m，圈闭面积 $70.2km^2$，属于中孔、中渗储层，平均孔隙度13.67%，平均渗透率 $98.68 \times 10^{-3} \mu m^2$。3号砂层与2号砂层之间泥岩夹层分布稳定，厚度3.2~3.8m，其顶面构造形态与2号砂层顶面构造形态十分相似，物性相对较好，平均孔隙度15%，平均渗透率 $111.36 \times 10^{-3} \mu m^2$。

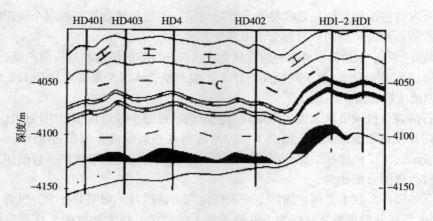

图 16-2 哈得 4 油田砂岩地质剖面

(2) 超深、超薄油藏水平井钻井技术

由于该油藏埋藏超深、面积大、丰度低、油层薄，早期评价最大敏感因素为投资和产量规模。若采用直井开发，增加井数和投资，产量低，效益为零，若采用水平井则具有一定效益，于是提出了钻双台阶水平井的开发设想(图 16-3)。双台阶水平井较直井和普通水平井有较大优势，特别针对薄油层，可以极大增加触油面积并减少油井投资。

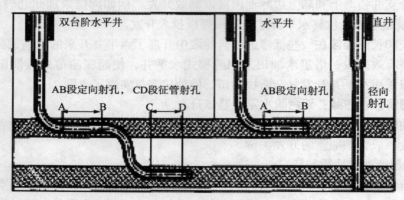

图 16-3 双台阶水平井、水平井和直井井身结构对比图

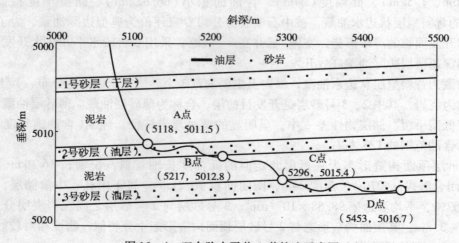

图 16-4 双台阶水平井 A 井轨迹示意图

通过水平井钻井技术攻关与创新，2000年底在该油藏成功完钻一口双台阶水平 A 井，轨迹见图 16-4。该井导眼井钻遇薄砂层有效油层厚度 2.5m，其中 2、3 号砂层分别为 1.0m、1.5m 厚油层，孔隙度分别为 11.6%、14.2%，含油饱和度分别为 62%、66%；导眼井回填后侧钻水平井，完钻井深 5453m，油层垂直中深 5014.45m，两水平段（AB 水平段 -2 号砂层，CD 水平段 -3 号砂层）合计油层长 193m，钻遇油层有效率 74.5%。该井投产初期，10mm 油嘴自喷日产油 159t，油压 3.0MPa，含水 0.8%。A 井的成功钻采为薄砂层油藏整体采用双台阶水平开发奠定了技术基础。该油藏水平井钻井新技术主要有三项：

①超深超薄油藏水平井优快钻井技术：优化井身结构、优化钻井轨迹、造斜点地质录井。

②超深超薄油藏水平井钻井技术：采用 FEWD 技术稳斜微调，将轨迹控制在上下 1.0m。

③水平井完井及油层保护技术：国产化固井添加剂合格率达到 85% 以上，两次替喷法减少污染；采用 1.1 低压力系数油层高密度屏蔽暂堵钻井液，渗透率恢复值达到 70%~102%。

（3）超深超薄油藏水平井注采井网优化

在哈得 4 油田超深超薄油藏 A 井，双台阶水平井成功实施的基础上，油田决定采取双台阶水平井注水整体开发。

①建立模型。

根据哈得 4 薄砂层油藏相关数据，利用 Eclipse 数值模拟软件，建立理想模型。无气顶、无底水、层状油藏，构造顶深 4070m，X、Y、Z 方向网格数分别为 50、50、1，网格步长分别为 30m，30m，2.5m。PVT、相对渗透率曲线等岩石、流体数据采用哈得 4 薄砂层油藏实际数据。孔隙度、横向渗透率取哈得 4 油藏 2 号油层的平均值（13.67%，98.68mD），纵向渗透率取横向渗透率的 0.1 倍。

②直井注水与水平井注水效果对比。

不考虑水平井水平段压力损失，对比直井注—直井采（VIVP）、直井注—水平井采（VIHP）、水平井注—直井采（HIVP）、水平井注—水平井采（HIHP）4 种井网模式（直井生产井：VP；直井注水井：VI；水平生产井：HP；水平注水井：HI）的注采效果，研究水平井注水开发特征。模拟中，VIVP 以五点法井网为例；VIHP 以 3 口直井作注水井，1 口水平井作生产井；HIVP 以 3 口直井作生产井，1 口水平井作注水井；HIHP 以 1 口水平井作注水井，1 口水平井作生产井。根据哈得 4 油藏实际井网，设计模型井网井距为 750m，水平井水平段长度均为 750m。在与水平井相关的研究中，由对称性，取理想模型的四分之一。

为了对比不同单井产量、注水量对水平井注水效果的影响，根据哈得 4 油藏单井实际产量情况，对两种产量模式进行研究。Ⅰ：直井产量 30m³/d，边部井产量 15m³/d，角部井产量 7.5m³/d；水平井产量 60m³/d，边部井取 30m³/d；注采比 1.0。Ⅱ：直井产量 60m³/d，边部井产量 30m³/d，角部井产量 15m³/d；水平井产量 120m³/d，边部井取 60m³/d；注采比 1.0。

根据数值模拟结果，得出 4 种井网注入水突破时剩余油饱和度分布，注入水突破时的波及效率及采出程度见表 16-1，不同井网模式下采出程度与含水率关系见图 16-5。

由于直井是点源（或点汇），压力场分布不均匀，导致注入水局部突进，注水井与生产井连线上压差最大，水沿此方向突进；而在生产井之间，存在压差为零的区域，原油无法流动，致使大量原油无法产出，井间剩余油饱和度高，所以 VIVP 波及效率、采出程度低。水平井是线源（或线汇），压力场线性传播，但由于生产井或注水井是点汇（或点源），所以水平井开发效果受到一定影响,特别是 VIHP 井网。HIHP 井网注水井、生产井均是水平井,压力场以线性传播,注入水线性均匀推进,形成线性驱动,提高了波及效率及注入水突破时的采出程度。

表 16-1　不同井网模式下注入水突破时注水开发效果

井网	突破时间/d		突破时采出程度/%		突破时波及效率/%	
	I	II	I	II	I	II
VIVP	1200	560	28	26	60	
VIHP	1400	620	31	30	78	
HIVP	1560	640	34	30	91	与 I 基本相同
HIHP	1600	720	36	33	96	

由表 16-1 可见,注入水突破时,HIVP、HIHP 注入水波及效率分别达到 91% 和 96%,而 VIVP、VIHP 注入水波及效率仅为 60% 和 78%。水平井注水可有效推迟注入水突破时间,对于产量模式 I,HIHP 注入水突破时间比 VIVP 推迟 400d,注入水突破时采出程度比 VIVP 提高 8%;对于产量模式 II,HIHP 注入水突破时间比 VIVP 推迟 160d,注入水突破时采出程度比 VIVP 提高 7%;产量模式主要影响注入水突破时间,对突破时的波及效率影响不大,注入水突破时两种产量模式下的注入水波及效率基本相同。HIVP 井网对产量模式最为敏感,由产量模式 I 变为产量模式 II 后,注入水突破时间提前 920d,注入水突破时采出程度降低 4%。HIHP 注入水突破时波及效率受产量影响很小,因此可以油藏允许的最大采油速度生产,提高经济效益。

由图 16-5 可见,两种产量模式下,4 种井网的采出程度与含水率关系曲线都呈 S 型,趋势略有区别。VIVP 最缓,HIHP 最陡,因此 HIHP 累计产油量主要集中在注入水突破之前。

综上所述,HIHP 井网形成线性驱动,延迟了注入水突破时间,提高了注入水波及效率及油藏采出程度,井间剩余油含量低,开发效果优于其他 3 种井网。

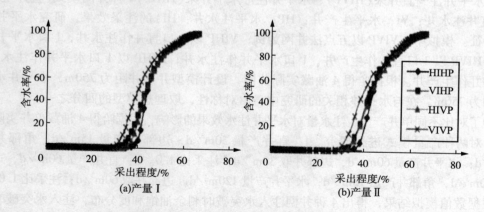

图 16-5　不同井网模式下采出程度与含水率关系图

③ 水平井注采井网。

a. 平行对应井网。

在油田实际生产过程中,水平井水平段存在压力损失,且压力损失和流体流动方向有关,生产井压力自跟端 A 到指端 B 逐渐升高,而注入井压力自跟端 A 到指端 B 逐渐降低,因而,不同井网压力场分布规律不同。由图 16-6 可见,水平段压力损失使得注入水不能线性驱油,势必影响注入水突破时间及波及效率。

为研究考虑水平段压力损失时不同井网的注、采效果,设计平行对应正向井网和平行对应反向井网(图 16-7)进行对比模拟。图 16-8 为两种井网注入水突破时间、采出程度与含水率对比。

由图 16-7 可见,平行对应正向井网注入水存在局部突进现象,注入水波及效率较低(78%),注、采井间剩余油饱和度高;而平行对应反向井网由于考虑了水平段压力损失的影响,避免了注入水的局部突进,注入水近线性驱动,波及效率高(92%),注、采井间剩余油少。

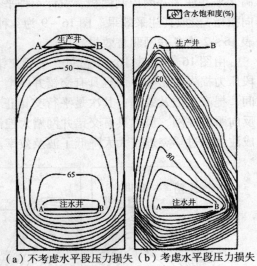

(a)不考虑水平段压力损失 (b)考虑水平段压力损失

图 16-6 不考虑与考虑水平段压力损失情况下注入水突破时含水饱和度分布对比

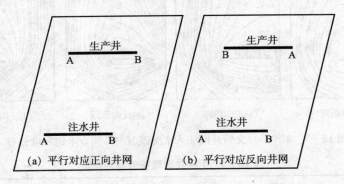

图 16-7 水平井平行对应正向、反向井网示意图

由图 16-8 可见,平行对应反向井网推迟了注入水突破时间、提高了突破时的采出程度。因此,平行对应反向井网注采效果好于平行对应正向井网。

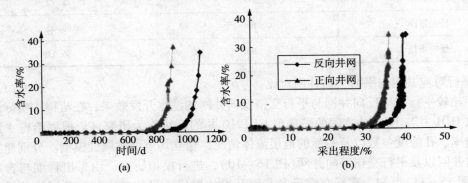

图 16-8 考虑水平段压力损失时两种井网注入水突破时间采出程度与含水率关系

b. 平行交错井网。

考虑到油田整体井网设计,平行对应井网只能驱扫注水井和生产井之间的原油,为了提

高水平井注采井网控制面积，设计4种平行交错井网（正向跟指、正向指跟、反向跟跟、反向指指）模拟其注采效果。图16-9为4种平行交错井网注入水突破时井间含水饱和度分布，表16-2为各井网驱替效果。

由图16-9、表16-2可见，平行交错反向指指井网为最优交错井网，不但考虑了水平段压力损失的影响，而且具有交错井网增大井网控制面积的特点，因此推迟了注入水突破时间，提高了波及效率；其次是平行交错正向井网（正向跟指、正向指跟）；最差是平行交错反向跟跟井网，虽然具有交错井网增大控制面积的特点，但由于水平段压力损失的影响，造成注入水过早突进，大大降低了波及效率。

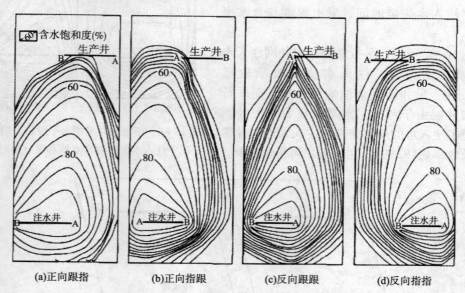

图16-9 4种平行交错井网注入水突破时刻井间含水饱和度分布

表16-2 4种井网驱替效果对比

井网	注入水突破时间/d	突破时波及效率/%
正向跟指	740	76.61
正向指跟	760	78.72
反向跟跟	630	68.22
反向指指	950	86.11

c. 平行对应井网与平行交错井网对比。

为了比较平行对应反向井网与平行交错反向井网的注水开发效果，在哈得4实际地质模型上选取HD1井与HD2井之间的鞍部到HD1210井的区块作为研究区。根据哈得4油藏的平均渗透率、孔隙度参数以及实际的地层流体情况，建立均质油藏属性模型。分别建立平行对应反向井网以及平行交错反向井网（图16-10），进行模拟研究。由采出程度与含水率关系曲线（图16-11）可知，平行交错反向井网开发效果优于平行对应反向井网，其注入水突破时间晚、油井含水率低、油藏最终采出程度高，主要原因是交错注水提高了注入水的波及效率，推迟了注入水突破时间，因而提高了最终采出程度。

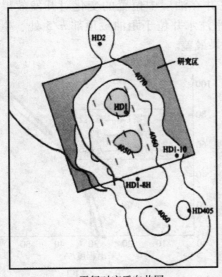 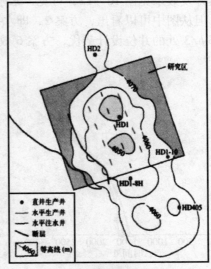

(a) 平行对应反向井网　　　　　　　　(b) 平行交错反向井网

图 16-10　平行对应反向井网及平行交错反向井网示意图

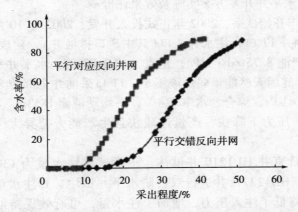

图 16-11　平行对应反向井网及平行交错反向井网采出程度与含水率关系图

d. 水平井在油层中位置的优化　为研究水平注水井、生产井的纵向位置对开发效果的影响，设计 6 种方案进行模拟研究（表 16-3）。

表 16-3　水平井纵向位置设计方案

方案	注水井距油藏顶部距离	生产井距油藏顶距离
方案 1	$h/5$	$h/5$
方案 2	$h/5$	$h/3$
方案 3	$h/5$	$h/2$
方案 4	$h/3$	$h/3$
方案 5	$h/3$	$h/2$
方案 6	$h/2$	$h/2$

注：h—油层厚度，m。

各方案开发效果见图 16-12，可见，水平井在油层中位置的变化对开发效果的影响不是很明显，但从图中可以看出，方案 2，即水平注水井位于距油藏顶部 $h/5$ 处、生产井位于距油藏顶部 $h/3$ 处的井位设计最优，方案 6 效果最差。

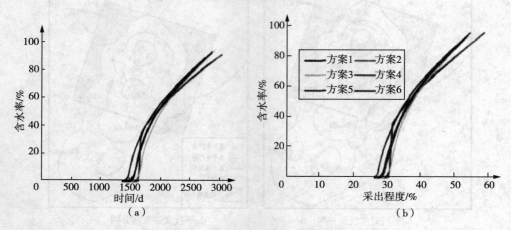

图 16-12　各方案注入水突破时间、采出程度与含水率曲线

(4) 超深超薄油藏水平井开发方案实施及效果评价

哈得 4 油藏 1998 年开始试采，2002 年正式投入开发，2002 年 10 月 18 口油井、7 口注水井全部完井，投产油井 17 口、注水井 7 口(其中 3 口排液井)，建成 $30×10^4$t 年产规模。全部水平井平均单井产能 8.75t/d·MPa，是直井的 3.09 倍；水平井平均单井产量 71t/d，是直井的 2.3 倍。同年底因天然能量弱供液不足，17 口采油井全部转为机采。截至 2003 年 8 月累计产油 $64.2160×10^4$t，综合含水率 4.4%，平均动液面 1853m。由于油藏天然能量不足，具有自喷能力低、压力下降快、产量递减快且生产能力差异大、含水上升慢等开采特征。

2001 年 11 月 24 日直井 HD1210 井试注，正常试注注水量为 130m³/d，井口压力约 28MPa。2002 年 8 月，HD1227H 井进行双台阶水平井试注，日注水量为 200m³ 时，井口压力在 10MPa 以下，降低了注入压力，增加了注水量，可有效保持油藏压力。鉴于油藏特征及试注效果，决定整体采用水平井注采井网开发哈得 4 薄砂层油藏。由于井网已经达到一定的密度(2003 年 8 月)，不可能再钻新井作为注水井，因此，应用上述平行交错反向注水井网注采效果最优的研究成果，对现有的井网进行优化，设计 4 个方案(图 16-13、图 16-14)。

方案 1：边缘环状＋适时中间点状注水，井网共 15 口采油井，7 口注水井[图 16-13(a)]。利用当前停喷的 3 口采油井作为观察井，主要观察地层压力的变化情况，压力回升后改为采油井生产。方案 2：边部环状注水，井网共 14 口采油井，8 口注水井，3 口观察井[图 16-13(b)]。方案 3：在方案 1 基础上将边部采油井 HD1212H 井改为注水井[图 16-14(a)]。方案 4：在方案 1 基础上新钻 HD4249H 井作为注水井[图 16-14(b)]。各方案计算结果见表 16-4、图 16-15。可见，方案 1 和方案 4 开发效果优于其他方案。虽然方案 4 开发效果较好，采出程度略高于方案 1，含水率略低于方案 1，但由于方案 4 需钻新井，而且方案 1 对油藏中间部位控制程度高，同时使靠近中间部位的部分油井压力较快恢复，有利于使目前停喷的油井尽快恢复生产。因此选择方案 1 为推荐注水方案。

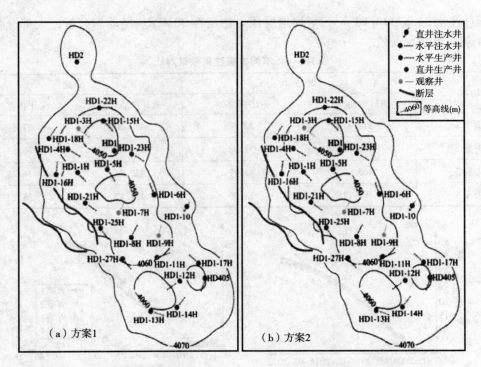

图16-13 哈得4薄砂层油田水平井注采井网优化部署图(方案1、方案2)

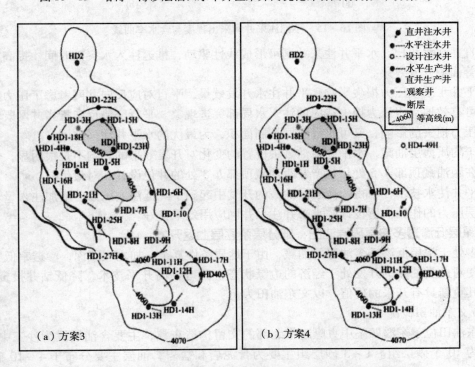

图16-14 哈得4薄砂层油田水平井注采井网优化部署图(方案3、方案4)

2003年11月正式实施水平井注水方案,到2004年2月,7口注水井共配注1020m³/d,累计注水量为18.1825×10⁴m³,平均地层压力约37MPa,较投注前恢复约5MPa;至2004年

251

12月累计注水 $51.5737 \times 10^4 m^3$，平均地层压力稳定在38MPa。经动态分析，大部分生产井在2004年2月注水受效。

表16-4 不同方案注采效果对比

方案	2015年		最终	
	累计产油/10^4t	采出程度/%	累计产油/10^4t	采出程度/%
方案1	377.47	32.77	433.20	37.61
方案2	363.82	31.58	419.22	36.69
方案3	366.01	31.77	422.91	36.71
方案4	381.22	33.09	439.13	38.12

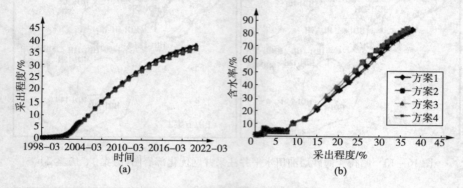

图16-15 不同注采井网采出程度与含水率曲线

与直井注水相比，水平井注采井网可形成线性驱动，推迟注入水突破时间、提高波及效率、改善油藏开发效果。

水平井水平段压力损失影响水平井注水开发效果，平行对应反向井网考虑了压力损失的影响，可有效地克服压力损失造成的注入水局部突进现象。平行交错反向指指井网既考虑了水平段压力损失的影响，又可扩大井网控制面积，为最优的水平井注采井网。

对于均质薄层油藏，水平井在油藏中位置的变化对开发效果的影响不是很明显，但水平注水井在距油藏顶部 $h/5$ 处、生产井距油藏顶部 $h/3$ 处的井位设计相对最优。

水平井注水技术在哈得4薄砂层油藏的开发中起到了降低注入压力、增加注入量、有效保持地层压力的作用。所设计的水平井注采井网应用效果良好。

2. 深层低渗透多油层砂岩油田：细分层系逐层上返开发

许多处于深层低渗透多油层的油藏，由于地质条件复杂，加之埋藏深，渗透率低等客观原因，使对此类油藏的开发处于经济的边缘状态，只有提高开采技术，降低钻井投资成本，才会使其重新具有开采的价值。以文东油田为例：

（1）文东油田概况

文东油田位于东濮凹陷中央隆起带北部的文留构造东翼，主要含油层段为沙三中亚段，可细分为10个砂层组。1~3砂层组主要为膏泥岩和盐岩，油层主要分布于4~10砂层组（埋深3250~3850m），夹于巨厚的文9盐层（厚400~600m）与文23盐层（厚600~1800m）之间，各砂层组由砂岩、粉砂岩、粉砂质泥岩、油页岩组成不同的韵律层，含油井段长达600m，有55个油层，渗透率平均为 $29.2 \times 10^{-3} \mu m^2$，渗透率级差以10~50倍为主。

文东油田属于深层低渗透多油层砂岩油田，需要缩小井距、细分层系开发。但该油田因高温(120~150℃)、高压(压力系数1.71~1.88)、高饱和压力(25~40MPa)和高气油比(250~400m³/t),加之地层水矿化度高(310~340g/L)且原油中含盐量也高(1.084g/L),现有的分层工艺技术难以满足3500m以下的深层油田开发需要,而单井钻井投资高达1000×10⁴元,限制了新钻加密调整井的井数,需要合理组合与划分开发层系,既满足生产对层系细分的需要,又使注采井距达到注水开发的要求。

(2)细分开发层系降低层系内渗透率级差

文东油田1987年投入开发,方案设计将沙三中亚段分2套层系(4~6砂层组和7~9砂层组)注水开发。但受深井钻机力量限制和地物影响,实际采用1套层系合采合注,结果占射开油层厚度21%的高渗层吸水量占总吸水量的83%,而中、低渗层吸水较少或不吸水,单层突进现象严重,油井见水后含水上升很快,在采出程度只有12%时,含水率已上升到73%,含水率与采出程度关系曲线呈典型的凸型特征(图16-16)。

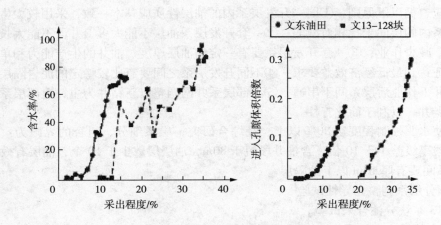

图16-16 文东油田开发效果与文13-128块开发效果对比图

统计文东油田渗透率级差与吸水厚度的关系,渗透率级差小于5倍时,吸水厚度占油层厚度的66.1%,5~10倍时占33.8%,大于10倍时只有个别高渗透油层吸水。对文东油田天然长岩心进行的一维4层水驱油试验结果表明:在相同注入倍数(1.6倍)条件下单层水驱采收率受渗透率影响不大(表16-5);多层组合水驱的层间干扰严重(表16-6),渗透率级差越大,渗透性差的层采收率越低,渗透性好的层采收率越高(但低于相应层单层水驱时的采收率)。

表16-5 单层单注时渗透率对的影响

参数	单层1	单层2	单层3	单层4
渗透率/$10^{-3}\mu m^2$	8.245	15.82	30.55	50.58
采收率/%	58.68	57.03	53.23	57.71

文东油田各油层组的油藏类型、压力系统相同,原油性质相近,油层压裂改造后,油井有一定生产能力,改善开发效果的关键是合理划分与组合开发层系,降低层系内渗透率级差,减少层间干扰。

表 16-6　多层合注时渗透率对采收率的影响

合注组合	渗透率级差/倍	采收率/%	
		组合	单层
1+3	3.71	44.18	40.11(1), 47.88(2)
1+4	6.13	3.33	33.46(1), 52.95(4)
1+2+3	3.71	46.69	44.73(1), 47.48(2), 47.71(3)
1+3+4	6.13	46.61	39.38(1), 49.39(3), 54.05(4)
1+2+3+4	6.13	44.57	35.79(1), 42.76(2), 44.88(3), 54.74(4)

（3）层系划分与组合的原则

在查明油层中油水分布状况和保证井网密度不超过经济极限的前提下，细分层系的主要作用是提高注入水的利用率，使中、低渗透油层有效投入开发。根据文东油田的特点，开发层系调整应遵循以下原则：①同一开发层系内的油层性质应基本一致，采用较大生产压差采油，使层系内的层间干扰相对减弱；②一套开发层系油层不能太多，井段不能太长，以简化井身结构，减少作业；③一套开发层系要有一定的油层厚度、油井的生产能力和单井控制储量，以保证达到最低经济效益要求；④不同开发层系之间要有比较稳定的泥岩隔层，以保证开发中或井下作业后层系间不串通；⑤下部层系井网调整以新钻井为主，上部层系井网调整充分利用老井，以利于简化管柱。

为了使水驱控制程度达 80% 以上，经综合研究，层系细分、组合的界限为：层系内砂层组的渗透率级差小于 10 倍，含油井段短于 80m，油层层数少于 10 个，油层有效厚度大于 15m；层系间要有厚 10m 以上的隔层。

（4）细分层系调整先导性试验

①文 13 东块分注合采试验。

文 13 东块沙三中亚段 7~9 砂层组含油井段长达 360m，平均单井钻遇油层 16 层，注水开发中单层突进严重。1990 年，按渗透率将其 7~9 砂层组划分为 7 砂层组和 8~9 砂层组 2 套层系，按 300~350m 井距部署 2 套注水井网注水，油井仍按一套层系合采。实施分注合采试验后，由于文 13 东块油层渗透性差，井距大，在高压注水条件下，32% 的注水井仍无法达到配注要求，区块水驱动用程度从 18.9% 提高到 21%，仅增加 2.1%，尽管钻新井数量较少，但受注水工艺技术水平限制，无法满足配注要求，效果不理想。

②文 13 西块细分层系先导试验。

文 13 西块主要含油层位是沙三中亚段 5~9 砂层组，各砂层组内部的非均质性不大。1987 年分 5~6 砂层组和 7~9 砂层组 2 套层系注水开发。7 砂层组渗透率（$34.3 \times 10^{-3} \mu m^2$）与 8 砂层组、9 砂层组渗透率（分别为 $12.5 \times 10^{-3} \mu m^2$ 和 $9.7 \times 10^{-3} \mu m^2$）相差大，层间矛盾较强，1992 年将 7 砂层组与 5 砂层组、6 砂层组（渗透率分别为 $60.5 \times 10^{-3} \mu m^2$ 和 $62.3 \times 10^{-3} \mu m^2$）组合为一套开发层系，将 8 砂层组、9 砂层组细分为两套开发层系。先导试验将新、老层系完全分开，老层系的井封住下部油层，全部转采上部油层，新钻调整井开采下部油层。实施后效果显著：1993 年至 1998 年以 2.5% 的采油速率稳产，比细分层系前提高 1.4%；8 砂层组、9 砂层组的水驱动用程度达到 81.8%，比细分层系前提高了 39.3%，注水利用率大大提高；预计水驱采收率提高 10.4%。

但是，文 13 西块是文东油田储集层非均质较弱的一个区块，先导试验的成功很大程度上取决于地质条件的特殊性，推广应用价值不大。

③文13-128块逐层上返注水开发先导试验。

文13-128块沙三中亚段8~10砂层组渗透率级差为38倍，1993年将开发层系重新细分组合为4个层段(10砂层组和9砂层组下部，9砂层组上部，8砂层组下部，8砂层组上部)，使各层段内的渗透率级差小于10倍(表16-7)，用一套较密的井网(井距150m)钻穿各层系，先开发最下部的层段，采完后注灰封堵，逐层上返分层段开发，至最上部层段开发完毕后，将4个层段钻塞合采。

表16-7 文13-128块试验数据表

开发层系	渗透率/$10^{-3}\mu m^2$	级差/倍	采出程度/%	采收率/%	试验时间
8上	18.56	5.7			2002年1月以来
8下	15.23	6.3	33.86	41.6	1997年1月~2001年12月
9上	4.18	2.0	17.85	23.7	1996年1~12月
9下+10	6.11	3.9	35.59	46.5	1993年6~1995年12月

文13-128块除9砂层组上部由于物性差未注进水之外，先导试验取得显著效果：新井初期平均单井日产油48.8t，说明细分层系后小层段开采生产能力高；吸水厚度比例达78.9%，水驱动用程度提高41.2%；单层段开采的最高采油速率达到21.26%，全试验层段的平均采油速率提高2.2%；采收率提高10.5%；开采了最下部的试验层段(10砂层组和9砂层组下部)后，已收回钻井及地面建设的投资。

文13-128块是文东油田最具代表性的区块，先导试验效果证明，逐层上返开发能够以较高的采油速率获得较高的采收率，而且可以较好地解决细分层系、加密与经济开发相互制约的矛盾，是深层、低渗、多层砂岩油藏较好的开发方式。

(5)文东油田整体开发调整。

在油藏精细描述和剩余油分布研究的基础上，采用上述细分层系、逐层上返开发的思路，2001年底对文13东块和文13北块进行了整体开发调整。

在文13东块沙三中亚段7~10砂层组的调整中新钻部分调整井形成9~10砂层组1套完善注采井网充分利用老井并新钻个别调整井，形成8砂层组1套完善注采井网；高速开采后期，最大限度利用已有井网，将开采8砂层组、9砂层组的老井上返完善7砂层组井网，达到了节省钻井投资、层间接替开发的目的。

文13北块主要含油层位是沙三中亚段5砂层组、7砂层组，层间干扰导致开发效果差，2001年底采油速率只有0.25%，采出程度只有10.76%，含水高达80%以上。调整中，将开发层系重新组合为四套(7砂层组分为下、中、上层系，5砂层组为一套层系)，逐层上返注水开采。

3. 极复杂断块油田：智能复杂结构井开发

世界石油技术在近年来发生了日新月异的变化，一些前沿技术己开始应用于油田，取得了可观的效益，其中，智能完井技术更是从中脱颖而出，受到人们的关注。无论从短期效益还是从长期效果来看，都具有不可比拟的优势。

短期价值：

大多数智能井系统的成本在不到6个月的时间内就可以收回。成本回收速度快所增加的价值超过了修理干预的成本，因为现在生产和油藏工程技术人员可以利用智能井系统管理油气资产。现在智能井系统可以根据要求提供实时压力恢复曲线和压降曲线。可以快速完成注入方案评价,以确定它们能否实现模拟的注入速度。在许多情况下,都是根据智能井系统获取的数据参数确定油藏构造,尤其是封闭断层。隔开油气田中特定的产层,提高油井压力并确定是否与周围产层连通,具备了这些能力有很大的好处。

长期价值:

由于很多智能井系统已经实现了两年多的无故障运行,因此现在我们可以确定其预期的长期价值。现在我们才真正认识到了延迟或者完全免除修井的真正好处。此外,详细的综合性趋势分析说明,数据质量越高,油气资产管理水平越高,进而可以提高采收率,减缓水或者气的突破,把以前封隔的油层投入开发,实现油层周期性开采。

由于智能井技术和智能油田开发可以降低基本建设费用和操作费用,增加产量和提高油气采收率,所以它成为非常诱人的技术。迄今为止,在北海、美国墨西哥湾深水区、加拿大的大西洋水域、西非海上和亚太地区全世界 130 口智能型完井已经表明这种技术的价值。

(1)智能完井系统

智能完井是一种带有井下传感器,从而能够实时采集、传输和分析井下生产状态、油藏状态和全井生产链数据资料,并可以根据油井生产情况对油层进行遥控配产和提高油井产量的完井系统。目前该系统还未具有自动化控制或优化生产的能力,尚需借助人工发布指令来实现对生产油井的控制。对油井进行遥控,也就是将生产控制指令输送到井下,改变一个或多个产量控制工具组件的开启度或启闭。图 16 – 17 是一个典型的智能井结构。

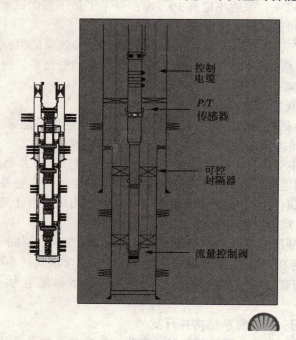

图 16 – 17　一个典型的智能井结构

智能完井是一种多功能的系统完井方式,它允许操作人员通过远程操作完井系统来监测、控制原油生产,借助一台地面调制解调器和一台计算机就能随时重新配置井的生产剖面,就可以在不起出油管的情况下连续、实时地进行油藏管理,采集井下压力和温度等参数。

智能完井一般由以下几部分组成:井下信息收集传感系统;井下生产控制系统;井下数

据传输系统；地面数据收集、分析和反馈控制系统。

井下信息收集传感系统主要由多种传感器构成，其中多相流流量测量采用普通传感器；井下温度和压力的测量采用配接光纤型传感器；井筒和油藏中流体的黏度、组分、相对密度的测量采用电子传感器。

井下生产控制系统主要有电动和液压传动两种。其中最简单的执行机构是井下节流阀，它可以在油藏中调整各层段之间的产量，是最直接控制井下流量的工具。智能完井的节流阀可以遥控操作，这在原有完井方法中是不可及的。过去由于电动系统寿命短和高压等因素限制，两者中由液压控制占据了主导地位，目前电动控制井下操作系统正在多起来。

井下数据传输系统是连接井下工具与地面计算机的纽带，这种传输系统能将井下数据和控制信号，通过永久安装的井下电缆中专用双铰线或光纤，在井下与地面间进行数据传输，传输的数据即使在井下有电潜泵存在的情况下，信号也不会受影响。

地面数据收集、分析和反馈系统包括一台计算机和分析数据用的软件包。计算机用来收集和储存生产数据；分析数据的软件包帮助使用者对数据进行分析，有利于使用者做出最佳决策。

目前有二种智能完井系统：全电子智能元件系统、光纤传感器系统和具有电子永久性井下参数测量仪系统。

全电子智能完井系统采用电子传感器，结合电动滑套开关。每个滑套开关或智能生产调节器都采用一种无级可调油嘴，连接到电动机和井下参数测量仪上。而井下的动力电和数字信息传输都是通过用环氧树脂充填的绞织双线接头提供给智能生产调节器的。为了精确控制流量，在选好了智能生产调节器之后，由井下电动马达驱动调节阀，可以通过调节阀的位置开启到任意角度，实现井下流量的无级调节。液压控制的智能井系统依靠电子和液压传感器驱动井下滑套开关，每个液压操作滑套由地面的两条液压管道驱动，靠滑套依靠压力响应打开或关闭。液压滑套开关由地面的两个液压管线控制。地面控制器可控制滑套，遥控操作井下开关，还可控制油嘴和水嘴。光纤系统允许传感器进行井下各种参数的实时采集和监测。它可单独地采用液压滑套实现分层开采，使其互不干涉。

(2) 智能完井技术的特点

① 可以减少生产干扰，避免常规采油作业带来的风险，便于管理，适用于边远、偏僻地区。智能完井可以在地面上识别流入控制位置，能在地面上选择性地开关某一油层，实现在不关井的情况下进行井身结构重配。

② 智能完井有实现地面远程遥控的功能，这就使得这项技术特别适合于管理沙漠或海上的油田。

③ 防止在生产层和混采层之间窜流，可以控制气、水锥进，改善生产能力，提高油田最终采收率。智能完井上的传感器能够监测各油层油、气、水的流动状况，修正油井工作制度。一旦生产过程中出现水或气的锥进时，可以通过油井配产来延缓水、气锥的发生，改善生产能力，提高油田最终采收率。

④ 智能完井具有实时监测的功能，获得生产层实时井下信息，并将监测到的信息资料传输到地面的计算机中存储起来，由于信息是长期持续记录的，从而可以克服不稳定试井分析引起的模糊性和不确定性。

⑤ 提高对油藏的认识程度，使作业人员对将来的井位和井网布置作出较好的决定。

⑥ 全面优化油藏管理和生产，减少各类井的数量，提高注入效率和最终采收率。

(3)智能完井的应用

① 实例1：复杂储层最大限度采油。

智能完井在一些油田得到应用，它允许同时开采多个产层段，这些层段一般都比较复杂，甚至包括与断块交错的情况。也可以实现选择性开采，提高油藏管理能力，改善生产能力，提高油藏最终采收率。

Iron Duke是文莱位于婆罗洲的一个海上油田，它由许多与断块交错的一系列油环组成，这些油环的上面被大量的气顶覆盖，而这些气顶成了主要的驱动能量。怎样减少气顶的损耗就成了油田最大化开采的关键。起初的时候没有安装智能完井系统，结果在Iron Duke19（ID-19）的早期就发现了气窜现象，用生产测井仪测井表明，气体是从一些高渗透的薄层产生的。2002年，对该井重新完井，采用五层选择性完井（图16-18），目标是优化油井生产，减少气油比，提高最终采收率。先前的模型试验表明，最终采收率增加了18%。BG-7是Buagn油田的第一口开发井，这口井比起ID-19来说，储层情况要相对简单一些，四个主要层段在一断块中相互交错，智能完井的目标是评价这些层段的产能和连通性，在BG-7和ID-19中都安装了分布式温度传感器（DST）和永久性井下压力和温度测量仪，用来持续监测储层动态。Iron Duke油田的所有井的每一层段都安装上了永久性井下测量仪。由此而获得的数据连同地面数据，如FTHP、FLP和FCV都被实时反馈给地面的石油操作员。这些数据使得石油工程师们对油井的日常动态有了更好的把握，并且也激起了他们研究的兴趣。这有利于提高储层管理，提高薄油环的最终采收率。Bugan-7按照预期生产，基本上无含水和溶解气油比。

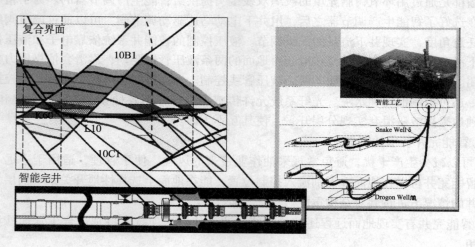

图16-18 Iron Duke油田智能井完井情况

智能完井所带来的价值在于从储层管理角度考虑，在遇到气油比增加的情况下选择性地关闭某一生产层。ID-19井的最初产能不容乐观，5个产层中有3个高含水。然而也就是在这口井中，智能井显示了它的最大价值。如果没有对ID-19井用智能完井技术对其进行重新完井，那么就会遭遇到以下的生产管理问题：

a. 某些产层有流体窜流到枯竭层。

b. 流体不配伍，不同流动通道的产层会出现层间窜流现象，这是不允许发生的。和传统的生产策略相比，ID-19井应用智能完井技术所带来的效果就是可以改善生产能力，提高最终采收率。产量从最初的大约 400m³/d 增加到大约 800m³/d，最终采收率比预期的增加了 23% 左右。事实上，智能井完井提供了一种出色的工具来管理在产层见水情况下的生产，之所以出色，是因为它通过与高气油比的层段混合开采来提高高含水层段的采收率。智能井在 BG-7 井的价值在于它可以详细监测早期生产井，在不影响到油田最终采收率的情况下，提供有价值的数据来规划油田的开发。

实施智能井技术后，该井提高产能 15%，推迟水突破 2 年，预计实施后 3 年内，将提高产油量 38% 现在是 Brunei 最大的生产井。

② 实例2：智能完井技术在分支井中的应用。

阿曼石油发展公司(PDO)当前在 100 多个油田经营着 4000 多口井，并且大多数油田已处于开采的中后期，已经到了二次开采阶段。因此，为了优化油井的产量，对储层和生产进行监测和管理就变得非常重要和关键。这些油井大多数是进行人工举升的，这样的话就需要对油井进行连续监测，来保持油井的正常运行和增加油井的正常运行时间。因此，PDO 已经开始对油田大面积的实施智能井技术，主要目的是通过更好的控制、监测和油井优化来加强生产和提高储层管理。为此，该公司先在一口多分支电潜泵井中成功安装了四个数字式液压控制阀，这也是世界上第一次做该技术的试验。这口井位于 PDO 油田的中心位置的 Shuaiba 储层，它是口四分支生产井，完井于 1999 年 1 月，2 月开始投入生产，开始时的净产油量为 1500m³/d，且含水量低。随着开采时间的延长，产油量开始下降，含水量一直增加到 95%。最终由于高含水于 2001 年 1 月停止生产。经调查分析认为，高含水只是来自该分支井一个或两个分支，但其他分支的油产量却由于产水而被限制了。PDO 和 Well Dynamics (Well Dynamics 是智能油井产品与服务的行业领导者)在 2002 年 7 月开始进行试验。但讨论和准备安装在 2001 年中的时候就已经开始了，这大概花了近一年的时间。该数字式液压系统在运行时配备有井下光纤分布式温度传感仪，然后往试验井注入热水，通过地面的阀实现控制操作，做到了井下阀的打开和关闭可以从地面来实现，试验取得了成功。试验结果证明该液压控制系统可行：(a)减少早期生产井的高含量见水，最大化储层潜能，改善生产能力和提高采收率。(b)提高水驱效率，减少脱水成本和注入水量，消除昂贵的修井作业(使油井的响应时间得到改善)，进而减少了成本。2002 年初修井的时候，在该井中安装了智能完井系统，并且也取得了成功，在 7 月的第三周，系统便和生产达到了很好的耦合。如图 16-19 所示，该井投入生产几天后洗井，然后对该井的四个分支井进行生产测试，通过操纵(关/开)阀来操作滑套，测试得出的结论是分支 1 和 4 高产水，而大多数油产量来自分支 2 和 3。于是通过智能控制，只对该井的 2 和 3 分支投产，井的产量提高了 150m³/d。这项试验的成功鼓舞了 PDO 公司把智能井技术应用于 PDO 油田的更多的多分支井。PDO 应用智能井技术带来的效果从以下几点可以看出：

    a. 通过水/蒸汽驱前沿的监测，及时控制裂缝的闭合和提高波及效率，从而增加产量，提高采收率。

    b. 利用对分支井和大位移水平井的多相流测量来监测注入水量和规划干涉活动。

    c. 自动优化人工举升，提高采收率，延长运行寿命，减少作业费用。

(4)智能完井的发展前景

智能完井提供了一套完善的管理方法，它就像整个油田的指挥员，能够指导技术的应用和开发方案的执行。据报道，壳牌公司的 70 口智能井短期内为公司创造了约 200 万美元的额外净产值。壳牌公司认为，利用智能井进行的测量与监控、井下处理与油藏描述，只有当

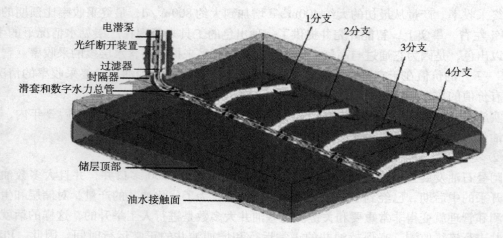

图 16-19　智能完井的电潜泵井

其成为构成"价值循环周期过程"的一部分时，即当测量、解释和采取恰当的措施使循环回路闭合，才能真正产生效益，否则，还可能损失效益。高度智能化的油田开发过程是一个反复循环提高的过程，随着技术的不断更新发展，今后几年可以实现的目标：

a. 可以获得更多的不同类型的井下数据参数；光纤、低成本遥感监测、数据整合、中枢网格的应用将使数据的传输与处理更加高效；

b. 建立包括地下和生产系统监测的全动态油藏管理模型；

c. 使用智能完井的油藏管理将向着精确的流体前缘图解和油藏描述方向发展，将来油藏可能会进入连续管理阶段。

d. 智能井、定期监测、产出液输送、液体举升和处理系统等技术的应用可以监控并优化所有井和整个油田的工作过程；

e. 油田开发方案设计时间减少 75%，现有油田和新油田产量可以提高 10%，新油田的采收率至少可以提高 5%。

三、经济政策支持对开发边际油田的影响

1. 中外石油财税制度的主要差别

严格来说，我国陆上并没有专门针对石油的财税制度，对陆上石油企业实行的主要是通用税制，只是在通用税制的基础上增加了资源税和矿产资源补偿费这两个税种。

国内陆上的石油财税制度与国外的石油财税制度相比，主要存在以下差别：①国内陆上缺乏有竞争性的石油区块竞标市场。②国内陆上征收石油税费的规定过于笼统，不能较好地体现不同石油区块资源禀赋的差异。③国外的税费项目具有明显的石油特点，而国内的税费项目则缺乏石油特点。④政府获取收益的途径不够充分。⑤税率与油田的勘探开发阶段联系不够密切。⑥资源补偿费和资源税费率过低，对资源禀赋的差异体现得不够充分。⑦缺乏调节政府与石油企业分配关系的工具。

2. 调整国内石油财税制度促进边际油田开发

设立石油财税制度的目的是充分获取资源地租并促进本国石油工业的健康发展；同时实现在石油财税制度方面与国际接轨，鼓励国内石油公司"走出去"，开拓海外石油资源，也吸引国外有实力的石油公司来国内开发难动用油气资源。

国内一些学者,在参考国外石油财税制度的同时,从增加国内石油供应、鼓励开发难动用储量和开拓国外石油资源的角度,提出调整我国石油税制的几点建议:

(1)参照国际石油财税制度,结合我国国情,建立专门适用于我国陆上油气田企业的石油财税制度

首先,参照国际上的通行做法,划小计税单位,将以油气田企业为计税单位改为以区块为计税单位。

其次,增设资源报酬税,取消资源税和矿产资源补偿费。资源报酬税设置为引发税,并实行滑动比率,即:当石油区块的资本收益率低于某一水平(比如20%)时只征收30%的所得税,当资本收益率达到这一水平时开始征收资源报酬税,而资源报酬税的税率随着资本收益率的进一步提高按一定比例向上滑动,比如资源报酬税的起征税率为30%,资本收益率每增加一个百分点则资源报酬税的税率也增加一个百分点。

通过增设滑动比率的资源报酬税,达到合理地获取资源地租、体现不同石油区块资源禀赋差异的目的,并将资源报酬税和所得税作为调整政府与石油企业分配关系的两个主要税种。

(2)对新开发的边际油田及处于开发后期的高含水油田、稠油油田和二采油田实行税收优惠政策,以确保我国石油资源的有效开发和利用

①实行免税和减税。对新开发的边际油田实行3~5年的免税期;对资本收益率达不到社会平均水平的高含水油田、稠油油田及二采油田免征所得税;对资本收益率高于社会平均水平但低于10%的已开发高含水油田、稠油油田及二采油田减半征收所得税。②加速折旧。对新开发油田的开发成本和建设二采设施的成本实行加速折旧,以尽快回收勘探开发投资。③允许新开发油田的亏损移后结转。④建立老油田的资源折耗宽让制度。即将油田视为固定资产,按一定的油气收入比例进行耗减,直至耗减数额等于投资者的找油成本为止。宽让额可以定为油气生产总收入的50%。可以同时规定,石油企业必须将这一宽让额在一定的时期内(比如3~5年)再投入油气勘探开发。⑤实行投资税收抵免政策。对石油企业的科研投资、环保投资、节能投资及在新区的风险勘探投资实行所得税抵免,抵免额可定为投资额的15%~20%。

3. 实例——在国家政策支持下,通过采用新技术使油田延长开采100年

(1)油田开发历程

罗马什金油田是仅次于萨马特洛尔油田的俄罗斯第二大油田,位于俄罗斯乌拉尔含油气盆地,面积3800 km^2,地质储量$45 \times 10^8 t$,1952年投入开发,到1999年已注水开发48年,含水89.4%,采出程度为48.7%,采出可采储量的91.7%。

从1998年起,企业随着油田的开发而长期亏损,到2004年大约有6000口低产井由于效益差而停产。现在仍拥有丰富的石油资源。根据专家计算,采用新技术,该油田还可再开采100年。该油田的累计石油产量已超过$21 \times 10^8 t$。

在50多年的开发过程中,罗马什金油田形成了一整套开发原则。这些原则在该油田先后实施的3个开发方案,反映了该油田50年的发展历程。

第一个开发方案(1956~1965年)的实施为边内注水的推广应用奠定了基础。

第二个开发方案(1966~1975年)发展了边内注水技术,扩大了注水的波及范围,强化了油层的产量。

第三个开发方案(1976~1990年)实施初期,可采储量已采出70%,此时油田仍保持较

高的采油速度。实际上，到20世纪70年代末，该油田主力油层均已进入开发后期，油田水淹速度加快，大量油井由于水淹被迫关井，石油产量连续下降。与此同时，石油含量与总剩余储量的比例从原来的33%上升到80%；73%的油井的水淹程度超过80%。到1985年，鞑靼石油管理局开始改变技术政策，降低注水指标，阻止水淹的发展，并使产量基本保持稳定，使含水率保持在87%的水平上达15年以上。

（2）新的勘探开发技术使老油田保持青春

不断进行准备新储量的工作，是罗马什金油田达到较好的生产指标的主要原因之一。从2000年至今储量接替超过100%，新增储量中，30%靠勘探工作，26%靠对漏掉的油层进行补充勘探，44%来自重新评估。现在，鞑靼石油公司采用这种方法增加的储量仍占每年新增总储量的约40%。今后，罗马什金油田增加可采储量仍将主要依靠应用现代提高采收率方法。

2002年底，Miller&Lents公司估算罗马什金油田的剩余探明石油可采储量为4.56×10^8t。

1965年前苏联储委会审批的罗马什金油田的石油采收率为53%，第一、第二、第三个开发方案均未达到这个指标。第一个开发方案执行结果是动用了52%的储量，最终采收率达到78%；第二个方案则分别为90%和49%。

为了达到53%的采收率目标，原计划1995年前制订出第四个开发方案。由于种种原因，这个计划没有实现。但各项准备工作，包括重新计算储量，对各区块建立地质水动力模型等，没有间断，现在，到2020年的第四开发方案已于2003年呈交鞑靼共和国有关领导机构讨论，预计2004内将形成最终的正式文件。

鞑靼共和国矿业资源利用问题顾问莫斯里莫夫指出，新方案需要有新思想，并且应该包括以下主要任务：

① 对油田开发过程广泛应用现代监控方法，改进已动用储量的开采技术；

② 利用各种可能的方法，包括优化井网、调整油层和井底压力、完善注水制度等，使油田的所有生产区的储量投入积极开发；

③ 研究各种新的有效方法，开发各种难采储量；

④ 采用水平井、分支井等钻井技术，提高采收率。1991年鞑靼石油公司与Eastmas ChrisTensen公司签订合同，在罗马什金油田开采程度最高的阿布德拉赫马诺夫区块的两口严重水淹井内钻两口水平井。钻水平井前，两口井日产油量仅2t，含水率达92%~93%；钻水平井后（水平井段长度仅68m），一口井的日产量增至4t，不含水，另一口井的日产量达8t，含水率仅为20%。最重要的是两口井连续生产了几年。鞑靼石油公司计划在最近几年内从老井中约钻100个水平井段。

（3）采用新的财税制度鼓励老油田开发

最近鞑靼石油和鞑靼石油科学研究设计院完成了对现行税收制度下罗马什金油田开发经济效果的评价。由于缺少开发方案要求的投资，从1998年起，企业随着油田的开发而长期亏损。到2003年，由于固定资产折旧提成的积累而发生正向的现金流通，但是，从2004年开始到研究规定的时间止，则会出现负向的现金流通，在这种情况下，大约有6000口低产井由于效益差而停产。在鞑靼斯坦共和国对低产井开采采取减、免税的鼓励政策情况下，经济指标会得到明显改善。1995年，由于采取鼓励措施而得到的低产井产量占10%，1996年占25.7%，这样就能使1300口井开井生产。

1996年，原油产品销售利润为8600×10^8卢布。由于现有的拖欠问题，销售利润明显低

于 4700×10^8 卢布。俄罗斯联邦"产量分成协议"（CPII）法的通过，使投资者与国家能合法地根据油田特点制定税收政策。

鞑靼石油科学研究设计院完成了对"产量分成协议"条件下罗马什金油田开发经济效果的评价。根据"产量分成协议"，应把一部分用于偿还油田勘探、开发费用的产品（抵偿费）交给投资者，矿产费（6%）交给国家，剩余为利润产品，在国家和投资者之间分配。投资者按自己得到的利润产品份额向国家交纳利润所得税。

为了保证油田最高产油量到 2000 年保持在 $1560 \times 10^4 t$，到 2005 年保持在 $1960 \times 10^4 t$ 和到 2015 年保持在 $2400 \times 10^4 t$ 的水平上，根据所需的投资额，对产量分成协议条件下的油田开发进行了经济评价。

国家在利润产品中所占份额在一定时期内平均为 70%，产品在销售产品收入中所占份额为 72%。在未对固定资产折旧的情况下，基建投资和日常费用抵偿产品补偿。

考虑了"产量分成协议"法的油田开发的主要经济指标表明，为了从 1998～2015 年达到 $3620 \times 10^4 t$ 的最高产油量，必需钻大约 1.3×10^4 口采油井和注入井使其投产，因而将依靠自筹资金进行开发。

由此可见，在现行税收制度下，从 1998 年起，油田开发就会亏损，企业得不到利润。

尽管到 2004 年所积累的折旧提成可能是生产发展的资金来源，但是在拖欠和相互冲账情况下，这不能保证是一种"现实可行"的措施。尽管根据工艺计算来看，1998～2015 年起还是将被迫停止油田开发。

表 16-8 中列出了现行税收制度和"产量分成协议"条件下的油田的原油产量比现行税收制度下的多 5.5 倍，企业开采将获得 8.8×10^{12} 卢布的收入（而现行税收制度下则会出现 5.5×10^{12} 卢布的的亏损）。在项目研究期间，国家收入为 50.6×10^{12} 卢布，而在现行税收制度下则为 13.4×10^{12} 卢布。这说明"产量分成协议"为企业以自筹资金方式工作创造了稳定条件，这也将保证国家得到可靠和及时的预算收入。

表 16-8　现行税收和"产量分成协议"条件下油田开发指标

时间	产油量/$10^4 t$		基建投资/10^8 卢布		企业收入/10^8 卢布		国家收入/10^8 卢布		产量分成条件下国家在利润产品所占份额/%
	现行税收	产量分成	现行税收	产量分成	现行税收	产量分成	现行税收	产量分成	50
1	720	1550		8633	-804	6514	15651	19638	50
2	640	1550		8980	-1605	6393	13962	19404	50
3	560	1560		11826	-2339	3869	12473	19301	65
4	500	1610		15622	-3065	3277	11161	17490	65
...									
18	100	2410		15372	-2277	4924	3184	37240	77
18 年总计	5550	36160		260418	-55329	87971	133580	505737	70

这样一来，根据俄罗斯"产量分成协议"进行工作就有可能实现油田的高效开发。为实现这种可能，需要研究比现有方法更有效的新的工艺方案。罗马什金油田的多年开发经验和近 15 年对难采石油储量进行有效开发，使其能够利用开采储量的新方法，确保最充分地采

出注水所波及的可动石油储量。

到现阶段，必需解决的问题：保证水淹层储量达到最大采出程度。这个问题可以通过对开发过程有计划地监测和调整并主要采用水动力学改进采油工艺，借助于建立油田开发模型进行不稳定注水和强化采液的方法来解决。广泛应用水动力学、改进采油方法和对油田开发过程的监测和调整，每年采出油量占总产油的40%。

在任何情况下都必须重视继续发现新储量的工作，以便在开发晚期扩大储量的增加量。为此，鞑靼石油股份公司和鞑靼石油科学研究设计院完成了"依靠大规模推广现代勘探方法、控制开采过程、提高采收率方法及保持地层压力系统和采油模拟系统方法，保证罗马什金油田的稳产设计"的方案编写工作。在地质研究、新技术方案分析基础上论证了继续使地质储量增加25%的可能性。

目前，可以认为把采收率提高到设计水平以上是可行的。通过广泛应用水动力学和三次采油方法即可提高注水波及系数。为此，必须进一步研究现有提高采收率方法，应用油层开发自动化监测和调整系统，制定有效的油层投产方法。

由此可见，"产量分成协议"作为强有力的经济杠杆，使得罗马什金油田有可能保证实施各种先进的开发方法和提高采收率方法所需要的投资，在此条件下，可实现扩大储量，完善开发系统和提高采收率方法等措施，增加产油量。在满足上述条件时，罗马什金油田开发晚期的产油量就可能显著增加。基于先进工艺的增产会明显改善企业的经济状况，也会使国家来自产油量的收入总额明显增加。

以"产量分成协议"为基础的产油量设计应该与油田开发工艺设计相结合，这是油田顺利开发并达到较高原油采收率的保证。

四、边际油田开发面临的挑战及对策

1. 边际油田开发面临的挑战

虽然中国已积累了丰富而宝贵的边际油田开发经验，创立了独具特色、科学有效的开发技术，但随着开发程度的提高、勘探的深入，将面临更多、更新的问题和挑战。

（1）未来储量品质不会有根本性的好转，边际资源将是未来勘探开发的主体

中国主力油田已开发数十年，整体已进入高含水、高采出程度阶段。主要老油田已进入递减期，产量呈递减趋势。在勘探程度较高的区域，大型油气藏发现的机会越来越少，油气藏类型越来越隐蔽和复杂，储集条件越来越差，原油性质越来越多样化，储量的品位越来越低。"十五"期间发现的石油资源品质变差，新探明储量中低渗透储量比例从30%左右上升到70%左右；油藏规模变小，储量从$2000 \times 10^4 t$下降到约$200 \times 10^4 t$；储量丰度也从$100 \times 10^4 t/km^2$下降到$50 \times 10^4 t/km^2$。据新一轮油气资源评价表明，边际原油地质资源达$(360 \sim 400) \times 10^8 t$，约占地质资源总量的40%~45%。

目前中国70%的储量在沙漠、海洋、山地等地区，勘探开采环境恶劣、难度大、成本高。"十一五"期间新发现储量仍将主要位于沙漠、戈壁、山地、深海等地表地质条件更为复杂的地区。

（2）已开发低渗透油田开采难度越来越大

由于油藏的低渗特性，已开发低渗透油田开采难度越来越大，主要表现在：①储集层有效性评价、裂缝识别和相对富集区的筛选难度较大，导致高效布井难度大。②油藏原始含油饱和度低（一般都小于55%，有的甚至低至35%），驱油效率低（45%~50%），单井产能低

(2~3t/d)，采油速度低(平均小于1%)。③稳产期短，见水后采油指数急剧下降，进入高含水期一般意味着稳产期结束。在衰减期内，年自然递减率较高，一般在10%以上。④开发后期，见水层与未见水层之间的矛盾、层内平面矛盾更加突出。⑤枯竭式开采递减速度快，注水开发见效慢、易水窜、套损严重。⑥低渗透油田开发中后期采油工艺技术的适应性问题更加突出。低渗透油藏在长期注水开发中，由于注入水与储集层岩石矿物作用产生新的结晶矿物，引起层内、井筒和地面集输管线结垢以及其他地层污染。在注入水与地层不匹配的情况下，更加剧了油田的地下矛盾，导致油田产量递减加快。⑦需要密集井网开发，高投入、低产出，开发风险大，综合治理难度大。

(3)探明储量动用状况仍需提高，大量特低、超低渗透储量急待动用

目前，中国探明的低渗透储量逐年上升，尤其是特低渗透储量的比例越来越大。例如，1989年陆上新增探明储量中，低渗透储量占27.1%，1990年，占45.9%，1995年达72.7%。到2005年，仅中国石油天然气股份有限公司的特低渗透油藏(渗透率小于5mD)储量就占2005年总探明储量的53%。

中国低渗透油藏探明储量动用率不高，多数低丰度、特低渗透油藏在目前的经济技术条件下仍难以动用。预计今后的探明储量将以低渗透油藏为主。经济、有效地提高低渗透油田的开发水平，具有重要的意义。因此必须采用先进有效的特低、超低渗透等油藏开采配套技术，推动低品质难采储量的经济有效动用。

(4)稠油开发急需有效的接替开采技术，超稠油开采需要技术探索

目前中国稠油油藏主要采用蒸汽吞吐、蒸汽驱和水驱3种开发方式，以蒸汽吞吐为主。蒸汽吞吐技术面临诸多难题，多数区块平均蒸汽吞吐已达9.5周期，地层压力水平已降至原始地层压力的25%~35%，地层天然能量已严重不足，导致周期产油量减少、油汽比降低、开采成本上升、经济效益变差；在现有开发方式下，稠油热采老区经历了2~3次加密调整，井距已从167~200m加密到70~100m，井网加密后井距缩小，平面汽窜及干扰频繁，油层动用程度差，继续加密调整的空间有限。蒸汽驱仅在克拉玛依浅层得到了规模应用，对于深层稠油，仅在个别区域进行了试验，蒸汽驱技术还远没有成熟和完善。常规稠油水驱油水黏度比很高，驱替效率低。因此，急需有效的接替技术进一步提高已开发稠油油藏采收率。

对于超稠油，由于蒸汽吞吐生产周期短，产量递减快，2~3年的时间即进入蒸汽吞吐后期，开采成本很高。目前，中国大约有3×10^8t超稠油地质储量有待开采；美国、加拿大和委内瑞拉等国以水平井为主的注蒸汽热采技术已经商业化应用。虽然国内进行了双水平井蒸汽辅助重力驱和单水平井注汽热采试验等，但由于还未形成成熟的配套技术，与规模化商业应用还有一定距离，所以需要加大超稠油开采技术攻关力度，探索适合中国超稠油特点的开采新途径和新技术。

2. 边际油田开发对策

边际油田开发最核心的问题是经济问题。因此，积极探索边际储量有效开发利用的经营机制，加强边际油田开发技术研究和创新，采取积极有效的对策，是开发动用边际储量的必然途径。

(1)更新观念，创新体制，建立良好的外部环境，加速边际储量大规模开发利用

近几年，中国也进行了一些体制方面的探索，并对外进行合资合作，取得了很好的效果。

中国对边际资源的经济评价往往采用常规油气资源的评价方法，很可能导致不能在市场

经济条件下正确评估其真实价值,所以需要加强经济评价方法研究,如实物期权评估法等。同时争取国家对边际资源的合理税费制度的支持,创造边际储量开发长期持续稳定增长的环境,加快边际储量大规模的开发和利用。

(2)加强基础研究,促进低渗透油藏产量大幅度增长,加快特低渗透油层有效动用

低渗透储集层会存在相对高渗、裂缝发育带或次生孔隙发育带等油气相对富集高产的区带,这就需要:①加强此类油藏精细描述技术研究,发展认识有效储集层分布及油气富集规律的新方法和新技术,择优投入开发;②针对低渗透油藏油气富集区,深化裂缝预测,通过地质和油藏工程综合研究,优化开发井网井距和注采系统,提高开发效果;③通过发展油藏高效压裂改造及有效的钻采工艺技术,尽可能提高储集层的渗透性和油井产能,大幅度提高单井产量;④发展多种有效的手段和技术(例如小井眼技术、地面流程简化工艺技术等),尽可能降低开采成本;⑤对已投入开发的低渗油藏,发展综合调整技术,不断提高开发效果和效益。通过上述研究,在低渗油田高效开发的理论方法、技术手段、开采效益等方面获得突破,从而在现有开发技术水平基础上,建立与不同低渗透油田特点相适应的高效开发配套技术,使得低渗甚至特低、超低渗油藏得以有效开发动用。

此外,由于低渗透油藏渗透率低,吸水能力差,甚至注不进水。因此,还需要研究高效的储集层保护和改造技术,发展低渗透油藏注气混相、近混相和非混相驱油等注气方式。如CO_2就是很好的驱油剂既可用于轻质油藏实现混相驱和非混相驱,也可用于稠油油藏进行吞吐开采,同时还可以埋存CO_2,在原油开采、降低温室效应等方面取得巨大的经济和社会效益。

(3)坚持勘探开发一体化油藏评价技术,实现边际油田高效开发

勘探开发一体化技术是近年来国际上油藏管理重要的发展方向,具体要求是:地质与油藏、地质与钻井、油藏与工艺、地面与地下、研究与现场、管理与效益等6个方面的一体化;同时要求做好两个结合:①油藏评价与预探结合,坚持评价早期介入,跟踪预探成果,通过加强对预探成果的跟踪分析,及时搞好油藏评价计划调整和部署优化;②强化储集层评价与产能建设结合,评价井与产能井要统一部署,储量落实与产能建设同步进行,实现增储上产一体化,通过加强探井和评价井试采及产能评价,优化开发方案,整体部署,分步顺序滚动实施。

近年来,通过大力推进勘探开发一体化油藏评价和产能建设,加快了勘探开发的节奏。通过精细储集层和油水关系研究,落实微断层和微构造,优选相对富集区块,实施勘探开发一体化精细油藏评价,优化开发方案设计,总体部署,分布实施,滚动开发,迅速将吉林英沱、塔里木哈德4、新疆陆梁等低幅度构造,薄层、油水同层等边际油田建成了百万吨产能,取得了非常好的开发效果和效益。

(4)加强创新,积极采用新技术,高效开发边际储量

技术创新对于边际油田的开发尤为重要。丛式井、大位移水平、"鱼骨状"或"翼状"等复杂结构多分支井使海上和陆上边际油田得以高效开发。例如阿拉斯加州北坡油区的Badami边际油田就是采用大位移水平井才使油田得以投入开发。

中国大庆和长庆油区在一些低渗透砂岩油藏中开展了水平井开采的现场试验,使一些边际油藏可经济有效开发;塔里木油田采用阶梯式水平井,使超深超薄边际油田得到有效开发;冀东油田采用水平井开发复杂断块油田,使油田产量实现了飞跃。

目前,陆上稠油油田开发所采用的蒸汽吞吐技术已进入高轮次吞吐阶段,开采效果越来

越差，急需新的开发技术。包括组合式改善蒸汽吞吐技术、高效率的蒸汽驱油藏管理技术、中深层稠油油藏蒸汽驱工业化应用技术。为了解决丰富的超稠油资源开发，急需开展水平井与直井组合的蒸汽辅助重力泄油技术现场试验，发展化学辅助热水驱和火烧油层技术、携砂冷采技术，探索并发展热电联供技术等。此外，还需要积极发展油砂资源相应的开发技术。

国际上积极探索的智能井、聪明井技术已经展示出良好的应用前景。

为了促进中国边际油田开发，需要在水平井和复杂结构井的压裂技术、压裂增产新工艺和新材料、工程作业新技术、动态监测、油气混输地面工程技术等方面积极开拓创新。

(5) 因地制宜，简化工艺流程，善于借鉴成熟技术，提高边际油田开发效益

由于边际油田开发对经济条件非常敏感，所以必须针对不同情况，采用适宜的有效技术，实现边际油田的经济开采。

地面工程在油田开发投资中往往占有相当大的比例，也是边际油田开发中降低成本的重要环节。国内在开发边际油田过程中，创立了多种不同的开发模式，摸索出了许多独具特色的地面工程和建设模式，简化地面流程，降低了开采成本。

此外，要善于总结已有的开发技术，并推广应用到边际油田开发。例如高温蒸汽可以降低原油黏度，清除含蜡油层析出的蜡，提高油层孔隙的渗流能力，所以热采技术不但可以用于稠油开发，而且可以用于改善含蜡稀油油藏的开采效果。大庆油田在朝阳沟低渗透油田142-69井和146-70井开展蒸汽吞吐现场试验已取得成功。再如能否把一次采油和二次采油两者结合起来提高边际油田采收率，都值得进一步探索和试验。

因此，为了提高边际油田经济效益，必须因地制宜，降低成本，简化钻采工艺、地面工艺技术和流程，并善于借鉴其他类型油藏的开发技术。